塑性加工入門

日本塑性加工学会 編

コロナ社

■「塑性加工入門」出版部会

部会長	古 閑 伸 裕 （日本工業大学）
幹 事	早 川 邦 夫 （静岡大学）
委 員 (50音順)	北 村 憲 彦 （名古屋工業大学）
	桑 原 利 彦 （東京農工大学）

執筆者
(執筆順)

早 川 邦 夫 （静岡大学）（1章）

五十川 幸 宏 （大同特殊鋼(株)）（2章）

浅 川 基 男 （早稲田大学）（3章）

星 野 倫 彦 （日本大学）（4章）

吉 田 一 也 （東海大学）（5章）

古 閑 伸 裕 （日本工業大学）（6章, 13.2節）

小 川 秀 夫 （職業能力開発総合大学校）（7章）

桑 原 利 彦 （東京農工大学）（8章）

湯 川 伸 樹 （名古屋大学）（9章）

中 野 隆 志 （アイダエンジニアリング(株)）（10章）

北 村 憲 彦 （名古屋工業大学）（11章, 13.6節）

瀧 澤 英 男 （三菱マテリアル(株)）（12章）

横 山 匡 （(株)アマダ）（13.1節）

白 寄 篤 （宇都宮大学）（13.3節）

中 村 和 彦 （千葉工業大学）（13.4節）

北 澤 君 義 （信州大学）（13.5節）

田 中 繁 一 （静岡大学）（13.7節）

(2007年7月現在)

まえがき

　塑性加工は，自動車や家庭用電化製品などを構成する多くの部品の製造に最も広く用いられている加工技術であり，これまで基幹産業として日本の経済発展を支えてきた世界に誇れる技術である。

　塑性加工が学問として体系化されはじめた1950年代以降は，国内の大学や高専の機械系学科では多くの塑性加工関連科目が開講されていた。しかし，その後は機械工学分野が多様化したなどの理由からか，加工関連科目の授業数が激減した。また1990年代には日本国内の製造業を中心とした不況によるためか若者の製造業離れも目立ちはじめた。このような危機的状況が危惧され，2000年以降は，改めて"ものづくり"教育の必要性が強く叫ばれるようになった。

　しかし，ものづくり教育の必要性が再認識されているにもかかわらず，最近の日本国内における大学や高専における工学教育の現場では，ものづくりのための代表的な加工法である塑性加工の凄さ，おもしろさが学生に理解され難い現実がある。これは，これまでの塑性加工の授業では，塑性力学などを理解させたいがために，難解な数式を多用し，本来わかりやすいはずの塑性加工を学生に難解なものとして印象づけているためと考えられる。また，近年の科目の多様化やセメスタ制の導入などにより，限られた授業時間数内で塑性加工をわかりやすく講義することが難しくなっていることも原因の一つと考えられる。

　本書は，難解な数式は必要最小限にとどめ，図表や製品例を多用することで，塑性加工をわかりやすく，しかも限られた授業時間数で効率良く講義するための教科書として利用できる内容と構成になっている。さらに，これからの塑性加工には欠くことのできない有限要素法解析の概要や，最近の塑性加工技術なども紹介されている。本書が多くの大学や高専で教科書として有効活用さ

れることを期待する。

　最後に，本書の出版にあたり，現在，大学などで塑性加工関連科目の授業を担当されておられる先生や企業の研究者の方々に，それぞれがご専門とされておられる分野（章，節）の執筆をお願いした。ご多忙中にもかかわらず，本書の出版趣旨にご賛同いただき，執筆をご快諾いただいた方々に厚く御礼申し上げるとともに，本書の出版にあたり，ご助力を賜ったコロナ社に深く感謝申し上げる。

2007年7月

出版部会一同

目　　　次

1．塑性力学の基礎

1.1　金属材料の塑性変形　……………………………………………1
　1.1.1　弾性変形と塑性変形　………………………………………1
　1.1.2　転　　　位　…………………………………………………2
　1.1.3　多結晶体の塑性変形の特長　………………………………3
1.2　単軸応力状態における多結晶金属の塑性変形　…………………3
　1.2.1　単軸応力状態における応力とひずみの定義　……………3
　1.2.2　単軸引張りにおける応力-ひずみ曲線　……………………4
　1.2.3　真応力-真塑性ひずみ曲線の数式化　………………………4
1.3　多軸状態における応力の表現　……………………………………5
　1.3.1　応力ベクトルと応力テンソル　……………………………5
　1.3.2　静水応力と偏差応力　………………………………………6
　1.3.3　コーシーの関係　……………………………………………7
　1.3.4　つり合い方程式　……………………………………………8
　1.3.5　主応力と不変量　……………………………………………9
1.4　多軸状態におけるひずみ　………………………………………11
　1.4.1　物　体　の　変　形　………………………………………11
　1.4.2　垂直ひずみ　………………………………………………12
　1.4.3　せん断ひずみ　……………………………………………12
　1.4.4　ひずみテンソル　…………………………………………12
1.5　降　伏　条　件　…………………………………………………13
　1.5.1　降伏条件とは　……………………………………………13
　1.5.2　等方性材料の降伏条件　…………………………………13
　1.5.3　トレスカの降伏条件　……………………………………14

1.5.4 ミーゼスの降伏条件 …………………………………14
1.5.5 降伏曲面 …………………………………………14
1.6 弾塑性構成式 …………………………………………………15
1.6.1 弾塑性構成式の特徴 ……………………………15
1.6.2 ひずみ増分理論 …………………………………15
1.7 塑性加工問題に対する数値解析 ……………………………17
演習問題 …………………………………………………………18

2. 塑性加工用材料と工具材料

2.1 鉄鋼の分類および製造方法 …………………………………19
2.1.1 鉄鋼の分類 ………………………………………19
2.1.2 鉄鋼の製造工程 …………………………………19
2.2 炭素鋼の組成と状態図 ………………………………………20
2.2.1 鉄-炭素系状態図 …………………………………20
2.3 鋼の熱処理 ……………………………………………………21
2.4 塑性加工に用いられる材料とその特徴 ……………………22
2.4.1 機械構造用炭素鋼 ………………………………22
2.4.2 アルミニウム合金 ………………………………29
2.4.3 マグネシウム合金 ………………………………31
2.4.4 チタン合金 ………………………………………32
2.5 工具材料の製造プロセスとその特性 ………………………34
2.5.1 工具材料の種類と特徴 …………………………34
2.5.2 おもな工具材料の化学成分 ……………………35
演習問題 …………………………………………………………37

3. 圧延加工

3.1 圧延の概要 ……………………………………………………38
3.2 圧延の原理 ……………………………………………………40
3.3 板圧延 …………………………………………………………42

3.4 棒線・形・管の圧延 ……………………………………………46
演 習 問 題 …………………………………………………………48

4. 押 出 し 加 工

4.1 押出し加工の概要 ………………………………………………49
4.2 押出し方法と製品 ………………………………………………51
演 習 問 題 …………………………………………………………55

5. 引 抜 き 加 工

5.1 引抜き加工の概要 ………………………………………………56
5.2 引抜き加工の分類 ………………………………………………57
5.3 引抜き加工の原理 ………………………………………………58
5.4 引抜き用工具 ……………………………………………………61
 5.4.1 棒線引抜き用ダイス …………………………………………61
 5.4.2 管 の 引 抜 き …………………………………………61
5.5 引抜き力とダイス面圧の算出 …………………………………62
 5.5.1 引 抜 き 力 ……………………………………………62
 5.5.2 ダ イ ス 面 圧 ……………………………………………63
5.6 引 抜 き 工 程 …………………………………………………64
5.7 引抜きにおける潤滑 ……………………………………………65
5.8 引 抜 き 機 械 …………………………………………………66
演 習 問 題 …………………………………………………………67

6. せ ん 断 加 工

6.1 せん断加工の概要 ………………………………………………68
6.2 せん断加工の原理 ………………………………………………69
6.3 せん断切口面 ……………………………………………………71
6.4 せん断荷重とせん断仕事 ………………………………………73

6.5 せん断金型 ………………………………………………………74
6.6 加工因子の影響 …………………………………………………76
　6.6.1 クリアランス …………………………………………………76
　6.6.2 板押え力と逆押え力 …………………………………………78
　6.6.3 さん幅 …………………………………………………………79
　6.6.4 せん断速度とせん断温度 ……………………………………79
　6.6.5 材料特性 ………………………………………………………80
6.7 精密せん断 ………………………………………………………81
　6.7.1 上下抜き法 ……………………………………………………81
　6.7.2 平押し法 ………………………………………………………82
　6.7.3 シェービング …………………………………………………83
　6.7.4 仕上げ抜き法 …………………………………………………83
　6.7.5 ファインブランキング ………………………………………84
演習問題 …………………………………………………………………84

7. 曲げ加工

7.1 曲げ加工の概要 …………………………………………………85
7.2 曲げ加工の変形特性 ……………………………………………86
　7.2.1 曲げ部の変形 …………………………………………………86
　7.2.2 曲げ加工品の形状 ……………………………………………87
　7.2.3 最小曲げ半径 …………………………………………………88
　7.2.4 スプリングバック ……………………………………………89
7.3 板材の曲げ加工 …………………………………………………89
　7.3.1 V曲げ …………………………………………………………89
　7.3.2 U曲げ …………………………………………………………92
演習問題 …………………………………………………………………94

8. 絞り加工

8.1 絞り加工の概要 …………………………………………………95
8.2 円筒絞りの初等解析 ……………………………………………96

8.2.1　フランジ部の応力の計算方法 …………………………………96
　　8.2.2　ダイ肩部を材料が通過するときの抵抗力の計算方法 ………98
　　8.2.3　パンチ荷重の計算方法 …………………………………………100
　8.3　円筒絞りにおける応力状態と絞り性の向上策 ………………………100
　8.4　限 界 絞 り 比 …………………………………………………………101
　8.5　絞り加工に影響を与える諸因子 ………………………………………102
　　8.5.1　し わ 抑 え 力 …………………………………………………102
　　8.5.2　ダ イ 肩 半 径 …………………………………………………104
　　8.5.3　パ ン チ 肩 半 径 …………………………………………………104
　　8.5.4　素 板 の 板 厚 …………………………………………………104
　　8.5.5　潤滑・工具の表面粗さ …………………………………………104
　　8.5.6　温　　　　　度 …………………………………………………105
　　8.5.7　n 値と r 値が限界絞り比に及ぼす影響 …………………107
　　8.5.8　面内異方性と耳の関係 …………………………………………108
　8.6　角　筒　絞　り …………………………………………………………109
　　8.6.1　角筒絞りにおける材料の変形 …………………………………109
　　8.6.2　角筒絞りの成形性を支配する因子 ……………………………110
　8.7　深い容器の成形法 ………………………………………………………113
　演　習　問　題 …………………………………………………………………114

9. 鍛　　　造

9.1　鍛 造 の 概 要 ……………………………………………………………115
9.2　鍛 造 の 種 類 ……………………………………………………………116
　　9.2.1　自　由　鍛　造 …………………………………………………118
　　9.2.2　型　　鍛　　造 …………………………………………………119
　　9.2.3　その他の鍛造 ……………………………………………………120
9.3　熱間鍛造と冷間鍛造 ………………………………………………………121
　　9.3.1　熱　間　鍛　造 …………………………………………………121
　　9.3.2　冷　間　鍛　造 …………………………………………………122
　　9.3.3　温　間　鍛　造 …………………………………………………123

9.4 鍛造における欠陥 ……………………………………………………123
　9.4.1 材料流動によって生じる欠陥 ……………………………123
　9.4.2 割　　　　れ ……………………………………………126
9.5 鍛造の力学 ……………………………………………………128
　9.5.1 円柱の据込み ……………………………………………128
　9.5.2 ス ラ ブ 法 ……………………………………………130
　9.5.3 有限要素法による非定常変形解析 ……………………133
演習問題 ……………………………………………………………135

10. プレス機械と金型

10.1 金　　　　型 ……………………………………………………136
　10.1.1 単 発 金 型 ……………………………………………137
　10.1.2 順送り（プログレッシブ）金型 ………………………137
　10.1.3 トランスファー金型 ……………………………………139
　10.1.4 複合成形金型 ……………………………………………139
　10.1.5 冷間鍛造金型 ……………………………………………140
10.2 プ レ ス 機 械 ……………………………………………………141
　10.2.1 プレス機械の概要 ………………………………………141
　10.2.2 プレス機械の基本構造 …………………………………142
　10.2.3 プレス能力の3要素 ……………………………………143
　10.2.4 プレス機械の基本特性 …………………………………144
　10.2.5 機械プレスの代表的な駆動機構 ………………………147
　10.2.6 機械プレスの加工法による分類 ………………………149
10.3 ま　と　め ……………………………………………………152
演習問題 ……………………………………………………………152

11. 塑性加工の潤滑

11.1 ものづくりのキーテクノロジーとしての潤滑 …………………153
11.2 塑性加工の潤滑条件 ……………………………………………153
　11.2.1 摩擦を下げる効果 ………………………………………153

11.2.2	焼付き防止と摩耗抑制	155
11.2.3	機能的な表面創成	157

11.3 塑性加工における潤滑メカニズム 157
 11.3.1 塑性変形開始直前の潤滑挙動 157
 11.3.2 塑性加工に伴う材料表面の変化とミクロ潤滑メカニズム 160
 11.3.3 物理・化学的な潤滑メカニズム 161

演 習 問 題 162

12. 塑性加工の有限要素解析

12.1 塑性加工のプロセス設計 163
 12.1.1 解 析 の 目 的 163
 12.1.2 モデル化の手法 164

12.2 有限要素解析の概要 165
 12.2.1 有限要素法とは 165
 12.2.2 基礎理論の概要 166
 12.2.3 有限要素解析の手順 169

12.3 有限要素解析の実例 173
 12.3.1 鍛 造 加 工 173
 12.3.2 圧 延 加 工 175
 12.3.3 板 材 成 形 177

12.4 数値シミュレーション利用上の留意点 179
 12.4.1 効果的な利用形態 179
 12.4.2 全般的な留意点 180

演 習 問 題 180

13. 最近の塑性加工技術

13.1 CAD/CAM の塑性加工への活用 181
 13.1.1 板金加工と CAD/CAM 181
 13.1.2 板金用 CAD における展開機能 181
 13.1.3 板金用 CAM における主機能 183

目 次

13.1.4 3Dデータを活用した最新板金CAD機能 … 183
13.2 ファインブランキング … 184
13.2.1 ファインブランキングの概要 … 184
13.2.2 加工原理 … 185
13.2.3 プレス機械と金型 … 186
13.2.4 複合加工 … 187
13.2.5 複合加工製品例 … 188
13.3 チューブハイドロフォーミング … 188
13.3.1 液圧を用いて多様な断面形状を有する中空部品を作る技術 … 188
13.3.2 チューブハイドロフォーミングを用いて作られる軽量構造部材 … 189
13.3.3 加工原理 … 190
13.3.4 管材,成形機,コンピュータシミュレーション … 191
13.4 対向液圧成形 … 192
13.4.1 金型構造と成形原理 … 192
13.4.2 対向液圧の効果 … 194
13.4.3 応用技術 … 195
13.5 インクリメンタルフォーミング … 196
13.5.1 インクリメンタルフォーミング誕生の時代背景 … 196
13.5.2 インクリメンタルフォーミングの方法 … 196
13.5.3 インクリメンタルフォーミングの三つの特長 … 200
13.6 ドライ・セミドライ加工 … 201
13.6.1 無洗浄油 … 201
13.6.2 プレコート材 … 202
13.6.3 工具材・工具表面処理 … 204
13.7 マイクロ塑性加工 … 204

引用・参考文献 … 209
演習問題解答 … 216
索　　引 … 224

1. 塑性力学の基礎

1.1 金属材料の塑性変形

1.1.1 弾性変形と塑性変形

鋼やアルミニウム合金など，金属材料の多くは原子が規則正しく配列した結晶構造をなしている。図1.1に，金属の代表的な結晶格子である面心立方格子（Cu, Al, γFe など），体心立方格子（αFe, W, Mo など）および最密（稠密）六方格子（Ti, Mg など）の模式図を示す。

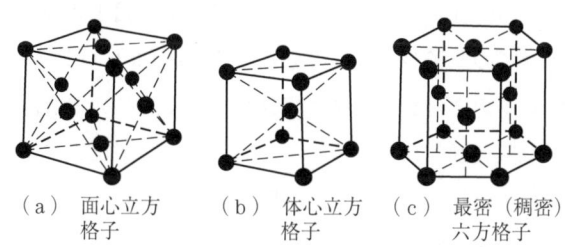

（a）面心立方格子　（b）体心立方格子　（c）最密（稠密）六方格子

図1.1　金属の代表的な結晶格子の模式図

このような結晶性材料の変形を考えてみよう。簡単のため，図1.2(a)のような変形前の結晶に外力を作用させてみる。図(b)のように原子間の距離が安定な位置から伸びたり縮んだりするだけの場合，外力を除くと原子は安定な元の距離に戻るので，材料は元の形状に戻る。外力を除くと変形が元に戻る性質を弾性といい，このような変形を弾性変形という。

一方，図(c)のように，せん断力によりある原子面上で安定な距離を超えて

1. 塑性力学の基礎

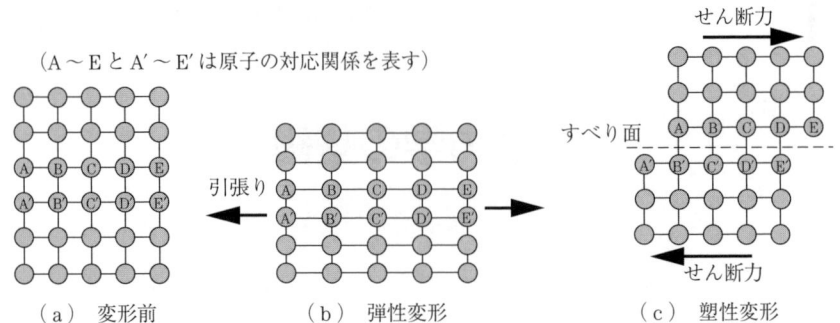

図1.2 弾性変形および塑性変形における原子配列の変化

すべり変形が生じ，別の原子と新たに安定な距離を保つような状態になると，外力を除いても変形が残る。外力を除いても変形が残る性質を塑性といい，このような変形を塑性変形という。また，図(c)からもわかるように，塑性変形においては材料の体積変化は生じない。これを体積一定則という。

1.1.2 転　　位

実際の金属材料の塑性変形では，原子は原子面上を図1.3の図(a)→(d)のように一度にすべての原子がすべるのではなく，図(a)→(b)→(c)→(d)のように部分的な原子のすべりが徐々に移動していく。この場合，原子面上下で最も大きくひずむ部分が現れ，記号⊥の上側にある原子は原子面の下側に対応する原子が存在しない状態となる。この原子配列の乱れを刃状転位という。このような転位の運動が多数生じることにより，目に見えるような塑性変形が生じる。

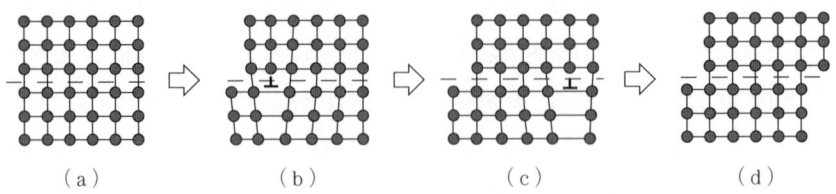

図1.3 塑性変形（刃状転位による滑り変形）

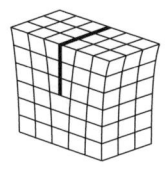 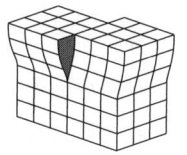

（a）刃状転位　　　（b）らせん転位

図 1.4　転位の模式図

　転位には，図 1.4(a)のような刃状転位と，図(b)のようならせん転位がある。また，刃状転位とらせん転位からなる混合転位が生ずる場合もある。

1.1.3　多結晶体の塑性変形の特長

　一般に塑性加工に用いられる材料は，結晶方位の異なる結晶粒がランダムに集まっている多結晶体であり，すべりやすさは方向によらなくなる。このような性質を等方性という。また，塑性変形のしやすさは，多結晶体を構成する結晶粒の大きさにも依存する。結晶粒が小さいほど，強さが増し，じん性や疲労強度が向上するが，塑性変形しにくくなる。

1.2　単軸応力状態における多結晶金属の塑性変形

1.2.1　単軸応力状態における応力とひずみの定義

　単軸引張試験における多結晶金属材料の塑性変形を考えてみよう。

　塑性変形特性を適切に評価するには，材料寸法に影響されない力と変形の尺度が必要である。それらの尺度として，応力とひずみを定義する。

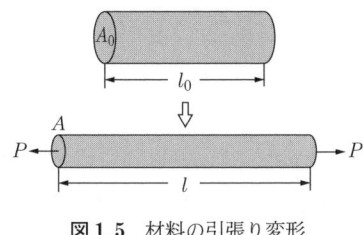

図 1.5　材料の引張り変形

　図 1.5 に示す材料の引張り変形において，初期標点距離 l_0，初期横断面積 A_0 の試験片に荷重 P を加えたとき，標点距離が l，横断面積が A になったとする。このとき，公称応力 s および公称ひずみ e は，式(1.1)ように定義される。

$$s = \frac{P}{A_0}, \quad e = \int_{l_0}^{l} \frac{dl}{l_0} = \frac{l - l_0}{l_0} \tag{1.1}$$

現在の断面積 A および標点距離 l に基づく定義も可能である。これらは真応力 σ および真ひずみ ε と呼ばれ，式(1.2)のように定義される。

$$\sigma = \frac{P}{A}, \quad \varepsilon = \int_{l_0}^{l} \frac{dl}{l} = \ln \frac{l}{l_0} \tag{1.2}$$

真ひずみ ε は，その定義式から対数ひずみまたは自然ひずみとも呼ばれる。

1.2.2 単軸引張りにおける応力-ひずみ曲線

図1.6の実線は，一般的な金属材料の単軸引張試験における公称応力-公称ひずみ線図である。また，破線は真応力-真ひずみ線図である。

応力が点Yを超えると塑性変形が開始する。このときの応力 σ_Y を降伏応力という。さらに引張ると応力は変形とともに増加する。この現象を加工硬化（またはひずみ硬化）という。公称応力が最大となる点Mは，引張荷重が最大となる点でもある。点Mにおける公称応力 s_T を引張強さという。

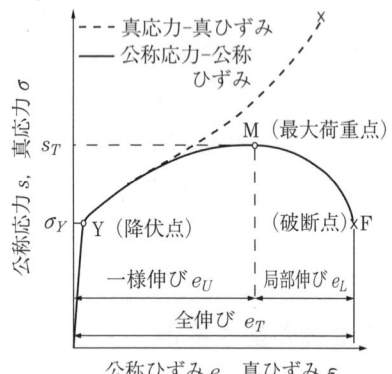

図1.6 代表的な応力-ひずみ線図

点Mに達すると，試験片にくびれが発生する。点Mまでの公称ひずみ e_U を一様伸びという。さらに引張ると，くびれの部分に変形が集中し，くびれが進行する。それと同時に公称応力は減少し，点Fで最終破断を生じる。くびれ発生以降の公称ひずみ e_L を局部伸びという。また，破断までの公称ひずみ e_T を全伸びという。

1.2.3 真応力-真塑性ひずみ曲線の数式化

単軸引張試験における真応力-真塑性ひずみ曲線は塑性曲線と呼ばれ，塑性

加工の解析などに用いられる。この曲線は，材料の塑性変形が継続して生じるために必要な応力，すなわち変形抵抗（または流動応力）を表している。変形抵抗を Y と表記する場合も多い（4章，5章，9章および11章を参照）。

現在広く用いられている塑性曲線の形状を図 1.7 に示す。

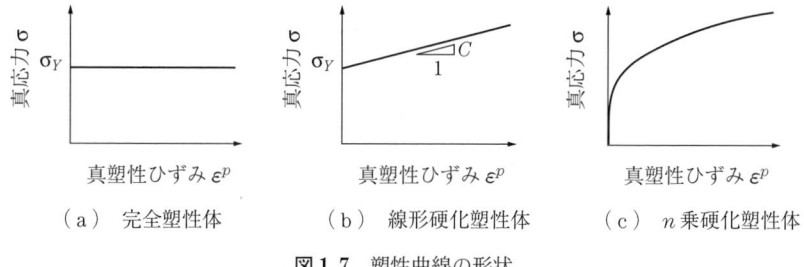

図 1.7　塑性曲線の形状

それぞれつぎのような特徴をもつ。

・完全塑性体　　図(a)のように加工硬化がほとんどない材料を表す。

$$\sigma = \sigma_Y \quad (\sigma_Y：降伏応力) \tag{1.3}$$

・線形硬化塑性体　　図(b)のように加工硬化を直線で近似できる。

$$\sigma = \sigma_Y + C\varepsilon^p \quad (C：定数) \tag{1.4}$$

・n 乗硬化塑性体（n 乗硬化則）　　図(c)のように加工硬化を指数関数で近似できる。

$$\sigma = F\varepsilon^{pn} \quad (F および n は定数) \tag{1.5}$$

これは多くの金属の塑性挙動を比較的よく近似できるので，広く用いられている。定数 F を F（エフ）値や塑性係数，定数 n を n（エヌ）値や加工硬化指数と呼ぶ。

1.3　多軸状態における応力の表現

1.3.1　応力ベクトルと応力テンソル

図 1.8 のように，変形後の材料内部の点 Q を含む微小面積要素 dA を考える。この面の方向は単位法線ベクトル $\boldsymbol{n}$ で表される。この面に内力ベクトル

$d\boldsymbol{P}$ が作用しているとき，応力ベクトル $\overset{n}{\boldsymbol{T}}$ は

$$\overset{n}{\boldsymbol{T}} = \frac{d\boldsymbol{P}}{dA} \tag{1.6}$$

で定義される。

応力ベクトル $\overset{n}{\boldsymbol{T}}$ は，この面に垂直な成分 σ_n と接線方向の成分 τ_n に分解することができ，それぞれ材料力学で学んだ垂直応力とせん断応力に対応する。

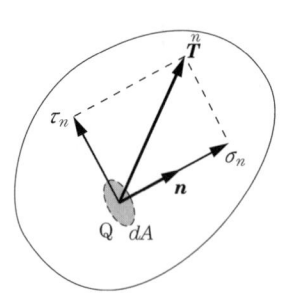
図 1.8　微小面積要素 dA_n に作用する応力ベクトル $\overset{n}{\boldsymbol{T}}$

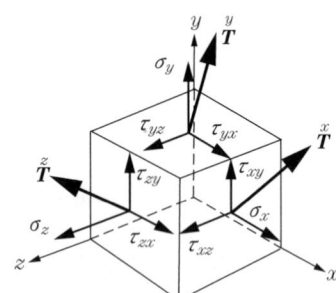
図 1.9　各応力ベクトルとその成分

つぎに，応力ベクトルを直角座標系で表現してみる。図 1.9 のように物体内の微小な直方体の各面に作用する応力ベクトル $\overset{x}{\boldsymbol{T}}$, $\overset{y}{\boldsymbol{T}}$ および $\overset{z}{\boldsymbol{T}}$ を考える。各応力ベクトルの成分を図のように表す。例えば，σ_x は x 軸に垂直な面に作用する x 方向の応力，すなわち垂直応力成分を，また τ_{xy} は x 軸に垂直な面に作用する y 方向の応力，すなわちせん断応力成分を表している。

応力ベクトル $\overset{x}{\boldsymbol{T}}$, $\overset{y}{\boldsymbol{T}}$ および $\overset{z}{\boldsymbol{T}}$ の成分をまとめて表すと式(1.7)となる。

$$\boldsymbol{\sigma} = \begin{bmatrix} \sigma_x & \tau_{xy} & \tau_{xz} \\ \tau_{yx} & \sigma_y & \tau_{yz} \\ \tau_{zx} & \tau_{zy} & \sigma_z \end{bmatrix} \tag{1.7}$$

これを応力テンソルという。

1.3.2　静水応力と偏差応力

静水応力または平均垂直応力は式(1.8)で定義される。

$$\sigma_m = \frac{1}{3}(\sigma_x + \sigma_y + \sigma_z) \tag{1.8}$$

また,垂直応力成分 σ_x, σ_y, σ_z から静水応力を差し引いたものを偏差応力と呼び,式(1.9)のように表現する.

$$\left.\begin{array}{l}\sigma'_x = \sigma_x - \sigma_m, \quad \sigma'_y = \sigma_y - \sigma_m, \quad \sigma'_z = \sigma_z - \sigma_m \\ \tau'_{xy} = \tau_{xy}, \quad \tau'_{xz} = \tau_{xz}, \quad \tau'_{yx} = \tau_{yx}, \quad \tau'_{yz} = \tau_{yz}, \quad \tau'_{zx} = \tau_{zx}, \quad \tau'_{zy} = \tau_{zy}\end{array}\right\} \tag{1.9}$$

静水応力は材料の体積変化を引き起こす応力であるが,塑性変形では体積変化はないので,塑性変形は静水応力は関与せず,偏差応力で表現することができる.

1.3.3 コーシーの関係

任意の面の応力ベクトルを応力テンソルで表現してみよう.ここでは,簡単のため2次元の場合について考える.

図 1.10 のように紙面方向に単位厚さを持つ三角形 OAB に応力が作用している.この場合に,応力テンソル $\boldsymbol{\sigma}$ は式(1.10)で表現できる.

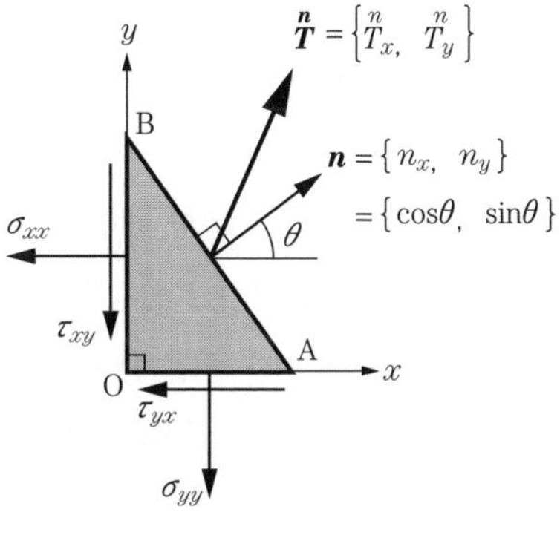

$$\boldsymbol{\sigma} = \begin{bmatrix} \sigma_x & \tau_{xy} \\ \tau_{yx} & \sigma_y \end{bmatrix} \tag{1.10}$$

面 $\overline{\mathrm{AB}}$ を規定するには,式(1.11)で表される単位法線ベクトル $\boldsymbol{n}$ を用いる.

$$\boldsymbol{n} = \{n_x, n_y\} = \{\cos\theta, \sin\theta\} \tag{1.11}$$

図 1.10 面 $\overline{\mathrm{AB}}$ に作用する応力ベクトル $\overset{n}{\boldsymbol{T}}$ (2次元)

また,この面に作用する応力ベクトル $\overset{n}{\boldsymbol{T}}$ は,式(1.12)のようになる.

$$\overset{n}{\boldsymbol{T}} = \{\overset{n}{T_x}, \overset{n}{T_y}\} \tag{1.12}$$

ここで,この三角形の x 方向の力のつり合いから,式(1.13)が得られる.

$$\overset{n}{T_x}\overline{\mathrm{AB}} = \sigma_x\overline{\mathrm{OB}} + \tau_{yx}\overline{\mathrm{OA}} \tag{1.13}$$

面 $\overline{\mathrm{OA}}$, $\overline{\mathrm{OB}}$ と $\overline{\mathrm{AB}}$ の間には式(1.14)の関係がある.

$$\overline{\text{OB}} = n_x \overline{\text{AB}}, \quad \overline{\text{OA}} = n_y \overline{\text{AB}} \tag{1.14}$$

式(1.14)を式(1.13)に代入すると，式(1.15)が得られる。

$$\overset{n}{T}_x = \sigma_x n_x + \tau_{yx} n_y \tag{1.15}$$

同様に，y 方向の関係を求めて，まとめて表すと式(1.16)のようになる。

$$\begin{bmatrix} \overset{n}{T}_x \\ \overset{n}{T}_y \end{bmatrix} = \begin{bmatrix} \sigma_x & \tau_{yx} \\ \tau_{xy} & \sigma_y \end{bmatrix} \begin{bmatrix} n_x \\ n_y \end{bmatrix} \tag{1.16}$$

3次元の場合に対しても同様に導くことができ，その結果は式(1.17)のようになる。

$$\begin{bmatrix} \overset{n}{T}_x \\ \overset{n}{T}_y \\ \overset{n}{T}_z \end{bmatrix} = \begin{bmatrix} \sigma_x & \tau_{yx} & \tau_{zx} \\ \tau_{xy} & \sigma_y & \tau_{zy} \\ \tau_{xz} & \tau_{yz} & \sigma_z \end{bmatrix} \begin{bmatrix} n_x \\ n_y \\ n_z \end{bmatrix} \tag{1.17}$$

式(1.16)，(1.17)を，コーシー（Cauchy）の関係という。

1.3.4 つり合い方程式

応力の作用している物体が静止しているための条件を求めよう。これをつり合い方程式（または平衡方程式）という。

ここでは，1.3.3項と同様に2次元の場合について考える。**図1.11**は紙面方向に単位厚さを持つ微小な直方体である。面 $\overline{\text{AD}} = dy$ に作用する応力が σ_x であるとき，dx だけ離れた面 $\overline{\text{BC}}$ に作用する応力は

$$\sigma_x + \frac{\partial \sigma_x}{\partial x} dx$$

となる。

この物体は静止しているため，x および y 方向で式(1.18)で表される力のつり合いが成立する。

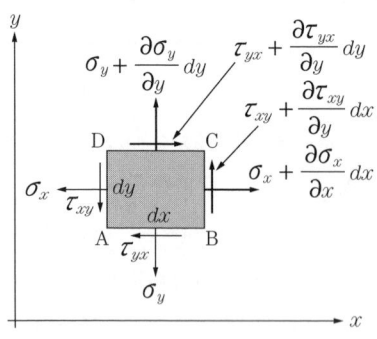

図1.11 微小な直方体に作用する応力成分（2次元）

$$
\left.\begin{aligned}
x\text{方向}:&\left(\sigma_x+\frac{\partial \sigma_x}{\partial x}dx\right)\overline{\text{BC}}+\left(\tau_{yx}+\frac{\partial \tau_{yx}}{\partial y}dy\right)\overline{\text{CD}}\\
&-\sigma_x\overline{\text{AD}}-\tau_{yx}\overline{\text{AB}}=0\\
y\text{方向}:&\left(\tau_{xy}+\frac{\partial \tau_{xy}}{\partial x}dx\right)\overline{\text{BC}}+\left(\sigma_y+\frac{\partial \sigma_y}{\partial y}dy\right)\overline{\text{CD}}\\
&-\tau_{xy}\overline{\text{AD}}-\sigma_y\overline{\text{AB}}=0
\end{aligned}\right\}
\quad (1.18)
$$

さらに，$\overline{\text{AB}}=\overline{\text{CD}}=dx$ および $\overline{\text{AD}}=\overline{\text{BC}}=dy$ を用いて整理すると，式 (1.19) のようになる．

$$
\left.\begin{aligned}
x\text{方向}:&\frac{\partial \sigma_x}{\partial x}+\frac{\partial \tau_{yx}}{\partial y}=0\\
y\text{方向}:&\frac{\partial \tau_{xy}}{\partial x}+\frac{\partial \sigma_y}{\partial y}=0
\end{aligned}\right\}
\quad (1.19)
$$

これらが 2 次元の場合のつり合い方程式である．

3 次元の場合も同様に考えることができ，式 (1.20) が得られる．

$$
\left.\begin{aligned}
x\text{方向}:&\frac{\partial \sigma_x}{\partial x}+\frac{\partial \tau_{yx}}{\partial y}+\frac{\partial \tau_{zx}}{\partial z}=0\\
y\text{方向}:&\frac{\partial \tau_{xy}}{\partial x}+\frac{\partial \sigma_y}{\partial y}+\frac{\partial \tau_{zy}}{\partial z}=0\\
z\text{方向}:&\frac{\partial \tau_{xz}}{\partial x}+\frac{\partial \tau_{yz}}{\partial y}+\frac{\partial \sigma_z}{\partial z}=0
\end{aligned}\right\}
\quad (1.20)
$$

一方，微小直方体が回転しないための条件，すなわちモーメントのつり合いより式 (1.21) が得られる．これより，式 (1.7) の応力テンソル $\boldsymbol{\sigma}$ は対称であることがわかる．

$$
\tau_{xy}=\tau_{yx},\quad \tau_{yz}=\tau_{zy},\quad \tau_{zx}=\tau_{xz} \quad (1.21)
$$

1.3.5 主応力と不変量

式 (1.17) のコーシーの関係より，応力ベクトルを考える面を適当に選べば，せん断応力は作用せず垂直応力のみが作用する面があることがわかる．このような面を主面または主応力面，この面の法線を主軸，さらに作用する垂直応力を主応力という．

主軸を与える単位ベクトルを $\boldsymbol{n} = \{n_x, n_y, n_z\}$，またそのときの主応力を σ とすると，式(1.17)および(1.21)から式(1.22)が得られる．

$$\begin{bmatrix} \sigma_x & \tau_{xy} & \tau_{zx} \\ \tau_{xy} & \sigma_y & \tau_{yz} \\ \tau_{zx} & \tau_{yz} & \sigma_z \end{bmatrix} \begin{bmatrix} n_x \\ n_y \\ n_z \end{bmatrix} = \sigma \begin{bmatrix} n_x \\ n_y \\ n_z \end{bmatrix} = \begin{bmatrix} \sigma & 0 & 0 \\ 0 & \sigma & 0 \\ 0 & 0 & \sigma \end{bmatrix} \begin{bmatrix} n_x \\ n_y \\ n_z \end{bmatrix} \quad (1.22)$$

式(1.22)をまとめると式(1.23)となる．

$$\begin{bmatrix} \sigma_x - \sigma & \tau_{xy} & \tau_{zx} \\ \tau_{xy} & \sigma_y - \sigma & \tau_{yz} \\ \tau_{zx} & \tau_{yz} & \sigma_z - \sigma \end{bmatrix} \begin{bmatrix} n_x \\ n_y \\ n_z \end{bmatrix} = \begin{bmatrix} 0 \\ 0 \\ 0 \end{bmatrix} \quad (1.23)$$

この方程式が，$n_x = n_y = n_z = 0$（自明解という）以外の解をもつためには，式(1.23)の左辺の行列の行列式が零でなければならない．行列式を具体的に計算すると式(1.24)の形にまとめることができる．

$$-\sigma^3 + J_1 \sigma^2 - J_2 \sigma + J_3 = 0 \quad (1.24)$$

式(1.24)は σ の3次方程式であり，これを解くことにより三つの実根（主応力）を求めることができる．主応力を σ_1，σ_2 および σ_3 とおくと，式(1.24)は式(1.25)のように書き表すことができる．

$$(\sigma - \sigma_1)(\sigma - \sigma_2)(\sigma - \sigma_3) = 0 \quad (1.25)$$

式(1.24)と(1.25)は同一であるので，J_1，J_2 および J_3 は式(1.26)～(1.28)のようになる．

$$J_1 = \sigma_x + \sigma_y + \sigma_z = \sigma_1 + \sigma_2 + \sigma_3 \quad (1.26)$$

$$J_2 = \sigma_x \sigma_y + \sigma_y \sigma_z + \sigma_z \sigma_x - \tau_{xy}^2 - \tau_{yz}^2 - \tau_{zx}^2 = \sigma_1 \sigma_2 + \sigma_2 \sigma_3 + \sigma_3 \sigma_1 \quad (1.27)$$

$$J_3 = \sigma_x \sigma_y \sigma_z - \sigma_x \tau_{yz}^2 - \sigma_y \tau_{zx}^2 - \sigma_z \tau_{xy}^2 + 2\tau_{xy} \tau_{yz} \tau_{zx} = \sigma_1 \sigma_2 \sigma_3 \quad (1.28)$$

主応力は，任意の点の応力の物理的状態を表しており，座標系には無関係である．したがって，J_1，J_2 および J_3 も座標系に無関係である．J_1，J_2 および J_3 を応力の第1，第2および第3不変量という．

偏差応力に対しても，応力の場合と同様に主偏差応力および偏差応力の不変量を考えることができる．偏差応力の第1，第2および第3不変量 J_1'，J_2' および J_3' は式(1.29)～(1.31)のようになる．

$$J_1' = \sigma_x' + \sigma_y' + \sigma_z' = \sigma_1' + \sigma_2' + \sigma_3' = 0 \tag{1.29}$$

$$J_2' = \sigma_x'\sigma_y' + \sigma_y'\sigma_z' + \sigma_z'\sigma_x' - \tau_{xy}^2 - \tau_{yz}^2 - \tau_{zx}^2 = \sigma_1'\sigma_2' + \sigma_2'\sigma_3' + \sigma_3'\sigma_1' \tag{1.30}$$

$$J_3' = \sigma_x'\sigma_y'\sigma_z' - \sigma_x'\tau_{yz}^2 - \sigma_y'\tau_{zx}^2 - \sigma_z'\tau_{xy}^2 + 2\tau_{xy}\tau_{yz}\tau_{zx} = \sigma_1'\sigma_2'\sigma_3' \tag{1.31}$$

1.4　多軸状態におけるひずみ

1.4.1　物体の変形

物体中にある各片の長さが dx，dy および dz の微小な直方体を考える。図1.12 は，この直方体の x-y 平面内の移動と変形の様子を表したものである。

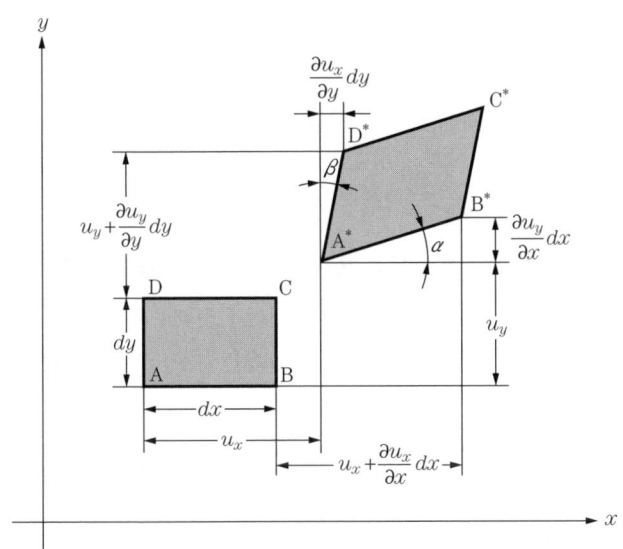

図1.12　微小な直方体の x-y 平面内の移動と変形の様子

変形前の点 A が変形後に点 A* に移動したときの移動量を変位と呼び，式(1.32)のように，変位ベクトル $\boldsymbol{u}$ で表現できる。

$$\boldsymbol{u} = (u_x, u_y) \tag{1.32}$$

変位ベクトルは，位置によって異なるので (x, y, z) の関数である。

一方，点 A から dx だけ離れた点 B が点 B* に移動したときの変位ベクト

ルは，dx が微小であることから式(1.33)で表現できる．

$$\left(u_x+\frac{\partial u_x}{\partial x}dx,\quad u_y+\frac{\partial u_y}{\partial x}dx\right) \tag{1.33}$$

1.4.2 垂直ひずみ

点 A での垂直ひずみ ε_x は，x 方向の長さの変化 $(A^*B^*)_x-(AB)_x$ の，基準長さ $(AB)_x=dx$ に対する割合として定義され，式(1.34)のようになる．

$$\varepsilon_x=\frac{(A^*B^*)_x-(AB)_x}{(AB)_x}=\frac{\partial u_x}{\partial x} \tag{1.34}$$

y および z 方向の垂直ひずみ ε_y および ε_z も，ε_x と同様に定義され，式(1.35)のように書き表すことができる．

$$\varepsilon_y=\frac{\partial u_y}{\partial y},\quad \varepsilon_z=\frac{\partial u_z}{\partial z} \tag{1.35}$$

これらのひずみ ε_x, ε_y および ε_z を工学的垂直ひずみという．

1.4.3 せん断ひずみ

図1.12に示すように，変形前に直角であった∠DAB は∠D*A*B* に変化する．その角度変化は，辺 A*B* と x 軸のなす角 α，および辺 A*D* と y 軸のなす角 β の和であり，せん断ひずみ γ_{xy} は式(1.36)のように定義される．

$$\gamma_{xy}=\alpha+\beta\fallingdotseq\tan\alpha+\tan\beta=\frac{\partial u_x}{\partial y}+\frac{\partial u_y}{\partial x} \tag{1.36}$$

ほかのせん断ひずみ γ_{yz} および γ_{zx} も，同様に式(1.37)のように表される．

$$\gamma_{yz}=\frac{\partial u_y}{\partial z}+\frac{\partial u_z}{\partial y},\quad \gamma_{zx}=\frac{\partial u_z}{\partial x}+\frac{\partial u_x}{\partial z} \tag{1.37}$$

これらのせん断ひずみを工学的せん断ひずみという．

工学的垂直ひずみと工学的せん断ひずみを総称して工学的ひずみという．

1.4.4 ひずみテンソル

ひずみテンソルは式(1.38)，(1.39)のように定義される．

$$\varepsilon = \begin{bmatrix} \varepsilon_{xx} & \varepsilon_{xy} & \varepsilon_{xz} \\ \varepsilon_{yx} & \varepsilon_{yy} & \varepsilon_{yz} \\ \varepsilon_{zx} & \varepsilon_{zy} & \varepsilon_{zz} \end{bmatrix} \tag{1.38}$$

$$\left. \begin{array}{l} \varepsilon_{xx} = \varepsilon_x, \quad \varepsilon_{yy} = \varepsilon_y, \quad \varepsilon_{zz} = \varepsilon_z \\ \varepsilon_{xy} = \dfrac{1}{2}\gamma_{xy} = \varepsilon_{yx}, \quad \varepsilon_{yz} = \dfrac{1}{2}\gamma_{yz} = \varepsilon_{zy}, \quad \varepsilon_{zx} = \dfrac{1}{2}\gamma_{zx} = \varepsilon_{xz} \end{array} \right\} \tag{1.39}$$

式(1.39)からわかるように，ひずみテンソルは対称である．また，ひずみテンソルのせん断ひずみ成分 ε_{xy}，ε_{yz} および ε_{zx} は，それぞれ工学的せん断ひずみ γ_{xy}，γ_{yz} および γ_{zx} の半分の量である．

1.5 降伏条件

1.5.1 降伏条件とは

外力がさまざまな方向にさまざまな大きさで作用するような複雑な応力条件下において，弾性状態から塑性状態へ移行する際の応力状態の条件を降伏条件という．

すなわち，式(1.40)に示すように，応力の関数 F がある値 C に達したときに降伏が生ずるものとして定義される．

$$F(\sigma_x, \sigma_x, \sigma_x, \tau_{xy}, \tau_{yz}, \tau_{zx}) = C \tag{1.40}$$

1.5.2 等方性材料の降伏条件

等方材料の降伏条件は応力の不変量で表現できる．さらに，塑性変形では体積変化は生じないと仮定できる．したがって，式(1.41)に示すように降伏条件は偏差応力の不変量 J_2' および J_3' で表現できる．

$$F(J_2', J_3') = C \tag{1.41}$$

この式を満足する降伏条件のうち，広く用いられているのはトレスカ(Tresca)の降伏条件とミーゼス(von Mises)の降伏条件である．

1.5.3 トレスカの降伏条件

トレスカの降伏条件は,最大主応力および最小主応力をそれぞれ σ_1 および σ_3 とすると,式(1.42)で表現できる。

$$\sigma_1 - \sigma_3 = 2k = \sigma_Y \tag{1.42}$$

ここに,k:材料のせん断降伏応力

トレスカの降伏条件は,材料に作用している最大せん断応力 $(\sigma_1 - \sigma_3)/2$ が k に達すると降伏が生ずることを表す。そのため,トレスカの降伏条件は「最大せん断応力説」とも呼ばれる。

1.5.4 ミーゼスの降伏条件

ミーゼスの降伏条件は,式(1.43)のように表される。

$$J_2' = \frac{1}{6}\{(\sigma_1-\sigma_2)^2+(\sigma_2-\sigma_3)^2+(\sigma_3-\sigma_1)^2\}=k^2=\frac{1}{3}\sigma_Y^2 \tag{1.43}$$

式(1.43)は,材料に作用するせん断ひずみエネルギーが,ある値に達したときに降伏が生ずるという物理的解釈ができる。そこで,ミーゼスの降伏条件は「せん断ひずみエネルギー説」とも呼ばれる。

1.5.5 降 伏 曲 面

一般に,降伏条件は応力空間において曲面となり,この曲面を降伏曲面という。特に2次元の応力平面で表される場合,降伏曲線と呼ぶこともある。ここでは,特別な応力状態における降伏曲線について考えてみよう。

引張りとねじりが同時に作用する薄肉円管では,軸方向応力 σ_x とせん断応力 τ_{xy} のみが作用する。このとき,トレスカおよびミーゼスの降伏曲線はそれぞれ図 1.13 のようになる。

また,三つの主応力 σ_1, σ_2, σ_3 のうち,$\sigma_3 = 0$ の平面応力状態におけるトレスカとミーゼスの降伏曲線は,それぞれ図 1.14 のようになる。

トレスカとミーゼスの降伏条件には若干の違いがあり,最大の差は約 15% である。実在金属はどちらにより近いかを調べる実験によると,ほとんどの材

1.6 弾塑性構成式

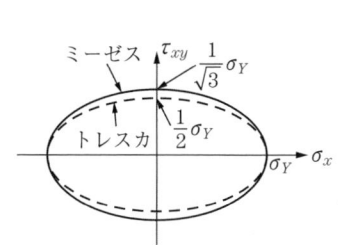

図1.13 引張りとねじりが同時に作用する薄肉円管の降伏曲線（トレスカ，ミーゼス）

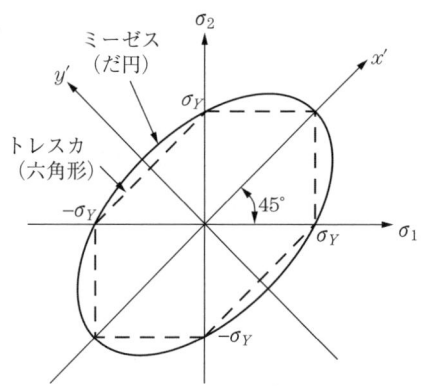

図1.14 平面応力状態における降伏曲線（トレスカ，ミーゼス）

料の降伏条件は，ミーゼスとトレスカの条件で表現できるが，中間主応力の影響を考慮していないトレスカよりも，ミーゼスのほうがより実験値に近い結果が得られている。

1.6 弾塑性構成式

1.6.1 弾塑性構成式の特徴

応力とひずみの関係式を構成式という。ここでは，弾塑性体の構成式に必要となる特性を明らかにする。

弾性範囲では，応力とひずみの関係は線形比例関係で，応力またはひずみの値が定まると，他方も一つに定まる。しかし，塑性変形が生じると，応力またはひずみのいずれか一方が定まっても，他方が定まるとは限らない。すなわち，現在の応力状態が同一でも，ひずみは応力がどのように変化してきたかによって異なる。

1.6.2 ひずみ増分理論

弾塑性構成式ではひずみそのものではなく，ひずみの微小変化分（ひずみ増

分）$d\varepsilon$ を用いた構成式を考える。現在のひずみ ε は，ひずみ増分 $d\varepsilon$ を応力経路に沿って積分することによって求める。この理論をひずみ増分理論という。

ひずみ増分理論による等方性弾塑性体の構成式の定式化を行ってみる。

全ひずみは弾性ひずみと塑性ひずみの和で表現できるので，増分形でもその関係が成立すると考え式(1.44)のようにおく。

$$\left.\begin{array}{l} d\varepsilon_x = d\varepsilon_x^e + d\varepsilon_x^p, \quad d\varepsilon_y = d\varepsilon_y^e + d\varepsilon_y^p, \quad d\varepsilon_z = d\varepsilon_z^e + d\varepsilon_z^p \\ d\gamma_{xy} = d\gamma_{xy}^e + d\gamma_{xy}^p, \quad d\gamma_{yz} = d\gamma_{yz}^e + d\gamma_{yz}^p, \quad d\gamma_{zx} = d\gamma_{zx}^e + d\gamma_{zx}^p \end{array}\right\} \quad (1.44)$$

このうち，弾性ひずみ増分 $d\varepsilon_x^e$, …, $d\gamma_{zx}^e$ は，フックの法則を弾性ひずみ増分および応力増分に置き換えた関係によって求めることができる。

降伏条件を満足すると塑性変形が生ずる。そのときの塑性ひずみ増分 $d\varepsilon_x^p$, …, $d\gamma_{zx}^p$ はロイス (Reuss) により提案された「塑性ひずみ増分の向きは偏差応力の向きに一致する」とした式(1.45)に示す塑性構成式が広く用いられる。

$$\left.\begin{array}{l} d\varepsilon_x^p = \sigma_x' d\lambda, \quad d\varepsilon_y^p = \sigma_y' d\lambda, \quad d\varepsilon_z^p = \sigma_z' d\lambda \\ \dfrac{d\gamma_{xy}^p}{2} = \tau_{xy} d\lambda, \quad \dfrac{d\gamma_{yz}^p}{2} = \tau_{yz} d\lambda, \quad \dfrac{d\gamma_{zx}^p}{2} = \tau_{zx} d\lambda \end{array}\right\} \quad (1.45)$$

ここに，$d\lambda$：正値の未定乗数（塑性曲線を用いて決定する）

弾性ひずみ増分も考慮した全ひずみ増分構成式は式(1.46)となる。

$$\left.\begin{array}{l} d\varepsilon_x = \dfrac{1}{E}\{d\sigma_x - \nu(d\sigma_y + d\sigma_z)\} + \dfrac{2}{3} d\lambda \left\{d\sigma_x - \dfrac{1}{2}(d\sigma_y + d\sigma_z)\right\} \\[4pt] d\varepsilon_y = \dfrac{1}{E}\{d\sigma_y - \nu(d\sigma_z + d\sigma_x)\} + \dfrac{2}{3} d\lambda \left\{d\sigma_y - \dfrac{1}{2}(d\sigma_z + d\sigma_x)\right\} \\[4pt] d\varepsilon_z = \dfrac{1}{E}\{d\sigma_z - \nu(d\sigma_x + d\sigma_y)\} + \dfrac{2}{3} d\lambda \left\{d\sigma_z - \dfrac{1}{2}(d\sigma_x + d\sigma_y)\right\} \\[4pt] \dfrac{d\gamma_{xy}}{2} = \dfrac{d\tau_{xy}}{2G} + d\lambda \tau_{xy}, \quad \dfrac{d\gamma_{yz}}{2} = \dfrac{d\tau_{yz}}{2G} + d\lambda \tau_{yz} \\[4pt] \dfrac{d\gamma_{zx}}{2} = \dfrac{d\tau_{zx}}{2G} + d\lambda \tau_{zx}, \quad G = \dfrac{E}{2(1+\nu)} \end{array}\right\} \quad (1.46)$$

ここに，E：縦弾性係数，G：横弾性係数，ν：ポアソン比

これらの式をプラントル・ロイス (Prandtl-Reuss) の構成式という。

また，塑性変形に比べて弾性変形が無視できるほど小さい場合には式(1.46)のそれぞれの右辺第1項をすべて零にすればよい。この構成式は，レビィ・ミーゼス(Lévy-Mises)の構成式と呼ばれる。

1.7 塑性加工問題に対する数値解析

材料が荷重を受け変形するときの応力やひずみを求めるためには，①つり合いの式(1.20)，②ひずみ-変位関係式(1.34〜1.37)，③応力-ひずみ関係式(構成式(1.46)，降伏条件も含まれる)および④境界値(物体の変位および表面力を規定)および初期値を連立させて解く。このような問題を境界値問題という。塑性構成式は増分形で記述されているので，微小な時間ステップごとの増分値を求め，初期から現在時刻まで加えることで現在の応力やひずみが求まる。

しかし，単純な形状の塑性加工を除いては，塑性加工における材料の変形，材料内の応力やひずみや加工荷重を数学的に厳密に求めることはできない。そこで，対象となる塑性加工の応力状態，摩擦状態や解析の目的に応じた近似解法・数値解法を用いる必要がある。以下に，塑性加工に用いられる代表的な方法を列挙する。

① **初等解法またはスラブ法** 材料の変形領域に板状の微小要素(スラブ)を考え，これに作用する垂直応力を主応力と考える近似解法である。この方法を用いた詳細な例が9章に述べられている。

② **すべり線場法** 平面ひずみ状態にある剛完全塑性体を仮定して用いられる解法で，接線方向が最大せん断応力の方向となるような曲線群を変形材料内に描き，これを基に加工力，応力分布，ひずみ速度分布などを求める。この手法を用いた例が8章に述べられている。

③ **有限要素法** 変形している材料を多数(有限個)の要素(2次元の場合は3角形や4角形，3次元の場合は4面体や6面体など)に分割し，その頂点(節点という)における変位を求め，それらの値から要素内の応力やひずみ

を計算する方法である。12章で，この方法について詳細に説明されている。

演習問題

問1.1 真応力 σ および真ひずみ ε を，公称応力 s および公称ひずみ e を用いて表せ。

問1.2 長さ l_1 の棒を l_2 まで引き伸ばしたときの真ひずみおよび公称ひずみを ε_1 および e_1，さらに l_2 から l_3 まで引き伸ばしたときの真ひずみおよび公称ひずみを ε_2 および e_2 とする。長さ l_1 から l_3 までの真ひずみおよび公称ひずみを ε_3 および e_3 とすると，真ひずみでは $\varepsilon_3 = \varepsilon_1 + \varepsilon_2$ であるが，公称ひずみでは $e_3 \neq e_1 + e_2$ であることを確認せよ。

問1.3 長さ l_0 の丸棒を 2 倍に伸ばす場合と，半分に圧縮する場合を考える。それぞれの場合について公称ひずみ e_t, e_c と真ひずみ ε_t, ε_c を求め，真ひずみでは $|\varepsilon_t| = |\varepsilon_c|$ であるが，公称ひずみの場合は $|e_t| \neq |e_c|$ であることを確認せよ。

問1.4 式(1.5)の n 乗則における二つの材料定数 F および n を実験的に求める方法を調べよ。

問1.5 薄肉円管の引張り-ねじり負荷時におけるトレスカおよびミーゼスの降伏曲線は次式となることを示せ。

トレスカ：$\sigma_x^2 + 4\tau_{xy}^2 = \sigma_Y^2$

ミーゼス：$\sigma_x^2 + 3\tau_{xy}^2 = \sigma_Y^2$

2. 塑性加工用材料と工具材料

2.1 鉄鋼の分類および製造方法

2.1.1 鉄鋼の分類

鉄鋼（steel）は鉄（Fe）と炭素（C）の合金であり，Cの量により**表2.1**のように鉄，鋼，鋳鉄に分類される。適切な特性を得るため，Si，Mn，P，SやCr，Mo，Niを添加する。鉄鋼は，他の金属に比べて機械的特性（強度，延性，じん性，硬さなど）に優れ，熱処理により機械的特性が調整できるので，機械・構造用材料として重要である。

表2.1 鉄鋼の分類

分類	炭素量〔重量％〕
鉄	0.02以下
鋼	0.02〜2.14
鋳鉄	2.14以上

2.1.2 鉄鋼の製造工程

鉄鋼の製造工程を**図2.1**[1]† に示す。まず鉄鉱石をコークスなどで還元して銑鉄（pig iron）を製造する。銑鉄中の余分な元素や不純物を除去する製鋼工程から，溶けた鋼を連続的に凝固させる連続鋳造工程を経て，鋼の鋳片が製造される。鋳片は形状によりビレット，ブルーム，スラブと呼ばれる。さらに品質の改善と目的の形状にするための塑性加工（圧延，鍛造，引抜き）が行われる。

---

† 肩付き数字は，巻末の引用・参考文献の番号を示す。

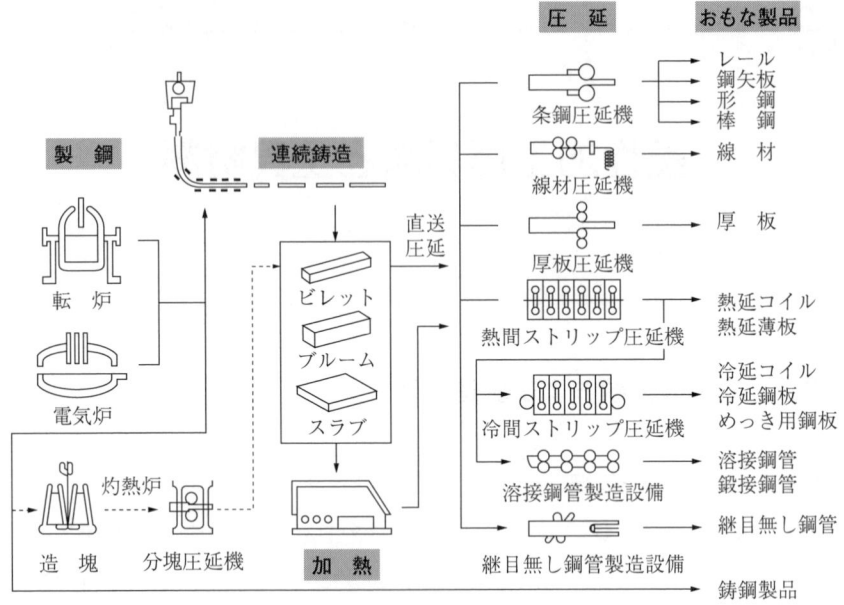

図 2.1　鉄鋼の製造工程

鍛造用の合金材料には，鋼のスクラップを電気炉で溶かし，より精密な成分調整を行う方法が用いられる（製鋼法）。

2.2　炭素鋼の組成と状態図

2.2.1　鉄-炭素系状態図

鉄鋼の組織を理解するために最も基本になるのは図 2.2 に示す鉄（Fe）-炭素（C）系の二元平衡状態図である。炭素鋼は，低炭素鋼（0.25％ C 以下），中炭素鋼（0.25〜0.6％ C）および高炭素鋼（0.6％ 以上）に分類される。C 量が 2.14％ 以下の鋼では C は炭化鉄 Fe_3C（セメンタイト）として存在し，2.11〜6.67％ の範囲の鋳鉄では，セメンタイトあるいは黒鉛として存在する。

鉄鋼には α 鉄，γ 鉄，δ 鉄があり，いずれも Fe の結晶格子のすきまに C が入り込んだ固溶体をつくる。γ 固溶体は，γ 鉄（FCC；面心立方格子の結晶構

2.3 鋼の熱処理

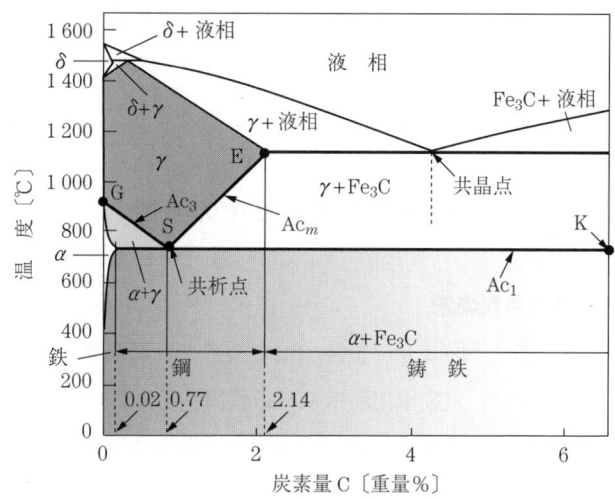

図 2.2 鉄 (Fe)-炭素 (C) 系の二元平衡状態図

造,図 1.1)に最大 2.14% の C が溶け込んだ固溶体で,オーステナイト (austenite) と呼ばれる。α 固溶体は,α 鉄(BCC;体心立方格子の結晶構造)にわずかな C(Ac_1 の温度で約 0.02%,常温で最大 0.006%)を含む固溶体で,フェライト (ferrite) と呼ばれる。フェライトとセメンタイトの層状組織をパーライト (pearlite) という。

2.3 鋼の熱処理

鉄鋼は,熱処理によって特性を変化させることができる。通常行われている熱処理は,焼なまし,焼ならし,焼入れおよび焼戻しに大別される。

焼なましは内部応力の除去や塑性加工を容易にするため,焼きならしは粗大化した組織を,その後の利用に適した微細なパーライト組織に変えるため,焼入れは鋼を変態点以上に加熱した γ 鉄の状態から,水中あるいは油中で急冷し,非常に硬いマルテンサイト組織に変える方法である。

焼戻しは,焼入れ処理した材料を室温と Ac_1 点間の温度に加熱・保持したのちに冷却を行い,焼入れ状態よりも高いじん性を持たせる熱処理である。

焼入れ・焼戻しは，すべての工具鋼や高強度機械部品および合金鋼製の部品に適用される。ただし，中炭素鋼の構造用機械部品を焼入れするおもな目的は，引張強さ，場合によっては降伏点を高めるためである。

2.4 塑性加工に用いられる材料とその特徴

2.4.1 機械構造用炭素鋼

〔1〕炭素鋼　図2.3に塑性加工で製造された自動車部品を，図2.4に自動車用鋼板を示す。自動車用鍛造鋼材の代表的なものは，**表2.2**の機械構造用炭素鋼（炭素鋼）と**表2.3**の機械構造用合金鋼（合金鋼）である。

自動車部品として炭素鋼を用いる場合には，引張強さが800 MPa以上必要とされており，そのため鍛造後に焼入れ，焼戻し処理を施すことが多い。

中炭素鋼に微量のバナジウム（V）を添加し，熱間鍛造のままで焼入れ，焼戻し材とほぼ同じ強度が得られる非調質鋼が1970年代初めに開発された。図2.5(a)に示すようにVを含んだ炭素鋼をいったん高温に加熱して十分固溶させたのちに熱間加工を行い，オーステナイト（γ）に変形を加えると，加工後の再結晶時にγ粒は微細化[2]される。その後の冷却中の変態により初期フェライト＋パーライト中にV炭窒化物が析出してフェライトを硬化させる。自動車用熱間鍛造用非調質鋼として図2.3に示したような部品に使用される。

自動車用ボディに使用される鋼板[3]には，低炭素鋼（C-Si-Mn-P）に特殊成分（Nb, V, Ti, Cuなど）を微量に添加して強度やプレス成形性を高めたものが使用される。

近年，引張強さが440 MPa以上の高張力（ハイテン）鋼板の使用が増えている。高張力鋼板は，熱間圧延時に①固溶強化，②析出強化，③細粒化強化，④変態組織強化と呼ばれる強化機構で強度と加工性を確保している。冷間圧延鋼板は，熱間圧延鋼板を酸洗して表面の酸化膜を除去し，常温で約0.15～3.2 mmに冷間圧延したのち，調質（焼なまし・調質圧延）を行っている。一般の熱間圧延鋼板では，細粒組織を得るため焼ならしが行われる。

2.4 塑性加工に用いられる材料とその特徴　23

ドライブシャフト
SNCM420

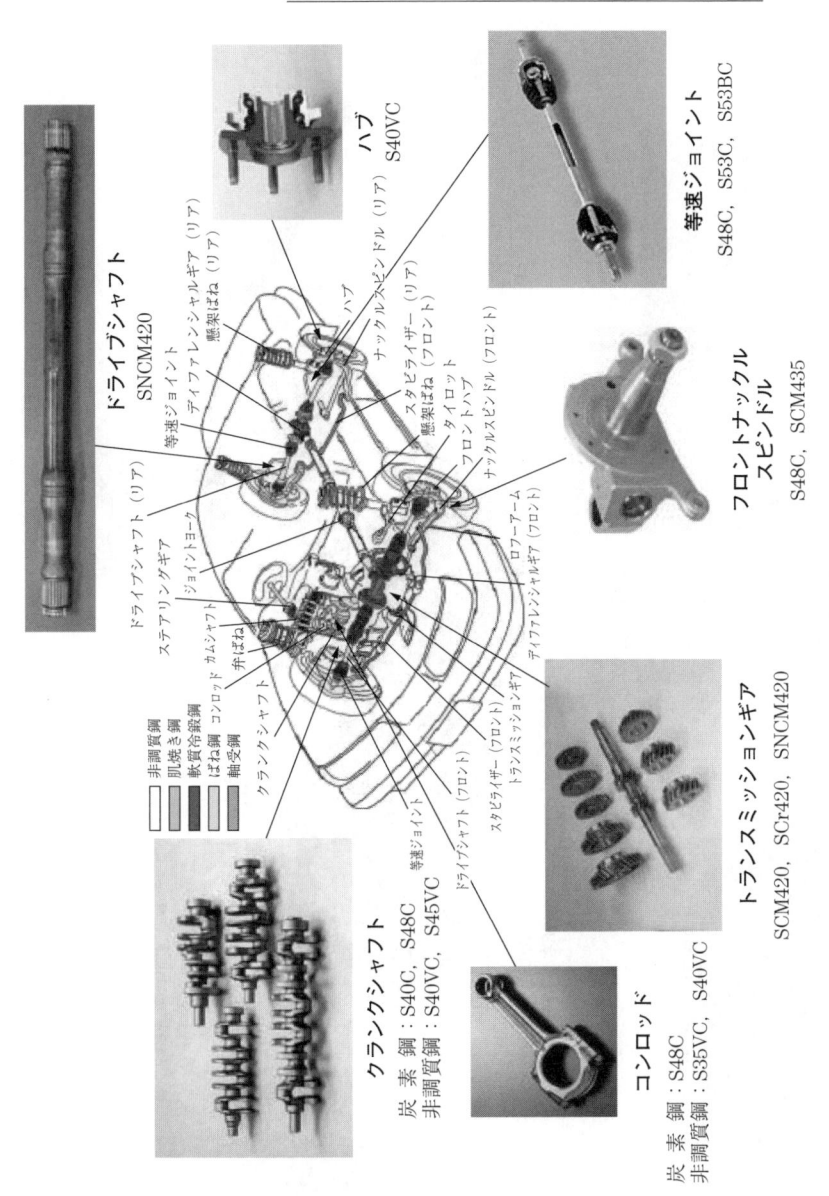

ハブ
S40VC

等速ジョイント
S48C, S53C, S53BC

フロントナックル
スピンドル
S48C, SCM435

トランスミッションギア
SCM420, SCr420, SNCM420

コンロッド
炭素鋼：S48C
非調質鋼：S35VC, S40VC

クランクシャフト
炭素鋼：S40C, S48C
非調質鋼：S40VC, S45VC

非調質鋼
肌焼き鍛鋼
軟質鋼
軸受鋼

図2.3　塑性加工で製造された自動車部品の使用例

24   2．塑性加工用材料と工具材料

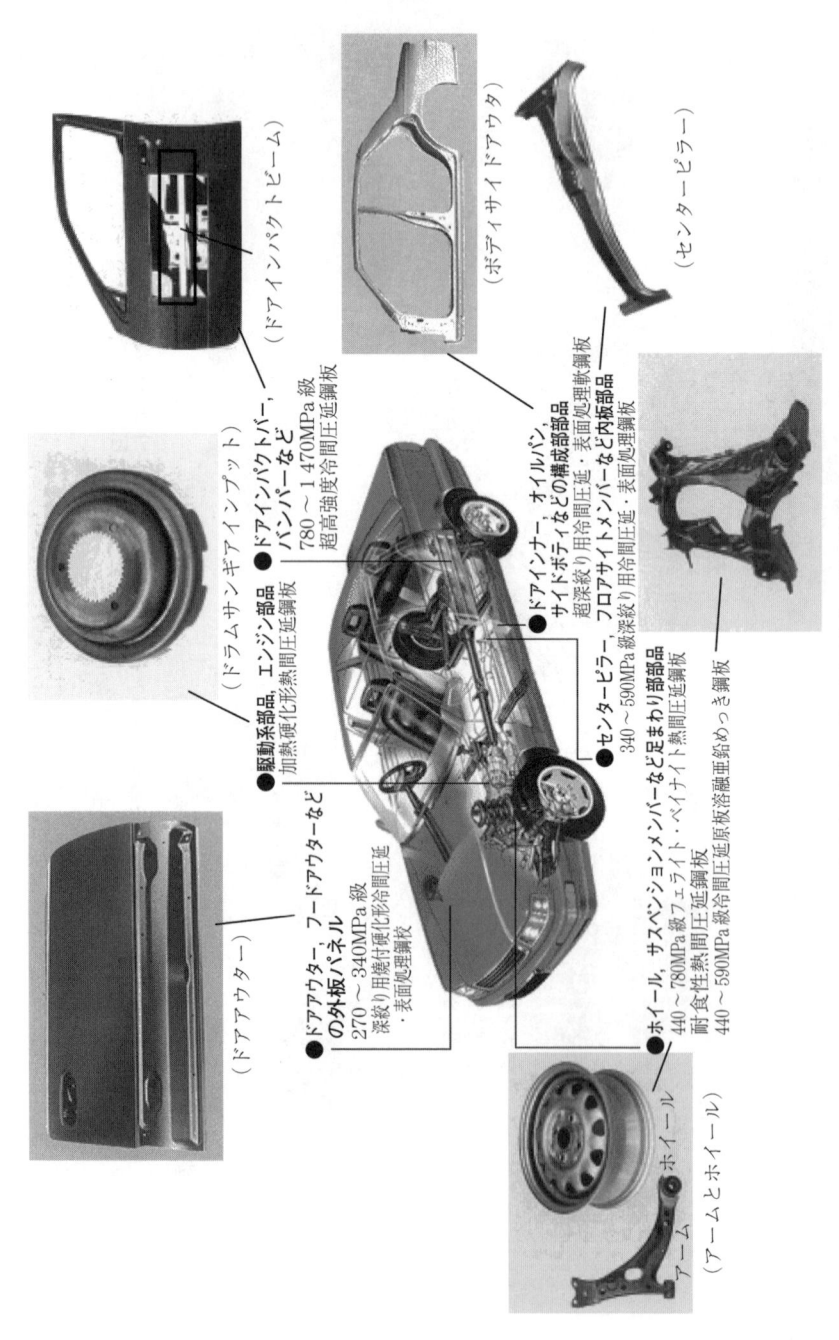

（ドアインナー、フードアウターなどの外板パネル）
270～340MPa級焼付硬化形冷間圧延
深絞り用軟質冷延鋼板
・表面処理鋼板

（ドアアウター）

（ドラムサンギアインプット）

（駆動系部品、エンジン部品）
加熱硬化形熱間圧延鋼板

（ドアインパクトバー、バンパーなど）
780～1470MPa級
超高強度冷間圧延鋼板

（ドアインパクトビーム）

（ボディサイドアウタ）

（センタービラー）

（ドアインナー、オイルパン、サイドボディなどの構成部部品）
超深絞り用冷間圧延・表面処理軟質鋼板

（ドアシラー、フロアサイドメンバーなど内板部品）
340～590MPa級深絞り用冷間圧延鋼板

（センタービラー）
340～590MPa級冷間圧延熱間圧延ナイト熱間圧延鋼板

（ホイール、サスペンションメンバーなど足まわり部品）
440～780MPa級フェライト・ベイナイト熱間圧延鋼板
耐食性熱間圧延鋼板・溶融亜鉛めっき鋼板
440～590MPa級冷間圧延熱原板溶融亜鉛めっき鋼板

（アームとホイール）

（ホイール）

図 2.4 自動車用鋼板の使用例（出典：神戸製鋼所 HP より）

2.4 塑性加工に用いられる材料とその特徴

表 2.2 機械構造用炭素鋼の代表例

鋼種	化学成分 [重量%]*					熱処理状態	機械的性質			適用
	C	Si	Mn	P	S		降伏点 [MPa]	引張強さ [MPa]	伸び [%]	ブリネル硬さ HB	
S 15 C	0.13〜0.18	0.15〜0.35	0.30〜0.60	0.030以下	0.035以下	焼ならし	≧235	≧373	≧30	111〜167	溶接を必要とする部品（ボルト類、ピン類）
S 25 C	0.22〜0.28		0.60〜0.90			焼ならし	≧265	≧411	≧27	123〜183	冷間加工部品（シャフト類）
S 43 C	0.40〜0.46		0.60〜0.90			焼ならし 焼入焼戻し	≧343 ≧490	≧569 ≧686	≧20 ≧17	167〜229 201〜269	ずぶ焼入れ部品 冷間加工部品
S 53 C	0.50〜0.56					焼ならし 焼入焼戻し	≧392 ≧588	≧647 ≧785	≧15 ≧14	183〜255 229〜285	高周波焼入れ部品
S 58 C	0.55〜0.61					焼ならし 焼入焼戻し	≧392 ≧588	≧647 ≧785	≧15 ≧14	183〜255 229〜285	質量効果の大きなずぶ焼入れ部品（歯車類、ピン類）高強度部品

* 上段は下限，下段は上限．上記主成分以外について，Cu 0.30%，Ni 0.20%，Cr 0.20%，Ni+Cr 0.35% を超えてはならないという規定がある．

表 2.3 機械構造用合金鋼の代表例

鋼種	化学成分 [重量%]*						熱処理 [℃]			機械的性質			適用
	C	Si	Mn	Ni	Cr	Mo	焼なまし	焼入れ	焼戻し	引張強さ [MPa]	伸び [%]	硬さ HB	
SCr 420	0.18〜0.23	0.15〜0.35	0.60〜0.85	0.25以下	0.90〜1.20	—	約850 炉冷	1次 850〜900 2次 800〜850 油冷	150〜200 空冷	≧834	≧14	235〜321	歯車類、スプライン軸
SCM 420	0.18〜0.23	0.15〜0.35	0.60〜0.85	0.25以下	0.90〜1.20	0.15〜0.30	約850 炉冷	1次 850〜900 2次 800〜850 油冷	150〜200 空冷	≧932	≧14	285〜375	歯車、軸類
SNCM 420	0.17〜0.23	0.15〜0.35	0.40〜0.70	1.60〜2.00	0.45〜0.65	0.15〜0.30	約830 炉冷	1次 830〜880 2次 770〜820 油冷	150〜200 空冷	≧980.7	≧15	293〜375	ころ軸受け、大型歯車軸類
SCr 435	0.33〜0.38	0.15〜0.35	0.60〜0.85	0.25以下	0.90〜1.20	—	約830 炉冷	830〜880 油冷	520〜620 急冷	≧883	≧15	255〜321	アーム類、スタッド、高周波焼入れ部品
SCM 435	0.33〜0.38	0.15〜0.35	0.60〜0.85	0.25以下	0.90〜1.20	0.15〜0.30	約830 炉冷	830〜880 油冷	530〜560 急冷	≧932	≧15	269〜331	軸類、アーム類、冷間鍛造部品、ボルト

* 上段は下限，下段は上限．上記主成分以外の P, S, Cu はすべて 0.030% 以下という規定がある．

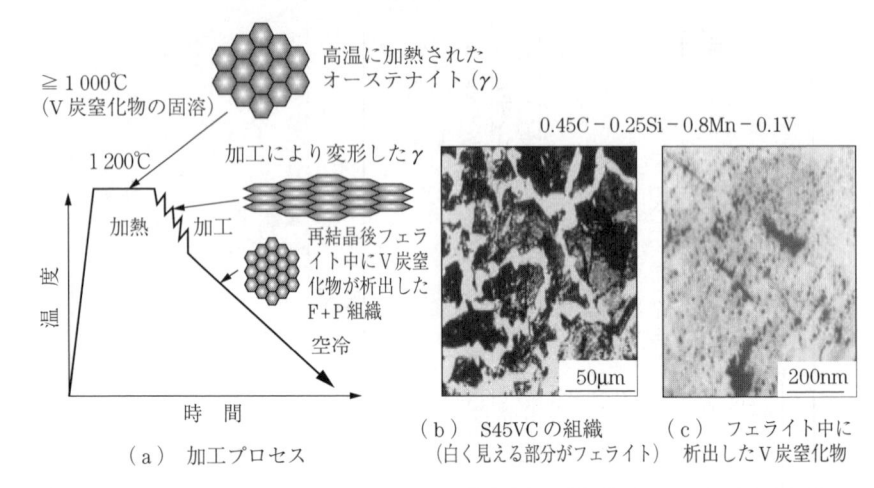

26   2. 塑性加工用材料と工具材料

図2.5 フェライト（F）＋パーライト（P）型非調質鋼の熱間加工による鍛造中の組織の変化と，冷却後のミクロ組織とV炭窒化物

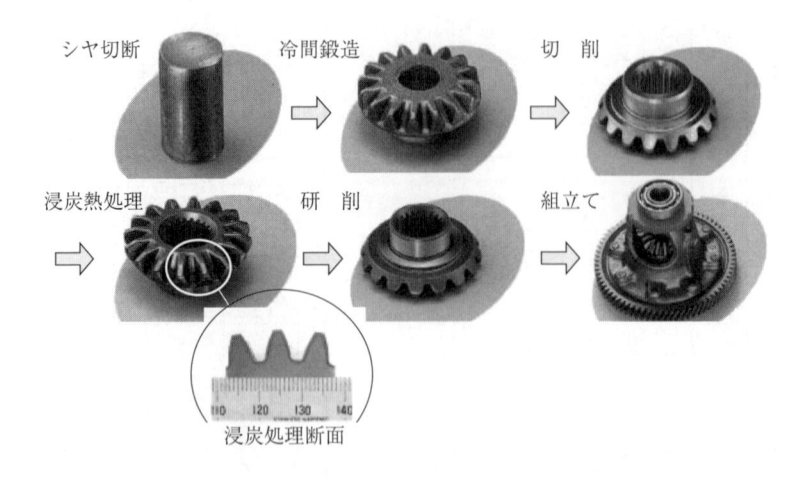

〔2〕 **機械構造用合金鋼**　合金鋼（表2.3）は，炭素鋼に焼入れ性を向上させるCr，Mo，Niなどの元素が添加される。肌焼き鋼は，0.2％Cほどの低合金鋼で，浸炭焼入れ焼戻し[4]によって表面を硬化させて使用される。そのため，表面層の疲労強度と耐摩耗性が向上し，内部は適切な強度とじん性をあわせもつ。肌焼き鋼を用いた部品は図2.6に示す歯車類が代表例であり，冷間

図2.6 肌焼き鋼を用いた部品の製造工程の一例（鍛造歯車）

鍛造によって製造される場合が多い。

　炭素量が 0.3% 以上の強じん鋼は，Si，Mn，Cr，Ni，Mo などの合金元素が適量添加されており，通常焼入れ・高温焼戻しにより部品全体に強度とじん性を持たせることができる。高張力ボルト，ナックルアーム，シャフトなどが対象部品である。

　〔3〕　ば　ね　鋼　　自動車に使用されるばね鋼は，鋼に Si，Mn，Cr などの合金元素を添加して，弾性限界を高め，かつ繰返し応力に耐える性質を有する。ばね鋼は，主として熱間成形ばねに使用されており，**表 2.4** に示す 9 種

表 2.4　ばね鋼の成分と特徴

鋼種	化学成分〔重量%〕*					熱処理〔℃〕		引張強さ〔MPa〕	硬さ HB	適用
	C	Si	Mn	Cr	その他	焼入れ	焼戻し			
SUP 3	0.75 0.90	0.1 0.35	0.30 0.60	—	—	845 油冷	475	≧1 078	371	主として板ばねに使用
SUP 6	0.56 0.64	1.50 1.80	0.70 1.00	—	—	〃	505	≧1 225	396	板ばね，コイルばね，トーションバーに使用
SUP 7	0.56 0.64	0.1 0.35	0.70 1.00	—	—	〃	515	〃	〃	
SUP 9	0.52 0.60	0.1 0.35	0.65 0.95	0.65 0.95	—	〃	485	〃	〃	
SUP 9 A	0.56 0.64	0.1 0.35	0.70 1.00	0.70 1.00	—	〃	490	〃	〃	
SUP 10	0.47 0.55	0.1 0.35	0.65 0.95	0.80 1.10	V 0.20	855 油冷	505	〃	〃	コイルばね，トーションバーに使用
SUP 11 A	0.56 0.64	0.1 0.35	0.70 1.00	0.70 1.00	B 0.0005 以上	845 油冷	490	〃	〃	大形の重ね板ばね，コイルばね，トーションバーに使用
SUP 12	0.51 0.59	1.20 1.60	0.60 0.90	0.60 0.90	—	〃	540	〃	〃	コイルばねに使用
SUP 13	0.56 0.64	0.15 0.35	0.70 1.00	0.70 0.90	Mo 0.30	〃	〃	〃	〃	大形の板ばね，コイルばねに使用

　＊上段は下限，下段は上限。上記主成分以外の P，S はすべて 0.035% 以下という規定がある。

類がある。

自動車のサスペンションのばねとして使用されているものはSUP 6, SUP 7, SUP 9, SUP 12などであり，熱間圧延後でもきわめて硬いため冷間加工が困難である。そのため，図2.7に示すようにSUP 7のコイル材を約1 000℃に加熱したのち，NC制御コイリングマシンによってコイルばねに成形し，ただち

図2.7 NC制御によるコイルばねの成形（日本発条提供）

に直接焼入れを行う。焼入れのままでは非常に硬くてもろいため，焼戻しによりじん性を付与している。

〔4〕**軸受鋼** 軸受は，高い精度を保ちながら高荷重，高速回転時での摩擦・摩耗，疲労破壊，焼付きを防止し，長時間の使用に耐える必要がある。軸受鋼は，表2.5に示すように高炭素クロム系，肌焼き合金鋼系，耐食耐熱系に分類できるが，高炭素クロム軸受鋼SUJ 2が使用実績の9割ほどを占めている。SUJ 2を使用したベアリングレースは，棒鋼を約1 200℃に加熱し

表2.5 軸受鋼の成分と特徴

鋼種	化学成分〔重量%〕*							球状化焼なまし		焼入れ			
	C	Si	Mn	P	S	Cr	Mo	Ni	温度〔℃〕	硬さ〔HRB〕	温度〔℃〕	冷却剤	冷却液温度〔℃〕	硬さ〔HRC〕
SUJ 2	0.95~1.10	0.15~0.35	0.025以下	0.025以下	1.30~1.60	1.30~1.60	—		780~810	94以下	780~830 800~850	水 油	20~30 50~80	62~65 62~65
SCM 420	0.17~0.23	0.15~0.35	0.55~0.90	0.030以下	0.030以下	0.85~1.25	0.15~0.35				1次 850~900 油冷，2次 850~900 油冷，150~200 空冷			
SNCM 420	0.17~0.23	0.15~0.35	0.40~0.70	0.030以下	0.030以下	0.35~0.65	0.15~0.30	1.55~2.00			1次 850~900 油冷，2次 770~820 油冷，150~200 空冷			
SUS 440 C	0.95~1.20	1.00以下	1.00以下	0.040以下	0.030以下	16.00~18.00	0.75以下	0.60以下	焼なまし 800~920 徐冷		1 010~1 070 油冷	100~180 空冷		≧58

＊上段は下限，下段は上限

てホットフォーマ鍛造機により図2.8
(a)に示すリング形状に60〜100個/
分の速度で量産されている。

2.4.2 アルミニウム合金

図2.9に自動車部品用 Al 合金板の使用例を示す。アルミニウム（Al）は，比重が2.74で鉄の約1/3，剛性を考慮しても重量は約1/2で，結晶構造は低温から融点まで安定な面心立方格子である。

(a) ハテバー親子　鍛造部品　　(b) 機械加工，組付け部品

図2.8　軸受鋼の適用事例

表2.6に代表的な Al 合金の種類とその機械的性質と特徴を示す。自動車用に用いられる材料は3000系，5000系，6000系があり，ボディ用としての

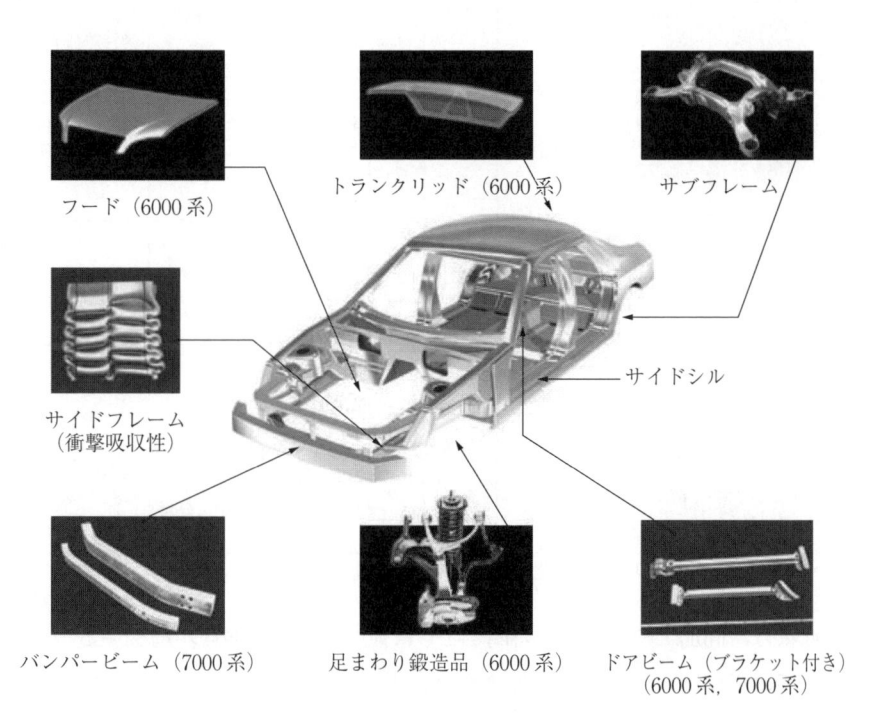

フード（6000系）
トランクリッド（6000系）
サブフレーム
サイドフレーム（衝撃吸収性）
サイドシル
バンパービーム（7000系）
足まわり鍛造品（6000系）
ドアビーム（ブラケット付き）（6000系，7000系）

図2.9　自動車部品用 Al 合金板の使用例（出典：神戸製鋼所 HP より）

表 2.6 代表的な Al 合金の機械的性質とその特徴

分類	材質	機械的性質			特徴	用途
		引張強さ〔MPa〕	耐力〔MPa〕	伸び〔％〕		
純アルミニウム系	1100-O	90	35	35	加工性，耐食性，表面処理性に優れるが，強度が低く構造用には適さない。	家庭用品，日用品，電気器具
Al-Cu系（熱処理型合金）	2017-O 2017-T4 2024-O 2024-T4	180 425 185 470	70 275 75 325	20 20 20 20	ジュラルミン，超ジュラルミンの名称で知られ，鋼材に匹敵する強度を持つ。耐食性に劣るため，十分な防食処理が必要。	航空機部品，機械部品
Al-Mn系（非熱処理型合金）	3004-O 3104-O	180 —	70 —	20 —	純Alの持つ加工性，耐食性を保持して強度を増加。	器物，建材，容器，アルミ缶ボディ，屋根板，ドアパネル
Al-Si系（熱処理型合金）	4032-T6	380	315	8	Siの添加により熱膨張率を抑え，耐摩耗性の改善を行う。	鍛造ピストン材料，ビル建築外装パネル
Al-Mg系（非熱処理型合金）	5N01 5052-O	— 195	— 90	— 25	優れた成形性と強度を有し，安定化処理により経年変化を防止できるが，加工時にストレッチャ・ストレイン・マークが発生する可能性がある。	装飾用，高級器物，車両用内装天井板，建材
Al-Mg-Si系（熱処理型合金）	6061-O 6061-T6 6063-O 6063-T5	125 295 90 190	55 265 50 150	25 10 — 12	焼付け塗装後に硬化し，薄肉化が可能であるが，時効硬化しやすく加工性劣化の原因となる。また建築構造物として広く利用され，リサイクル性に優れる。	構造用材料，6061-T6材は鉄塔，クレーンなど
Al-Zn-Mg系 Al-Zn-Mg-Cu系（熱処理型合金）	7N01-T5 7075-O	345 230	285 105	14 17	Al合金中では最も高い強度を持つCuを含む合金と，Cuを含まない，溶接が可能な合金に分類できる。	7N01は鉄道車両，7075は航空機，スポーツ用品類

＊O：焼なまし材，T6：容体化処理後，時効を実施

5000系は冷間加工のままでは時間とともに強度が低下し伸びが増加するので，6000系の析出強化を行う熱処理型合金に集約されつつある。近年，自動車の軽量化に用いられる材料として，自動車重量の8％近くまで増加している。

2.4.3 マグネシウム合金

実用金属材料中では最も軽いマグネシウム（Mg）合金（比重 1.74）は，軽量性，比強度，放熱性，振動減衰能などに優れた特性を有している。Mg 合金はその結晶構造が最密（稠密）六方晶（図 1.1（c））構造で，室温付近ではきわめて加工性が悪いため，鋳造（ダイカスト）によって自動車のインスツルメントパネル，トランスファーケース，オイルパンなどが生産されている。近年，組織を微細化した展伸材が生産され，Mg 合金は携帯用電子機器などに多く利用されている。

JIS では，表 2.7 に示すように MP 1 種，4 種，6 種，7 種の 4 種類の Mg 合金板が規格化されている。これらのうち，MP 1 種が広くプレス加工用材料として用いられている。

表 2.7 Mg 合金板の成分規格と特性

JIS	ASTM	質別***	記号**	化学成分〔重量%〕*						厚さ〔mm〕	引張強さ〔MPa〕	耐力〔MPa〕	伸び〔%〕
				Al	Zn	Zr	Mn	Fe	Si				
1種	AZ31	O H14 F	MP1-O MP1-H14 MP1-F	2.5〜3.5	0.5〜1.5		≧0.15	≦0.01	≦0.10	0.5〜6	≧220 ≧260	≧105 ≧200	≧11 ≧4
4種	ZK10	H112	MP4-H112		0.8〜1	0.4〜0.8				0.5〜6	≧240		≧5
5種	ZK30	H112	MP5-H112		2.5〜4	0.4〜0.8				0.5〜6	≧250		≧6
7種	AZ21	O F	MP7-O MP7-F	1.5〜2.4	0.5〜1.5		≧0.05	≦0.01	≦0.10	0.5〜6	≧190 —	≧90 —	≧13 —

* その他，Cu，Ni の規定あり。
** MP 1：軽量で展伸性がよい（構造材，電極板，食刻板）。
　　MP 4：軽量で適度の強度と伸びを持ち，展伸性に優れている（構造材）。
　　MP 5：軽量で高い強度をもつ（構造材）。
　　MP 7：軽量で，展伸性が特によく 2 次加工に優れている。
*** O：焼きなまし材，H 14：加工硬化処理材（冷間加工率が 40％ほど），F：製造のまま

AZ 31 合金は，250〜400℃ に加熱して成形が行われる。あらかじめ加工温度に加熱保持した金型に素材を保持して温度を高め，薄板の曲げ，絞り加工，およびボス加工を同時に行う（プレスフォージング）ことにより，図 2.10（a）に示すような筐体が製造できる。また，Mg 合金は非常にゆっくり加工することにより大きな変形が得られ（超塑性と呼ぶ），図（b）に示すような角

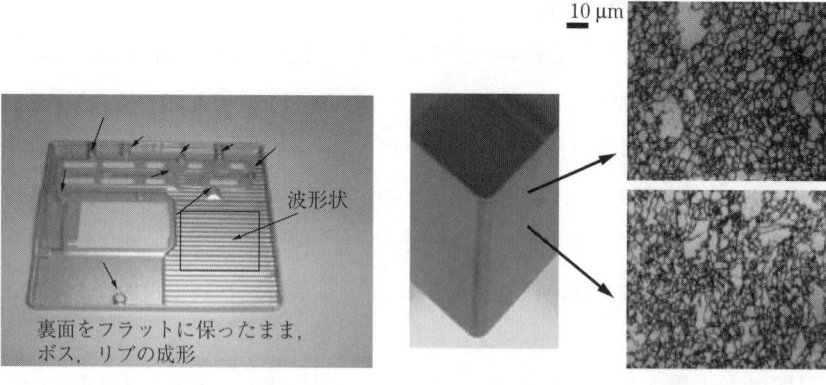

(a) Mg合金製筐体の製造例　　(b) 角筒製品加工後の組織（AJC提供）

図2.10　AZ31合金の温間鍛造成形例

絞り加工が可能である。

2.4.4　チタン合金

チタン（Ti）材料は，非磁性の金属で純チタン，α合金，α-β合金，β合金の4種類に大別される。純チタンは，常温で最密六方晶（α相）であるが，約882℃の変態点で体心立方晶（β相）に変態する。純チタンに合金元素を添加すると，元素の種類および添加量によってβ変態点は変化し，αとβの2相領域が出現する。合金化して，室温においてα単相のものをα合金，αとβの2相が存在するものをα-β合金という。β変態点以上の温度から焼入れで準安定的にβ相となる合金をβ合金と呼ぶ。

実用化Ti合金の加工温度と機械的特性を**表2.8**[5]に示す。Tiの比重は4.51で鉄とアルミの中間で軽く，Ti合金は実用金属のなかでも最大クラスの比強度を有し，表面に形成される酸化チタンの皮膜が強固で耐食性に優れている。

純チタンの機械的性質は酸素と鉄の添加量が多くなるほど強度が上昇し，延性は低下する。一般に最も使用されるのがJIS 2種，成形性の要求される用途には最も軟らかいJIS 1種，航空機用にはJIS 3種が用いられる。

図2.11は，チタンを用いた自動車および民生用部品を示す。純チタンは冷

2.4 塑性加工に用いられる材料とその特徴

表 2.8 Ti 合金の加工温度と機械的特性

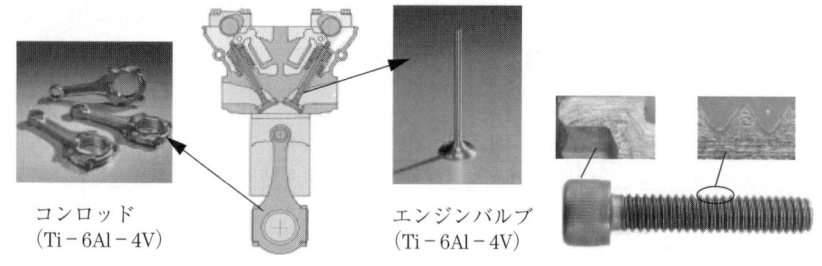

合金	変態点〔℃〕	粗鍛造温度〔℃〕	仕上げ鍛造温度〔℃〕	熱処理状態	機械的性質			用途
					降伏点〔MPa〕	引張強さ〔MPa〕	伸び〔%〕	
純チタン JIS 1 種 JIS 2 種 JIS 3 種	882	1 050〜1 150	950〜1 020	焼なまし	≧67 ≧196 ≧343	275〜412 343〜510 451〜617	≧27 ≧23 ≧13	化学プラント，航空機
α合金 Ti-5 Al-2.5 Sn	1 032	1 050〜1 150	950〜1 020	焼なまし	804	862	≧16	容器
α-β合金 Ti-6 Al-4 V	995	1 000〜1 100	850〜950	焼なまし 時効	921 1 098	980 1 166	14 10	航空機用翼，胴体部品，コーン
β合金 Ti-15 Mo-5 Zr -3 Al Ti-4 Al-22 V	780		900〜1 100	800〜1 000	時効 時効	1 450 939	1 470 1 043	14 8	ボルト，民生用部品

(a) 自動車部品への適用　コンロッド (Ti-6Al-4V)／エンジンバルブ (Ti-6Al-4V)

(b) βチタンボルト

(c) 医療用冶具 (Ti-6Al-4V)　(d) スプーン (純 Ti)　(e) キャンプ用品 (純 Ti)

図 2.11 チタンを用いた自動車および民生用部品

間加工性にすぐれているので，室温で加工される。一方，1 000 MPa 級の強度をもつ Ti-6 Al-4 V 材などの高強度材は，熱間あるいは温間加工によって製造される。図(b)は，βチタン合金 (Ti-4 Al-22 V, JIS H 4600 熱処理)を

すべて冷間加工でボルト成形したときの製品例を示す。

2.5 工具材料の製造プロセスとその特性

2.5.1 工具材料の種類と特徴

冷間工具鋼では，製作時の寸法精度と耐摩耗性への要求が強く，熱間工具鋼では耐摩耗性と耐軟化性が要求される。工具材料は，化学成分と熱処理により組織そのものの硬さとじん性（マトリックス特性）や炭化物の種類と大きさを適当に分布させて強度と耐摩耗性を確保し，用途に合った種類が選択される。また，工具を製造する際の切削性能も重要となる。

図2.12は実用冷間金型用鋼のじん性と耐摩耗性・強度の関係[6]を，図2.13は熱間金型用鋼の高温強度[7]を示す。冷間加工用としてSKS 3（合金工具鋼），SKD 11（冷間用合金工具鋼），SKH 51（ハイス）が，熱間加工用としてSKD 61（熱間用合金工具鋼）が基本的な鋼種として挙げられる。

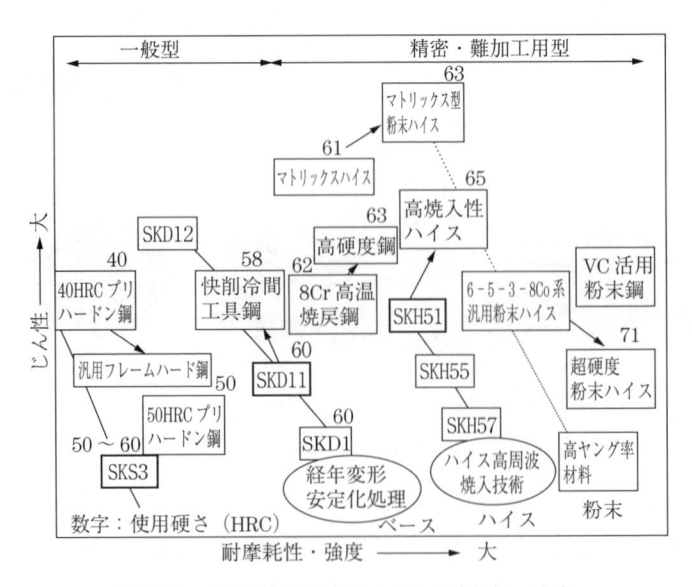

図2.12 冷間金型用鋼のじん性と耐摩耗性・強度

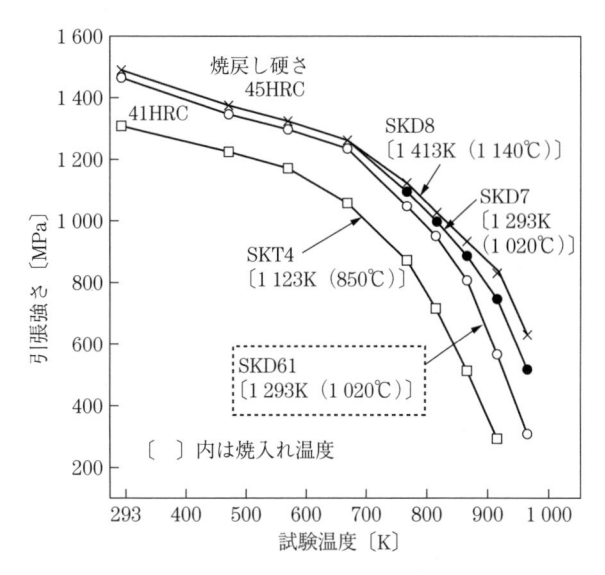

図2.13 熱間金型用鋼の高温強度

2.5.2 おもな工具材料の化学成分

おもなJIS規格工具鋼（炭素工具鋼，合金工具鋼，高速度工具鋼）の化学成分と得られる硬さおよびその用途を**表2.9**に示す。

冷間鍛造金型に多く用いられるSKD 11は，加工される素材の変形抵抗に負けない高い圧縮強度や，曲げ荷重に耐えるじん性，大量に部品を加工したときの耐摩耗性などが要求される。熱間鍛造用金型に用いられるSKD 61は，特殊炭化物により高温強度を付与し熱間鍛造における軟化抵抗を高めている。高速度工具鋼SKH（high-speed steel）は，切削加工バイト用材料として開発された。鍛造用パンチやダイスに使用されるMo系のハイスSKH 51は，耐摩耗性が必要とされる冷間パンチ，ダイスや温間鍛造用のパンチに用いられる。

工具鋼は，熱間用合金工具鋼を除き，焼入れ・焼戻し処理により高い強度（硬さはHV 700〜740程度）と耐摩耗性を得る。一方，炭化物は硬さがHV 2 000〜2 800であり，マトリックスに分散して強度と耐摩耗性を高めている。

図2.14は工具鋼の製品例を示す。製造に際しては，まず焼なましを施して

表 2.9 JIS 規格工具鋼の化学成分と硬さおよびその用途

JIS 区分**	用途区分	鋼種	化学成分 [重量%]*								熱処理 [℃]			硬さ		おもな用途
			C	Si	Mn	Ni	Cr	Mo	W	V	焼なまし	焼入れ	焼戻し	焼なましHB	焼入・焼戻しHRC	
炭素工具鋼	冷間	SK 105 (SK 3)	1.00 1.10	0.10 0.35	0.10 0.50	—	—	—	—	—	50〜780 徐冷	780 水冷	180 空冷	≦212	≧61	ソー、ゲージ、冶工具、刃物
合金工具鋼	冷間	SKS 3	0.90 1.00	≦ 0.35	0.90 1.20	—	0.50 1.00	—	0.50 1.00	—	750〜800 徐冷	800〜850 油冷	150〜200 空冷	≦217	≧60	型抜き型、パンチ
		SKD 11	1.40 1.60	≦ 0.40	≦ 0.60	—	11.00 13.00	0.80 1.20	—	0.20 0.50	830〜880 徐冷	1 000〜1 050 空冷	150〜200 空冷	≦255	≧58	汎用冷間型材
		SKD 61	0.32 0.42	0.80 1.20	≦ 0.50	—	4.50 5.50	1.00 1.50	—	0.80 1.20	820〜870 徐冷	1 000〜1 050 空冷	550〜650 空冷	≦229	≧53	熱間プレス型
	熱間	SKT 4	0.50 0.60	0.10 0.40	0.60 0.90	1.50 1.80	0.80 1.20	0.35 0.55	—	0.05 0.15	740〜800 徐冷	850〜900 空冷	600〜650 空冷	≦248	≧48	ダイブロック
高速度工具鋼		SKH 51	0.80 0.90	≦ 0.40	≦ 0.40	—	3.80 4.50	4.50 5.50	5.50 6.70	1.60 2.20	800〜880 徐冷	1 200〜1 240 油冷	540〜570 空冷	≦255	≧63	ドリル、タップ、バンチ、冷鍛型

* 上段は下限、下段は上限。上記主成分以外の P, S は 0.030%以下という規定がある。
** JIS 区分の名称
炭素工具鋼 (SK)：S (steel), K (工具)
合金工具鋼 (SKS)：S (steel), K (工具), S (special)
合金工具鋼 (SKD)：S (steel), K (工具), D (ダイス)
合金工具鋼 (SKT)：S (steel), K (工具), T (鍛造)
高速度工具鋼 (SKH)：S (steel), K (工具), H (high speed)

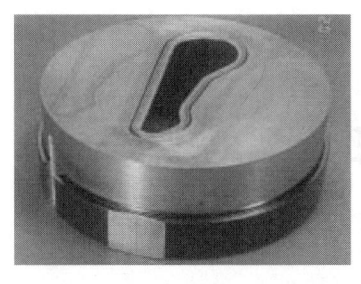

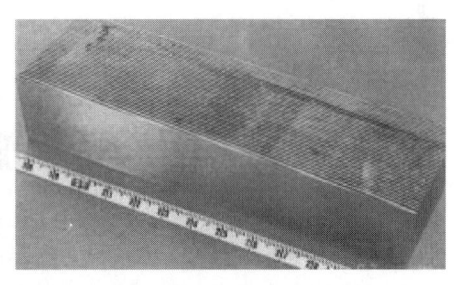

(a) 冷間プレス打抜き型と転造ダイス（SKD11）

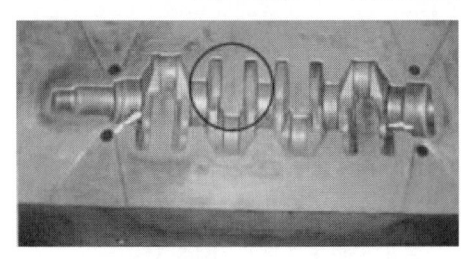

(b) 熱間鍛造用クランク型（SKD61）　　（c) ハイスドリル（SKH51）

図 2.14　工具鋼の製品例

切削性を確保し，その後の放電加工による粗成型を行い，焼入れ・焼戻し後に鏡面仕上げを施して使用される。

近年，硬質皮膜（TiN，TiC など）を工具表面に物理的，化学的に形成させる方法（PVD，CVD など）が発達し，鍛造用金型に応用され，耐摩耗性の向上に寄与している。

演 習 問 題

- (問 2.1) 鉄-炭素系の二元平衡状態図を使って，鉄，鋼，鋳鉄の分類を述べよ。
- (問 2.2) 鋼の熱処理の種類とその特徴を述べよ。
- (問 2.3) 中炭素鋼の焼入れ焼戻し処理に代わり，鍛造加工したままでほぼ同じ強度を得る方法を述べよ。
- (問 2.4) アルミニウム合金，マグネシウム合金，チタン合金のそれぞれの特長とその用途を述べよ。
- (問 2.5) 代表的な工具鋼の例と用途を示し，それが使用される理由を述べよ。

3.

圧 延 加 工

3.1 圧延の概要

圧延(rolling)とは,二つの円筒状の工具(ロール)を回転させ,その間にロールすきまよりやや大きい寸法の材料をかみ込ませ,材料を鍛錬するとともに長手方向に必要な形状に延伸させる加工である[1)~7)](**図3.1**)。

図3.2に圧延加工によって生産されるさまざまな鋼製品の鋼片(素材)形

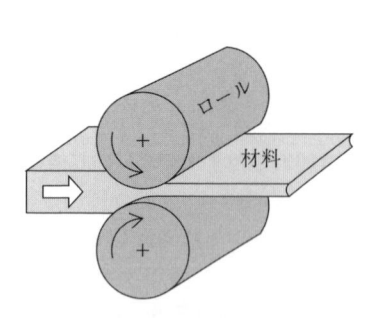

鋼片形状と名称	圧延の種類	製品形状	
スラブ	厚板圧延	厚板(3mm以上)	
	熱間薄板圧延	熱間圧延切板	
		熱間圧延コイル	
	冷間薄板圧延(素材は熱延コイル)	冷間圧延切板	
		冷間圧延コイル	
ブルームビームブランク	ユニバーサル圧延	H(I)形鋼	
	形鋼圧延	鋼矢板	
丸ビレット	せん孔圧延	シームレス管	
ビレット	棒・線材圧延	棒鋼	
		線	

図3.1 圧延加工

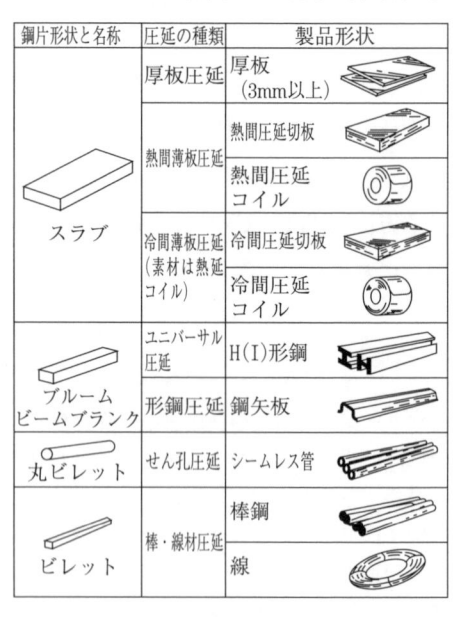

図3.2 鋼製品の鋼片(素材)形状,圧延の種類および製品形状[8)]

状，圧延の種類および製品形状を示す[8]。厚板は造船用や土木，建材用として使われている。また，鋼製品の約半分の量を占める薄板（熱間，冷間圧延材）は，自動車ボディや飲料缶などに多く使用される[9]~[13]。

棒鋼線材は，図 3.3 に示すように，産業機器に必要なギア，軸受，シャフ

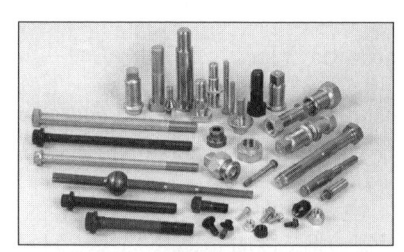

冷間鍛造品	軸受
ギア	クランクシャフト
切削加工部品	等速ジョイント
スチールコード	スチールコードを用いたタイヤ

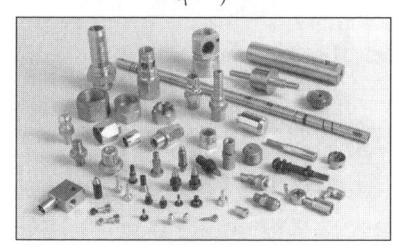

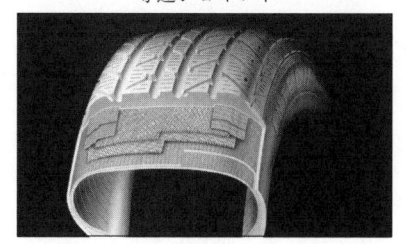

図 3.3 産業機器部品に使用される棒鋼線材

ト，ジョイント，スチールコード，自動車などの部品，H形鋼は建築や土木の構造材料として活用されている．

3.2 圧延の原理

圧延は，レオナルド ダ ビンチ（Leonardo da Vinci）が手回しのロールで貴金属を延伸した構想が始まりとされている．17世紀ごろには金属の平圧延が行われるようになった．圧延が普及するまでは，主として鍛造加工により逐次的に延伸する方法で板が作られていた．

さて，図3.4に示すような平面ひずみ状態の据込み加工では，工具と材料の間に摩擦がないときには均一に変形する．しかし，実際には摩擦があるため，

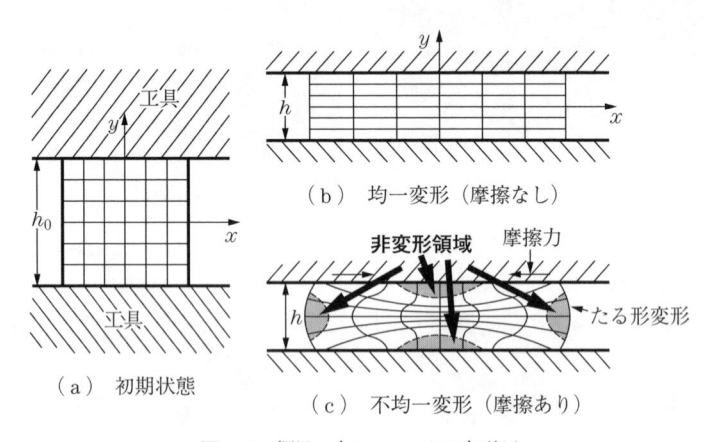

（a）初期状態
（b）均一変形（摩擦なし）
（c）不均一変形（摩擦あり）

図3.4 据込み加工における変形[11]

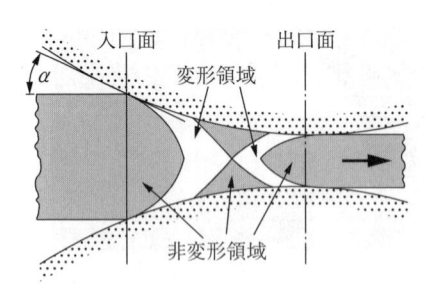

図3.5 圧延中の不均一変形[11]

工具の拘束により材料上下端中央部および工具から自由な幅の両端には塑性変形がわずかな非変形領域が生じる．

圧延も鍛造と原理的にはまったく同様で，図3.5に示すように変形領域（白）と非変形領域（あみかけ部分）に区分される．ただし，鍛造は材料が

3.2 圧延の原理

静止した状態で据え込まれるのに対し，圧延は材料が左から右に流動しながら圧縮変形されることが鍛造との大きな違いである。

また，圧延ではかみ込み角度 α が大きすぎると材料を引き込むことができず圧延が行えなくなる。

図 3.6 は圧延（中央）と鍛造（右），引抜き（左）の変形領域（黒塗り部分）を比較して示したものである。

（a）

（b）

（c）

（引抜き）　　　　（圧　延）　　　　（鍛　造）

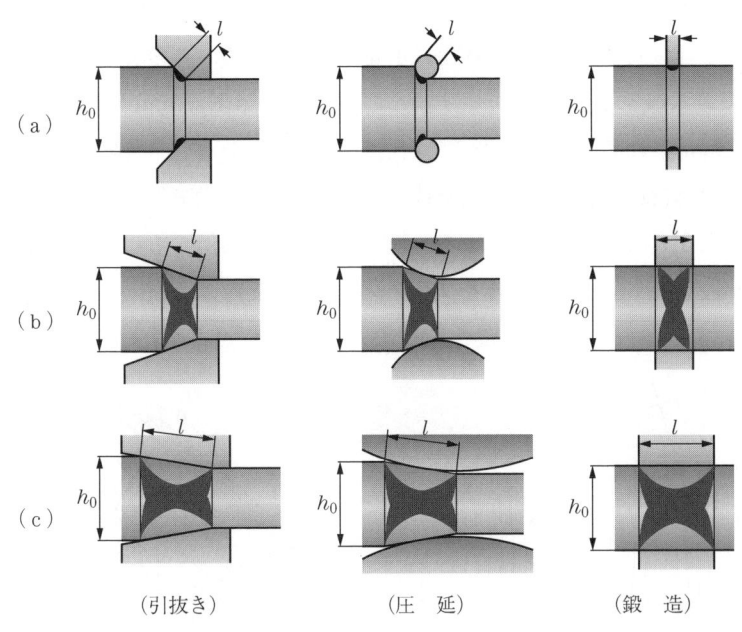

図 3.6　引抜き，圧延，鍛造の変形領域の比較（材料高さ h_0 と接触長さ l の関係）

材料の変形前の高さ h_0 と工具との接触長さ l の比，すなわち形状変化係数 h_0/l は変形領域を大きく変化させる因子である。この値が大きい場合は材料に比較して工具が小さく圧下量（押しつぶす量）が少なく，逆に値が小さい場合は相対的に工具が大きく圧下量が大きくなることを意味している。なお，工具が大きくなると，材料中心部まで均一に変形するが，小さい場合は材料表層付近に塑性変形が集中し，不均一な変形となりやすい。また，表層が伸びると中心部はそれに引きずられるので，材料中心部に引張力が作用し，空孔を生じ

やすくなる。空孔が大きくなると分塊圧延でのザク疵(きず)、鍛造ではシェブロンクラック、引抜きではカッピー破断と呼ばれる製品不良となる。

圧延では，かみ込み直後は材料速度よりもロール周速が速く，材料を引き込もうとする摩擦力が作用する。圧下が進むと，体積一定の条件により，材料速度とロール周速が一致するポイントすなわち中立点が存在する（**図3.7**）。さらに圧下が進むと材料速度が増すため，材料を引き戻す逆方向の摩擦力が作用する。ロール周速 v_R に対する材料の出側の速度 v_1 の比を先進率 $(v_1-v_R)/v_R$ と呼び，圧延機間のロール速度調整に重要な指標となる。このように材料は圧延中に複雑な変形負荷特性を示す。この過程は von Karman や Orowan らによって解析されてきたが，現在では数値シミュレーション（有限要素法）により詳細な解析が可能になり，圧延技術の発展，操業の効率化に大きく貢献している。**図3.8** は有限要素法による圧延圧力分布の解析例である。中立点付近の圧力が最も高くなっている点をフリクションヒルと呼ぶ。

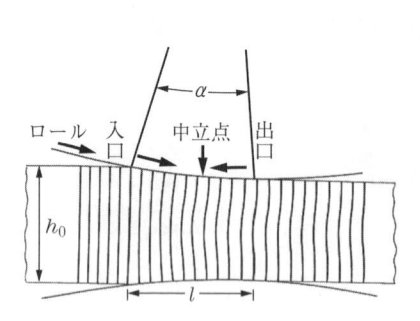

図3.7 圧延中の変形の状態
（アルミニウム板の無潤滑冷間圧延）[11]

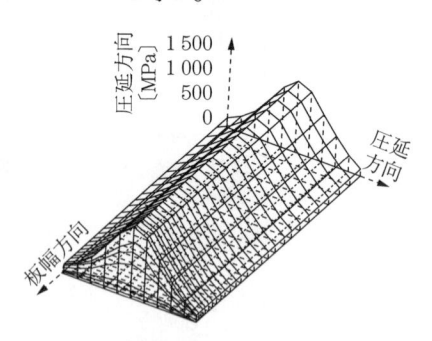

図3.8 有限要素法による圧延圧力分布の解析例[18]

3.3 板 圧 延

図3.9 に，直径約 1 000 mm のワークロールと，このロールのたわみを防止するための直径約 1 500 mm のバックアップロールを備えた 4 重圧延機の構造を示す。

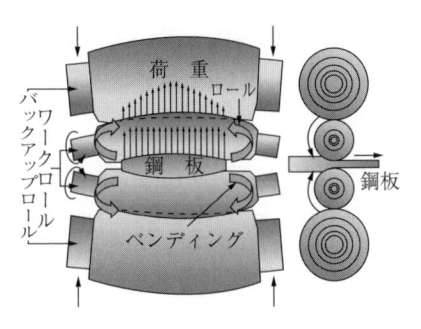

3.3 板圧延

1200℃に熱せられた板幅1mの鋼板を圧延する場合には，約2000トン，すなわち乗用車2000台分の想像を絶する負荷がロールに作用する。したがって，図3.10に示すように両端を支持された鉄鋼製のロールも鋼板圧延中は弾性変形するため，ロールにたわみが生じ端部の厚さ H_e よりも板中央部の厚さ H が50μmほど（髪の毛程度）厚くなってしまい，鋼板幅方向の厚さが不ぞろいになることがある。これを補正するように設計されたロールの曲面をキャンバ（camber）あるいはロールクラウン（roll crown）と呼び，板幅方向板厚差をクラウンと呼んでいる。クラウン比率が入側より中央部や出側に比べ小さい場合は，図(a)のように中央部の延伸長さが大きくなり，中伸び現象が生じる。一方，両端部の圧下

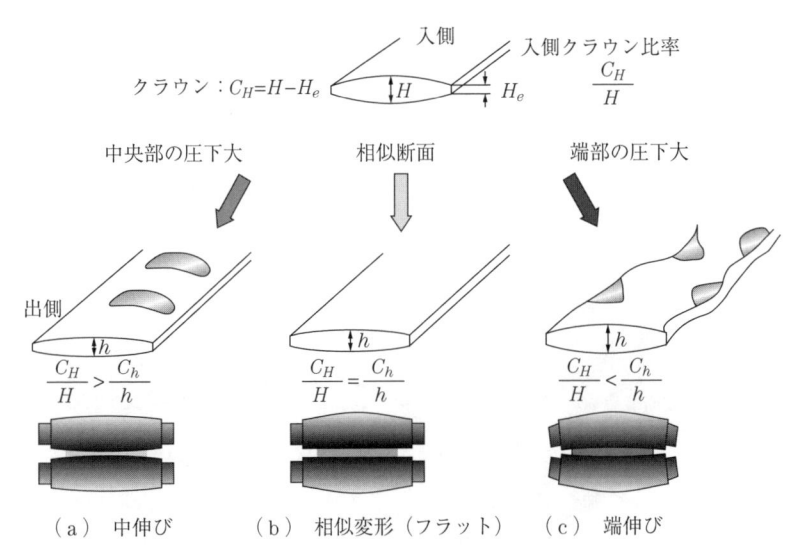

図3.9 ワークロールとバックアップロールを備えた4重圧延機の構造[19]

クラウン：$C_H = H - H_e$　入側クラウン比率 $\dfrac{C_H}{H}$

(a) 中伸び　　中央部の圧下大　　$\dfrac{C_H}{H} > \dfrac{C_h}{h}$

(b) 相似変形（フラット）　相似断面　　$\dfrac{C_H}{H} = \dfrac{C_h}{h}$

(c) 端伸び　　端部の圧下大　　$\dfrac{C_H}{H} < \dfrac{C_h}{h}$

中央部の圧下力を強くすると中央部が波を打つ中伸び，ハイテン材料などの硬い材料を圧延するときには端伸びが起きる。

図3.10 クラウン比率変化と形状の関係[19]

が大きいと両端の延伸が大きくなり，図(c)のように端伸び現象が生じ商品価値を低下させる。これら製品不良発生の対策としてさまざまな圧延機が開発され実用化されてきた。

従来は図3.9に示したようにロールがたわむ方向と逆方向に曲げを与えるロールベンダー方式が一般的であった。1970年代に図3.11に示すHCミル（high crown control mill）と呼ばれるバックアップロールとワークロールの間に中間ロールを入れた画期的な圧延機が開発された。この圧延機は，中間ロールを板幅に応じて幅方向に移動させ，端部におけるバックアップロールとワークロールの接触を防ぐことにより，ワークロールがたわみにくくなり，端部が著しく薄くなることを防止できる。

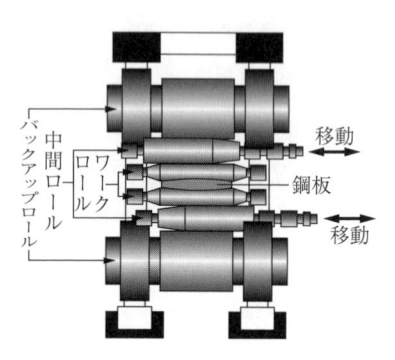

図3.11　6段圧延機の中間ロールシフト[19]

その後，1980年代には図3.12に示すペアクロスミル（pair cross mill）が実用化された。この圧延機は上下のワークロールとバックアップロールをペアでクロスさせることにより，幅中央部の圧下力を強くすることができる。さらにこの方法は，既存の4段圧延機をそのまま改造して使用することができると

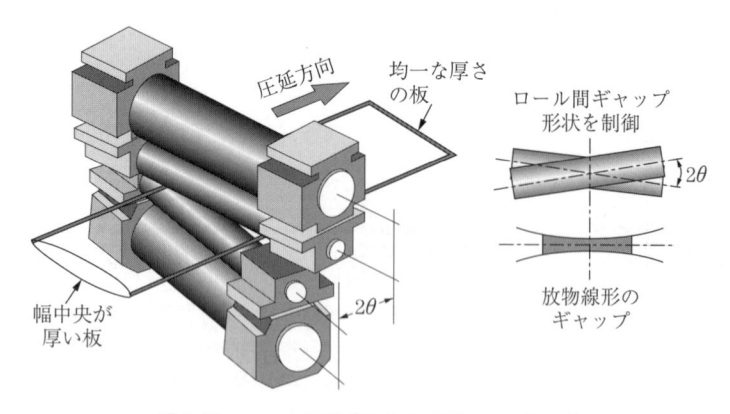

図3.12　ロールを交差させるペアクロスミル[19]

既存の圧延機の改造なしでロールを交換するだけでクラウン制御可能な方法として，図 3.13 に示す VC ロール (variable crown roll) も開発された。このロールはロータリジョイントから最大 5 MPa の圧力を油圧室に与えることによりスリーブが膨らみ，クラウン制御が可能になる。

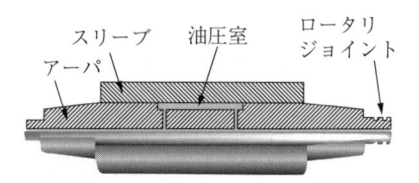

図 3.13 ロールを膨らませる VC ロール

最後にユニークな方法として図 3.14 に示す CVC (continuously variable crown) ロールを紹介しよう。これは上下ロールの形状をとっくり状とし，これをたがい違いに組み合わせ，ロールをシフトさせることにより，中央部や端部のロールすきまを自在に変化できる特長を有している。

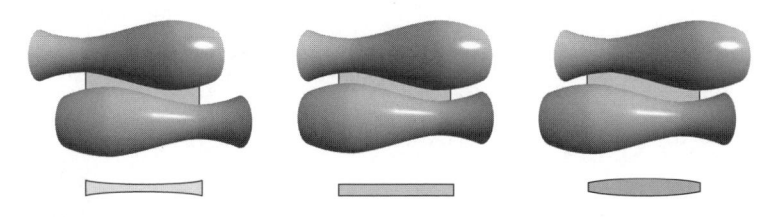

図 3.14 ロールをシフトさせる CVC ロール

　一般の圧延加工では，幅方向の精度だけでなく，長さ方向にもばらつきのない一定の板厚を確保するため，ロール出側に板厚計，ロールの荷重計などのセンサーとコンピュータを取り付け板厚自動制御が行われる。50〜150 km/h で鋼板が走行する熱間，冷間圧延においてミクロン単位で板厚を制御する技術は，ものづくり技術の最高の技術といえよう。最新の熱間圧延設備では，連続鋳造で製造されたスラブを必要な製品の幅にプレスで圧縮したのち，粗圧延と仕上げ圧延により所望の板厚に成形し，粗圧延と仕上げ圧延の間で板をインラインで接続したり，巻き取り寸前で分離することも可能となった。この技術により仕上げミルで鋼板を連続して圧延することが可能となり，品質や生産性ともに向上し，かつ従来よりも薄い熱延鋼板が製造できるようになった。

3.4 棒線・形・管の圧延

棒線，形および管の圧延の原理も板圧延と同じである[14)~19)]。円筒状ロールの代わりに図3.15のように溝形状のロールで棒線，形，管の最終形状になるよう少しずつ圧延を繰り返すことで所望の形状製品が得られる。

圧延機（あるいは材料）は必要に応じて90°，45°傾け，天地・左右を交互に圧延する方法で，必要な形状になるまで延伸する。最近では数値シミュレーションで孔型の設計をする手法が取り入れられている。シミュレーションを行えば，図3.16に示すように形状ばかりでなく圧力分布も可視的に表現することができる。

図3.15 棒線用孔型圧延（2方ロールによる溝形状）

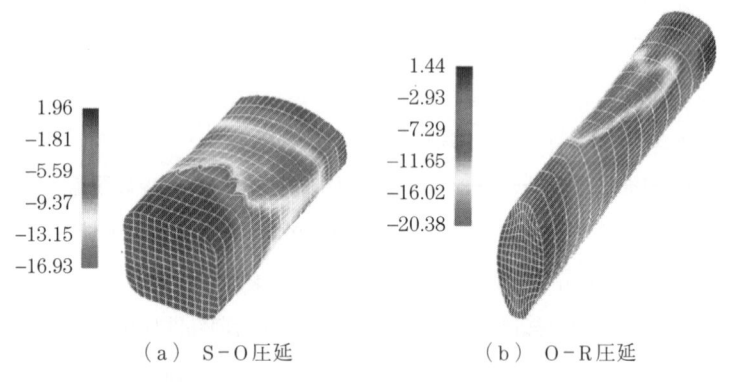

（a） S-O圧延　　　（b） O-R圧延

図3.16 圧力分布を可視的に表現（鉄鋼協会圧延理論部会提供）

なお，最近では，寸法精度向上およびチャンス・フリー圧延の目的から3方ロール（図3.17）や4方ロール（図3.18）などの圧延機が使用されている。

図3.19にH形鋼圧延（H shape rolling）の工程図を示す。連続鋳造された

3.4 棒線・形・管の圧延

図 3.17 3方ロール圧延機（出典：住友金属工業カタログ）

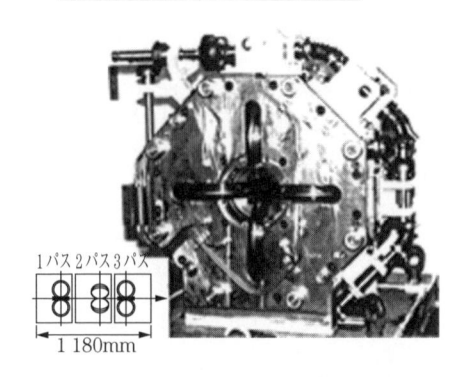

図 3.18 4方ロール圧延機（住友重機械工業提供）

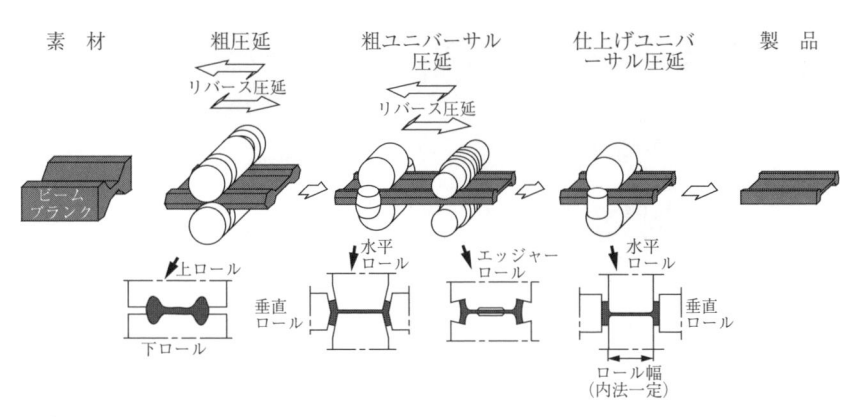

図 3.19 H形鋼圧延の工程図[2]

H形状のビームブランク (beam blank) から粗圧延，ユニバーサル圧延（水平ロール＋エッジャーロール）を通じてH形鋼を製造する方法だけでなく，最近では板圧延のスラブを共用する目的から，**図 3.20** に示すようにスラブ幅

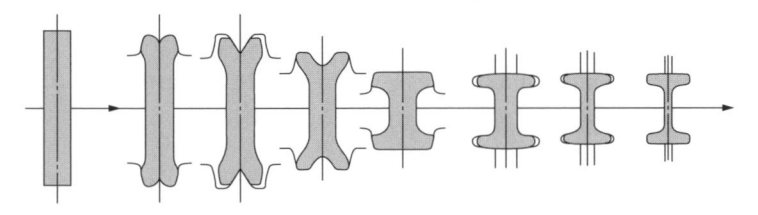

図 3.20 スラブからのビームブランク造形圧延法（出典：Kusaba, Y. et al.: Transactions ISIJ, **28**, pp.428〜433 (1988)）

方向にスリットを入れビームブランクを造形する方法も多く採用されている。

図 3.21 は継目無し管（seamless pipe）を製造する最新のせん孔圧延方法を示す。コーン型のロールによって丸ビレットを圧下すると中心部に引張応力が作用し，穴が開きやすくなる（マンネスマン（Mannesmann）効果）。この現象を利用して，丸ビレットに砲弾形状のプラグを押し込むことによりせん孔（piercing process）が行われている。せん孔後の延伸と鍛錬を目的とした圧延（マンドレルミル，アッセルミル，レジューサー，サイザーなど）を経て製造された管は，油井管，ラインパイプ，ボイラーチューブ，メカニカルチューブとして使用される。

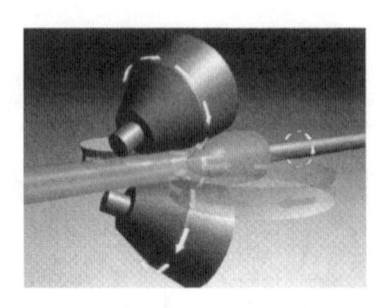

砲弾形状のプラグ

（住友金属工業
カタログより）

図 3.21　継目無し管を製造するせん孔圧延方法

一方，薄板を素材にロールフォーミングで徐々に丸めて，その継ぎ目を溶接する溶接鋼管は自動車，建材分野に広く使用されている。

現在では，すべての熱間圧延において，形状だけではなく圧延温度や冷却に工夫をこらして材料を作り込む加工熱処理が一般的になっている．

演 習 問 題

(問 3.1) 板圧延で作られている身近な製品を 3 種類以上挙げよ。
(問 3.2) 図 3.7 に示す圧延中の長手方向における変形の微妙な挙動を説明せよ。
(問 3.3) 圧延荷重を低減する方法を挙げよ。

4. 押出し加工

4.1 押出し加工の概要

押出し加工 (extrusion) は，被加工材に圧力を加え，工具孔から押し出す加工法である。押し出された製品は，工具孔の断面形状とほぼ等しい断面を有する。図 4.1(a) に示すように工具に囲まれた被加工材に圧力が加えられると工具孔より押し出される。その押し出される体積は被加工材が非圧縮性であり，体積が保存されると仮定すると，図 (b) に示すように工具が押し込んだ体積 V_1 と工具より押し出される体積 V_2 は等しくなる。

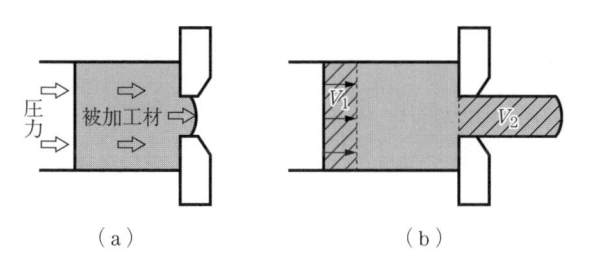

図 4.1 押出し加工

押出し加工は，図 4.2(a) に示す前方押出し (forward extrusion；直接押出し (direct extrusion)) と，図 (b) に示す後方押出し (backward extrusion；間接押出し (indirect extrusion)) に大別される[1]。

前方押出しは，コンテナ (container) と呼ばれる工具に，コンテナの形や寸法に合わせたビレット (billet, 被加工材) を装てんし，ステム (stem) で

(a) 前方押出し　　　(b) 後方押出し

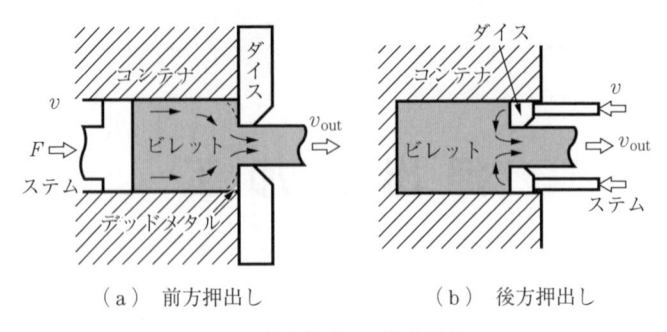

図4.2　前方押出しと後方押出し

押出し力 F を加えて，前方のダイス（die）と呼ばれる工具孔より製品を押し出す方式である。

一方，後方押出しは，コンテナに装てんされたビレットに対してダイスを押し込み，ダイス穴よりダイスの移動方向と反対方向に製品が押し出される方式である。

別の後方押出しとして，ダイスを固定し，ビレットが装てんされたコンテナを図（b）中の右方向に移動させることにより製品を押し出す方式もある。固定したコンテナにダイスを押し込む方式でも，固定したダイスにコンテナを押し込む方式でも，ダイス近傍の被加工材の流動状況は同様であり，両方式とも後方押出しである。

前方押出しおよび後方押出しにおいて，ステムが押し込む速さを v とし，押し出される製品の速さを v_{out} とし，図4.1（b）に示した体積 V_1 と V_2 を考えると

$$vA_0 = v_{out}A \tag{4.1}$$

が成り立つ。

ここに，A_0：ビレット断面積，A：製品断面積

ここで，ビレット断面積を製品断面積で割った比（A_0/A）を押出し比（extrusion rate）r と定義すると

$$v_{out} = \frac{A_0}{A}v = rv \tag{4.2}$$

で表される．この押出し比は，ビレットから製品へと断面積がどれだけ小さくなるかの比であるから，この比が大きいほど大きな加工ひずみを製品に与えることになり，長尺の製品を得ることができる．断面積が A_0 で長さが L_0 の円柱ビレットが，すべて押し出されて断面積 A の丸棒となったとすると，丸棒の長さ L は $L_0 r$ となる．この変形が引張試験のように一軸引張りによって均一に起こっているとするならば，そのひずみは $\ln r$ となる．もし，被加工材が加工硬化などせず一定の変形抵抗 Y で押し出されていると仮定すると，このビレットをすべて押し出すのに必要な仕事は式(4.3)で表すことができる．

$$FL_0 = AL\int_0^{\ln r} Yd\varepsilon = ALY\ln r \tag{4.3}$$

したがって，押出し力 F は $A_0 Y\ln r$ となる．この押出し力をパンチの面積で割った圧力を押出し加圧力（extrusion pressure）p と呼び，p は $Y\ln r$ となる．式(4.3)は，理想的な仮定に基づいた単純なモデルに対する押出し加圧力の式であるため，実際には被加工材の変形が一軸引張りのような変形ではなく，ある係数 $a(a>1)$ を用いて

$$p = aY\ln r \tag{4.4}$$

としなければ，現実の押出し加圧力を計算することができない．この係数 a は，製品断面が丸棒から複雑な形になるほど，また被加工材と工具との摩擦が大きいほど大きな値となる．これ以外にも種々の押出し条件によって係数 a の値が変わるので，一つの目安として式(4.4)を使う必要がある．

4.2 押出し方法と製品

押出し製品には，アルミニウム系材料が多いが，銅系，鉄鋼材料，チタン，マグネシウム合金の製品もある．表4.1に，これらの押出し温度（初期ビレット温度）と押出し比を示す．それぞれの材料の押出し温度と高温での変形抵抗を考慮すると，工具強度との関係から押出し比と温度が決まってくることがわ

表 4.1　金属系被加工材の種類に対する押出し温度と押出し比[1]

材料名	押出し温度〔℃〕	押出し比
アルミニウム合金	400〜500	30〜500
銅系材料	750〜900	10〜300
鉄鋼材料	1 100〜1 300	3〜60
チタン合金	800〜1 050	3〜60
マグネシウム合金	350〜450	30〜300

かる。

図 4.3 にアルミニウム合金押出し材の基本的な生産ライン[2]を示す。ビレットは，製品に合わせて鋳造した所要の直径の円柱より切断して用いる。被加工材が金属材料の場合，押出し加圧力が高くなって押し出すことができなくなるので，加熱して熱間で押出し加工を行う。工具が高温に長時間さらされると強度が低下するので，一般にビレットとステムの間にダミーブロックと呼ばれる交換可能な工具を入れ，ダイスも急激な温度差による損傷を避けるためにあらかじめ加熱して用いる。

長尺の製品は押し出すだけでは曲がりやねじれなどが発生するため，製品の

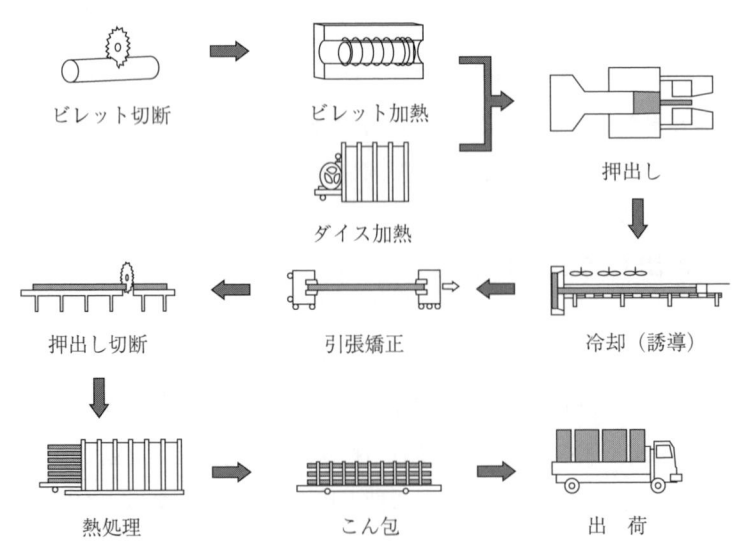

図 4.3　アルミニウム押出し材の基本的な生産ライン[2]

先端をつかんで補助的に押出し方向に引っ張るなどの設備が必要となる．アルミニウム合金製の押出し製品には，サッシなどの建築部材や自動車用フレームなどがある．また図 4.4 に示すような複雑な断面の押出し材などもあり，二次加工として穴あけや曲げ加工が施されて部品として出荷されている．このような押出し部品がユーザの目に触れる部品の場合，表面性状が問題となる場合があり，製品の形状や寸法だけでなく表面の品質管理も重要となる．

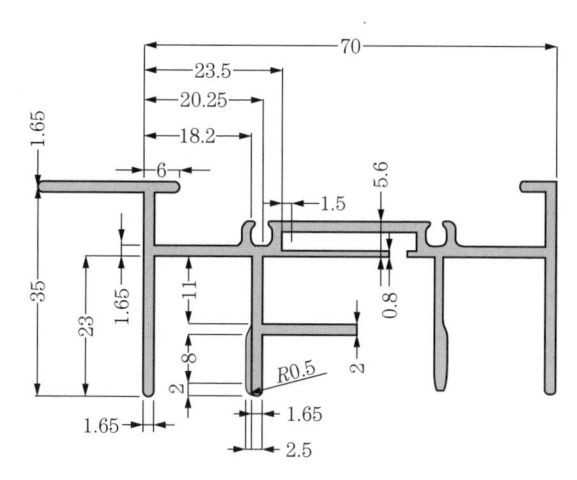

図 4.4 複雑な断面の押出し材（出典：不二サッシのカタログより）

このような複雑な断面形状の押出しには，ホローダイスと呼ばれる特殊な工具が用いられる．丸棒や単純な断面形状の形材は，図 4.5(a) のようなソリッドダイスと呼ばれる平板に製品形状の孔が開いたダイスによって押し出すことが可能である．また，パイプやアルミサッシのような中空材は，ブリッジダイス（図(b)）やポートホールダイス（図(c)）などのホローダイスを用いて押し出される．

ブリッジダイスでは，ブリッジ前面で被加工材が分流し，ブリッジ通過後に合流して，ダイスとブリッジに支えられたマンドレル（mandrel）との間の穴から一体の中空材が押し出される．ポートホールダイスでは，コンテナの被加工材が複数のポートホールに分流してチャンバー（chamber）へと流入し，

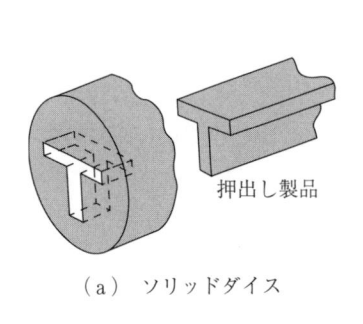

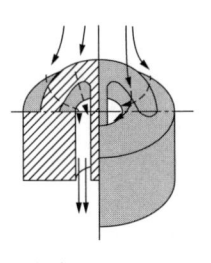

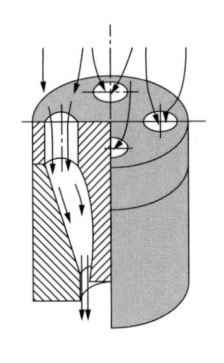

(a) ソリッドダイス　　(b) ブリッジダイス　　(c) ポートホールダイス

図4.5　種々のダイス形状

チャンバーが被加工材で充満して一体となったのちに，雄型によって支持されたマンドレルと雌型との間の孔から中空材が押し出される。これらのダイスの前面には流動速度が0となるデッドメタルと呼ばれる領域が存在し（図4.2(a)），工具表面に沿って被加工材が流動するか，デッドメタルができてこれに沿って流動するのかは，変形に要するエネルギが少ない流動状態の選択により決定される。

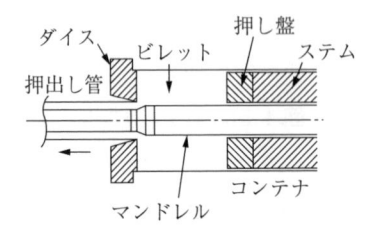

図4.6　銅系材料の管押出し[1]

押出し加工される銅系材料には，純銅，黄銅，青銅，洋白などがあるが，これらは線材やパイプの引抜き用素材として用いられる場合が多い。銅系材料でパイプを押し出す場合は，熱間温度域がアルミニウム合金よりも高く，ポートホールダイスなどのホローダイスを使用できないため，図4.6に示すような穴のあいたビレットと長尺マンドレルを用いて加工が行われる。

図4.7に鉄鋼材料やチタンの押出しに用いられるガラス潤滑押出しを示す。表4.1に示した押出し温度では，工具鋼などで作られた工具が強度的に不足するため，ビレットを特殊なガラスで包み，工具の表面にもこのガラスを配置して断熱と潤滑の役割をさせている。押出し中に固形のガラスは融解して，徐々

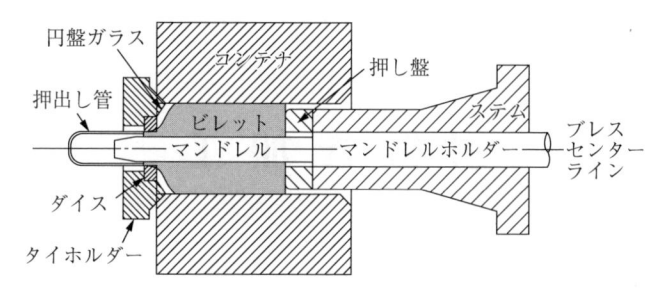

図 4.7 ガラス潤滑押出し[2)]

にダイス穴から被加工材を包む状態で押し出される。ガラスは製品が冷却されたあとに分離されるが，熱間で押し出された製品表面が酸化することを防ぐ役割も果たしている。

演 習 問 題

(問 4.1) 押出し開始時のビレット温度に比べて，製品温度はどのようになるか。
(問 4.2) 前方押出しにおいて，押出し力を縦軸，ステムストローク（ステムの移動距離）を横軸とした線図を作成せよ。
(問 4.3) 式(4.4)において a が 1 より大きくなる理由を説明せよ。

5. 引抜き加工

5.1 引抜き加工の概要

図5.1のように棒，線，管をダイス（dies）と呼ばれる工具に通し，それらの先端をチャックでつかんで引っ張り，直径を縮小させることにより，ダイス穴形と同じ断面形状の長尺材を得る加工法を引抜き（drawing）と呼ぶ。直径の小さい中実材の引抜きは，線引き，伸線（wire drawing）とも呼ばれ，また直径の大きな棒や管の引抜きは抽伸（ちゅうしん）と呼ばれることもある。

図5.1 引抜き加工のたとえ

非常にもろい材料を除き，ほとんどの材料は冷間で引抜き加工が施される。所定の製品寸法まで数回〜数十回引抜きを繰り返し，製品が製造される。ダイスに材料を通し引抜くことをパス（pass）ともいう。引抜きされた製品は引張強さが高く，高寸法精度であるとともに，光沢のある表面性状を有している。

この引抜き加工による製品例として，図5.2に示すようなタイヤ用鋼線（スチールコード），ボンディングワイヤ，注射器具の針，直線案内軸受のレールが挙げられる。そのほか針金，電線，ピアノ線，エアコン用銅管，機械・自動車用シャフト，ねじや釘の素材なども引抜き製品である。

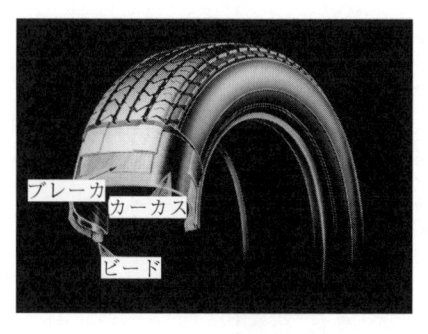

(a) スチールコードが使用された自動車用タイヤ[1]

(b) ボンディングワイヤ

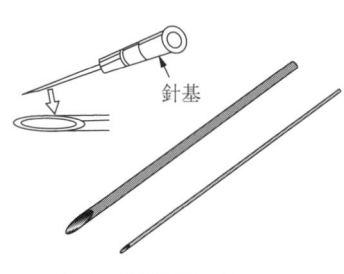

(c) 注射器具の針

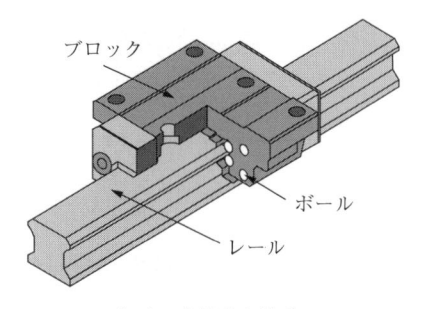

(d) 直線案内軸受

図 5.2　代表的な引抜き加工による製品例

5.2　引抜き加工の分類

　引抜き加工は，棒線（中実材）の引抜きと管の引抜きに大別される。**図 5.3** は引抜き方式をもうすこし詳細に分類した例である[2]。図（a）は線や棒の引抜きであり，引抜き材の断面形状は丸以外に角およびレールのような異形状もある。図（b）〜（e）は管の引抜き方式を示す。
　図（b）は管の内部に心金（プラグ）を用いずに引抜く方法で空引き（からびき）（hollow sinking）と呼ばれ，外径のみを縮小させる方式である。1回程度の引抜きによる管の肉厚変化は小さいが，引抜きを繰り返しながら製品を得る場合には，肉厚の増減と内面の表面あらさの悪化に注意を払う必要がある。図（c）は

5. 引抜き加工

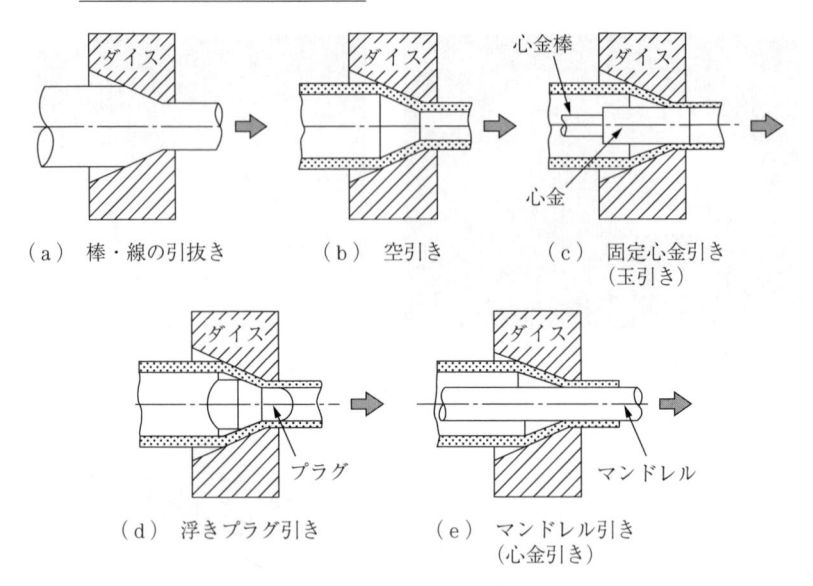

(a) 棒・線の引抜き
(b) 空引き
(c) 固定心金引き
    （玉引き）
(d) 浮きプラグ引き
(e) マンドレル引き
    （心金引き）

図 5.3 棒・線・管の引抜き方式[2]

心金引き（plug drawing）と呼ばれている。心金は心金棒で外部から固定されているため，外径はもとより肉厚も特定した管が得られる方式である。この方式では管の長さ限度が数 m であり，それ以上の長尺管の製造は困難である。図(d)は浮きプラグ引き（floating plug drawing）と呼ばれている。引抜き中にはプラグが摩擦力と加工による反力のつり合いによりダイス孔中で浮きながら安定しているため，数千 m という長尺管の製造も可能である。図(e)はマンドレル引きと呼ばれる。心金の代わりにマンドレル（mandrel）と呼ばれる長尺の心金棒を使い，管とともに引き抜き，その後に管からマンドレルを取り除く。加工コストが高くなるため，もろい材料の管の引抜き以外にはあまり使われない。

5.3 引抜き加工の原理

ダイス半角 α を持つコニカル（円すい）ダイスを用い，直径 D_0 の丸棒素材から直径 D_1 の丸棒に引き抜く場合を考える。図 5.4 に引抜き加工による変形

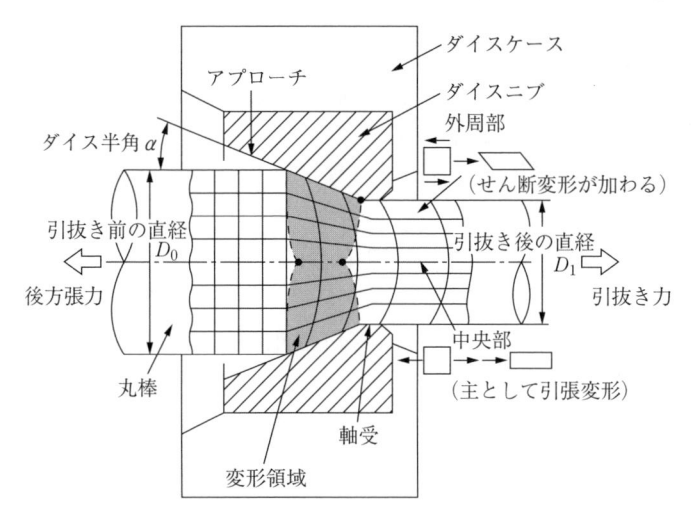

図5.4 引抜き加工による変形機構と変形領域の模式図[3]

機構と変形領域の模式図を示す[3]。

1回の引抜きにおける加工度を示す断面減少率（reduction of area）R_e は，式(5.1)のように定義される。

$$R_e = \left\{1 - \left(\frac{D_1}{D_0}\right)^2\right\} \times 100 = \left(1 - \frac{A_1}{A_0}\right) \times 100 \quad [\%] \tag{5.1}$$

ここに，A_0，A_1：それぞれ引抜き前後の棒の断面積

引抜き加工による材料流れの状況や変形領域の形状は，α や R_e によって変化する。加工時の材料流れを調べるには，引抜き前に棒材を二つ割りし，その一方に格子を描き，その後その二つを重ねて引抜きを行えばよい。図5.4のようにダイスと接触する棒材表面付近の材料は付加的せん断変形を受けるが，中心部の材料は比較的単純な引張り変形に近い状態で変形する。引抜きにより中心部の材料は外周部（棒材表面付近）の材料よりも先進するため，格子の縦線は弓状になる。

もう少しミクロ的に変形状況を調べた例を図5.5に示す[2]。これはタフピッチ銅の引抜き線材の金属組織写真と結晶の変形模式図である。結晶は引抜き方向に伸ばされ，微細な繊維組織となっていることがわかる。引抜きを繰り返す

5. 引抜き加工

（a） 金属組織写真　　　　　（b） 結晶の変形模式図

図 5.5 タフピッチ銅の引抜き線材の金属組織写真と結晶の変形模式図

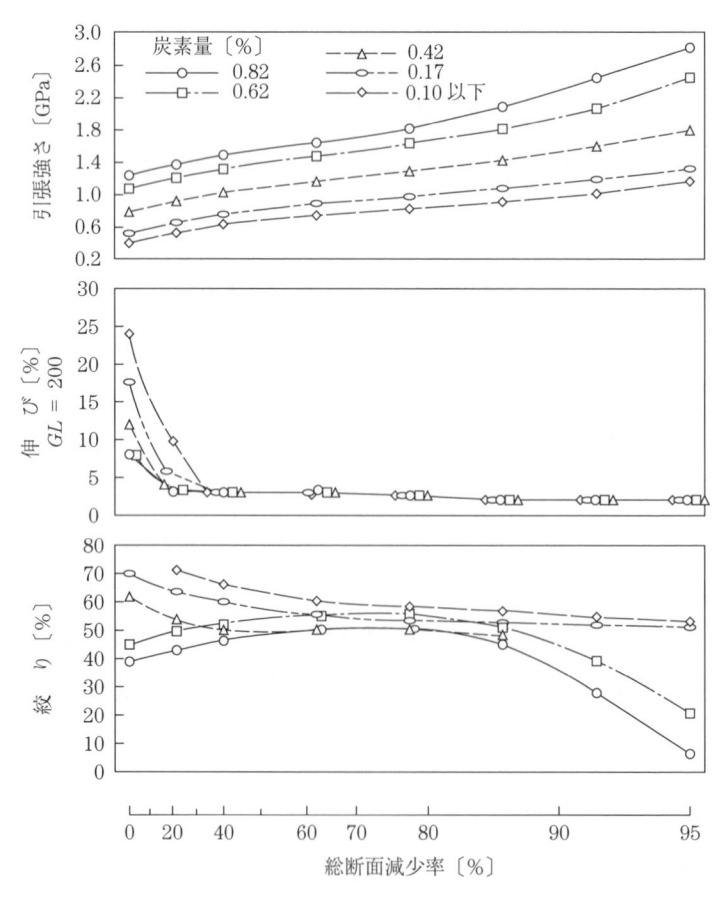

図 5.6 炭素鋼の線材の引抜き加工による機械的性質の変化の一例[4]

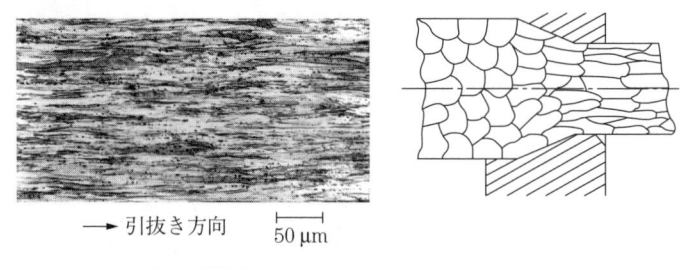

と繊維組織になることと，加工硬化により線材の引張強さや硬さが高まる。

極軟鋼から0.82%の高炭素鋼まで炭素量を変化させた線材の引抜き加工による機械的性質の変化の一例を図5.6に示す[4]。横軸は加工度を示す総断面減少率である。炭素量が多い線材ほど，素材強度および引抜き加工による強度の増加量が高い。

5.4 引抜き用工具

5.4.1 棒線引抜き用ダイス

引抜き用ダイスの一般的な構造を図5.7に示す。ダイスはニブとそのニブを囲う鋼製のケースからなり，ダイスの耐摩耗性と破損寿命の向上のために焼きばめ処理が施されている。ニブは材料や潤滑剤の導入部のベル，実際に加工を行うアプローチ，そして引抜き材の直径を決定するベアリング部の三つに分けられる。また，

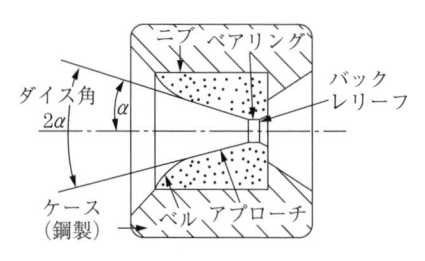

図5.7 引抜き用ダイスの一般的な構造

ダイスは図5.7のような円すい状の孔形状を持つコニカルダイスと，円弧状の孔形状を持つR(アール)ダイスに大別できるが，ダイス管理の面から一般的にはコニカルダイスが利用される。

ニブは加工中高い圧力を受け工具摩耗が生じるため，硬質材料でなければならない。そのため，超硬合金（WC–TiC–Co合金などの焼結体），天然あるいは焼結ダイヤモンド，ダイス鋼，セラミックスなどが用いられる。

5.4.2 管の引抜き

長尺管の製造が可能な浮きプラグ引きにおけるダイスおよびプラグを図5.8に示す。

プラグに角度βをつけているため，引抜きの際摩擦力と加工によるプラグ

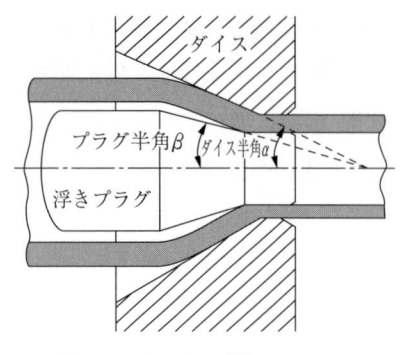

図 5.8 浮きプラグ引きにおけるダイスとプラグ[2)]

反力がつり合い，プラグは浮いているものの管内では安定保持される。

この加工法におけるダイス半角 α は 13°，プラグ半角 β は 11°が一般的である。

一方，プラグを外から保持した心金引きでのプラグ形状には，円筒形のものと上記の浮きプラグ引きと同じような形状のものがある。

5.5 引抜き力とダイス面圧の算出

5.5.1 引 抜 き 力

引抜き時の仕事は，断面を減少させる変形仕事，摩擦仕事およびせん断変形の際に受ける余剰仕事（材料の流れ変化による）の総和となる。図 5.9 に，1 パスの断面減少率を一定としダイス半角 α を変化させたときの引抜き力の模式図を示す。

断面減少率が一定であるため α を変化させても変形仕事は一定である。しかし，α を小さくすると，棒線とダイスとの接触面積が増え摩擦仕事が増加す

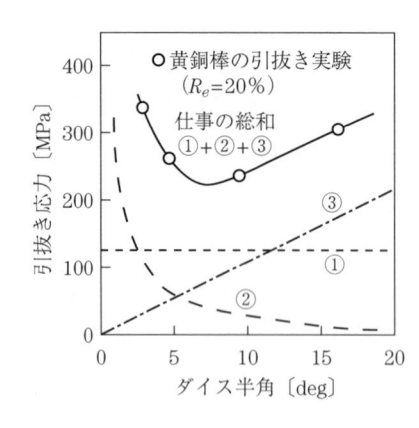

① 断面減少の仕事
② 摩擦による仕事
③ せん断変形による仕事

図 5.9 断面減少率を一定とし，ダイス半角 α を変化させたときの引抜き力の模式図

る。また，α を過大にすると，材料のせん断変形に伴う余剰仕事が大きくなる。このような関係から引抜き力が最小値を示す α_0 が存在する。この α_0 を最適ダイス半角と呼び，線材の均質加工の面からは，この α_0 より少し小さい値を選択しなければならない。

丸棒の引抜き力算出には，スラブ法（初等解析法）による算出式が数多く提案されている[5),6)]。代表的な引抜き力算出式を式(5.2)に示す。

$$F = Y_m A_1 \left[\left(1+\frac{1}{B}\right)\left\{1-\left(\frac{A_1}{A_0}\right)^B\right\} + \frac{4\alpha}{3\sqrt{3}} \right] \quad (5.2)$$

ここに，$B : \mu \cot \alpha$，α：ダイス半角〔rad〕，Y_m：平均変形抵抗，A_0，A_1：それぞれ引抜き前後の断面積

最近では，上に示したようなスラブ法による引抜き力算出のほかに，有限要素法（finite element method：FEM，12章参照）がよく利用される。これは引抜き力算出のほかに，材料流れの状況，変形領域内の応力・ひずみ，ダイス面圧分布などが詳細にわかるためである。FEM はスラブ法では解析できない異形引抜きにも展開できる。

図 5.10 に式(5.2)による引抜き力と FEM の結果を示す。これらのスラブ法と FEM の結果から最適ダイス半角 α_0 も考察することができる。

なお，引抜きによって達成できる最大断面減少率を引抜き（伸線）限界といい，無次元引抜き応力（F/YA_1）を 1.0 とすることにより算出できる。

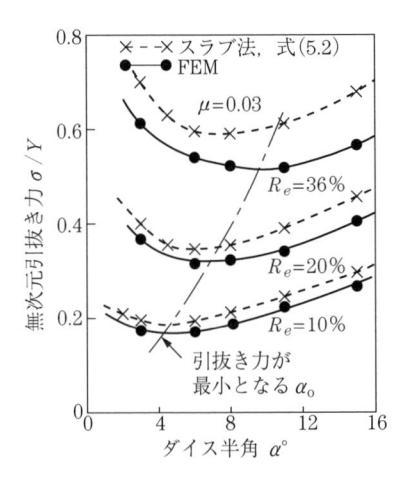

図 5.10 種々のダイス半角における引抜き力と FEM の結果

5.5.2 ダイス面圧

ダイスは引抜き中に高い圧力を受け，ダイヤモンドダイスといえども摩耗が

生ずるため，ダイス面圧を把握する必要がある。

ダイス面圧分布の模式図を**図5.11**に示す。図中の実線はスラブ法，破線は実験から求めた結果例である。

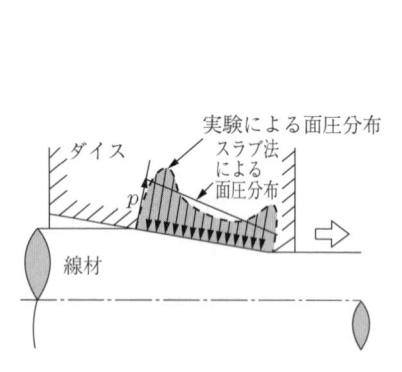

図5.11 ダイス面圧分布の模式図[2]

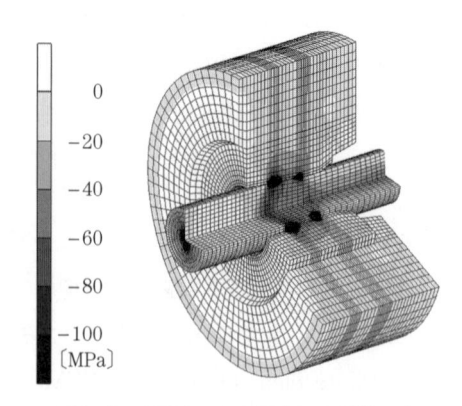

図5.12 FEMにより算出した引抜き中のダイス面圧分布（軟質アルミニウム棒の場合）

最近ではFEMを利用し，**図5.12**のように，より正確なダイス面圧分布がわかるようになった。注意すべき点はダイスの入口部と出口部で面圧が非常に高いこと，すなわち，ダイス入口部でよく知られたリング摩耗（ダイスリング欠陥）が生じやすくなることである[7]。この欠陥の防止策としては，αをできるかぎり小さくすることや後方張力を付与しながら引き抜くことが挙げられる。

5.6 引抜き工程

鋼線と非鉄線の代表的な引抜き作業工程例[3]を**図5.13**に示す。引抜きに際して，まずダイスに材料を通す作業が必要である。そのためにスエージング加工や溝圧延により材料の先端部分を細くする口付け（pointing，先付けともいう）作業を行う。その後，ダイスに通した材料をチャックでつかんで引き抜く。1パスの作業のみで製品になることは少なく，通常は繰り返し引抜きを

(a) 鋼線の場合

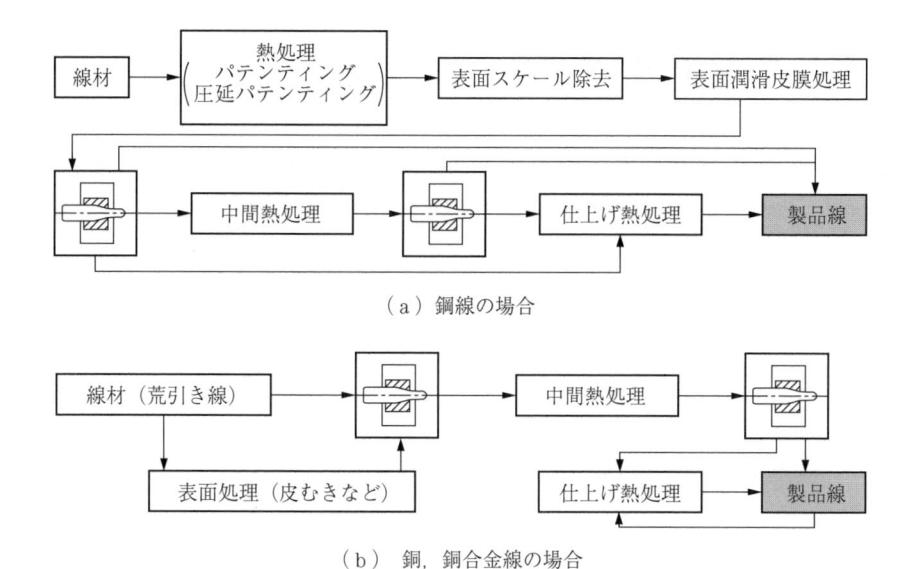

(b) 銅，銅合金線の場合

図 5.13　線材の引抜き作業工程例[3]

行って製品とする。必要に応じて中間熱処理や仕上げ熱処理を行う。高品質な製品でかつ低加工コストを考慮した最適引抜き工程の決定がノウハウとなる。連続引抜き工程の引抜き直径列（あるいは落とし率）をパススケジュール（pass schedule）ともいう。

5.7　引抜きにおける潤滑

　潤滑剤は，製品の表面性状と機械的性質，ダイスの摩耗・破損などに影響するため，引抜き材料に合った潤滑剤を選択しなければならない。潤滑剤を大別すると乾式潤滑剤（金属セッケンなど），油性潤滑剤（動・植物油，鉱物油）および湿式潤滑剤（油を水に分散，乳化させたもの）の3種類になる[4]。

5.8 引抜き機械

代表的な引抜き機械を**図 5.14**に示す[5]。図(a)はドローベンチ (draw bench) と呼び，直径は大きいが長尺でない棒・管の引抜きに使用する。図

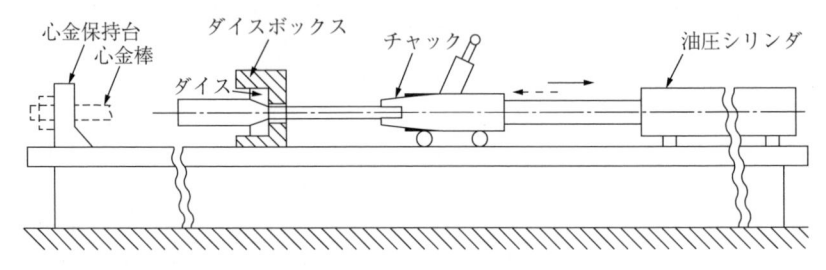

（a） ドローベンチ（油圧式）

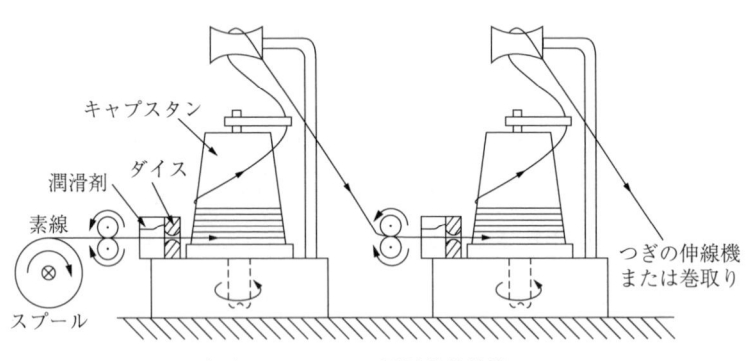

（b） ノンスリップ形連続伸線機

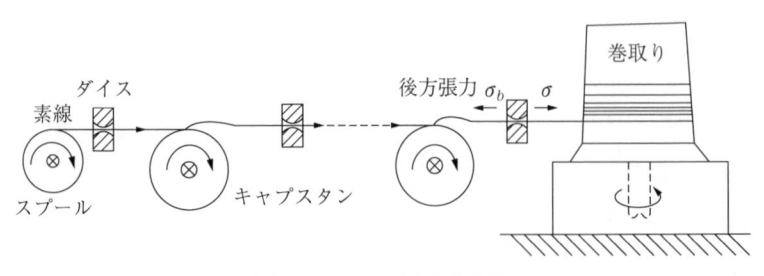

（c） スリップ形連続伸線機

図 5.14 代表的な引抜き機械[5]

(b)はノンスリップ形連続伸線機と呼び，線径の多少太い（10 mm〜5 mm 程度）線材や変形抵抗の高い線材の引抜きに適している．図(c)はスリップ形連続伸線機と呼び，銅線や線径の細い鋼線の引抜きに適している．この場合，キャプスタンと線間には滑りが生じるため，後方張力引抜きとなる．また，長尺の銅管の引抜きには，ブルブロック引抜き機が利用される．

　上述の引抜き法以外にローラダイス引抜き，タークスヘッド引抜き，回転ダイス引抜き，超音波引抜きや束引きがある[8]．

演 習 問 題

(問5.1) 引抜きとはどのような加工法か述べよ．また，引抜きによる製品例を示せ．

(問5.2) $\phi 5$ mm の鋼線を $\phi 4.5$ mm まで引抜き加工をするとき，その際の断面減少率 R_e と引抜き力 F を算出せよ．ただし，摩擦係数 $\mu=0.05$，ダイス半角 $\alpha=6°$，平均変形抵抗 $Y=300$ MPa とする．

(問5.3) 引抜き時の仕事は三つ仕事の総和となる．その三つの仕事とは何か述べよ．

(問5.4) 引抜き中のダイスはどのような圧力を受けるか．その圧力のためどのようなダイス欠陥が起きるか述べよ．

6. せん断加工

6.1 せん断加工の概要

 せん断加工（shearing）は，板や棒などの素材の切断から微細精密部品の打抜きや穴あけにまで，最も広く用いられている切断加工技術である。この理由は，砥石や鋸刃による切断，切削やレーザなどによる切断や穴あけに比べ高能率であること，さらにはその対象材料が鉄鋼材料や非鉄材料をはじめ各種機能材料に至るまで，ほとんどの工業材料に適用できるためである。
 製鉄所などでは，棒材などを所定の長さに切断するクロッピング（cropping）と呼ばれる切断や，圧延された幅広板材の縁部を切除したり，一定の幅の帯状素材を得るためのスリッティング（slitting）など，特殊なせん断加工も行われている。
 本章では，プレス機械に取り付けられた金型という工具を用いて行われる，板材のせん断加工を中心に説明する。
 図6.1にプレス機械によるせん断加工の分類を示す。抜き落とされるものが製品になり穴側がスクラップになる加工を打抜き加工（blanking）といい，逆に穴側が製品になる加工を穴あけ加工や穴抜き加工（punching, piercing）という。特に，直径が被加工材の板厚以下の小さな穴をあける加工を小穴抜きと呼ぶ。板材の加工には，これらのほかにも，二つの部材に切り離す分断（parting），せん断荷重を低減させるためにシヤー角を設けた工具により広幅の材料を切断するシヤーリング（shearing），板材の一部分を切り欠く切欠き

6.2 せん断加工の原理　　69

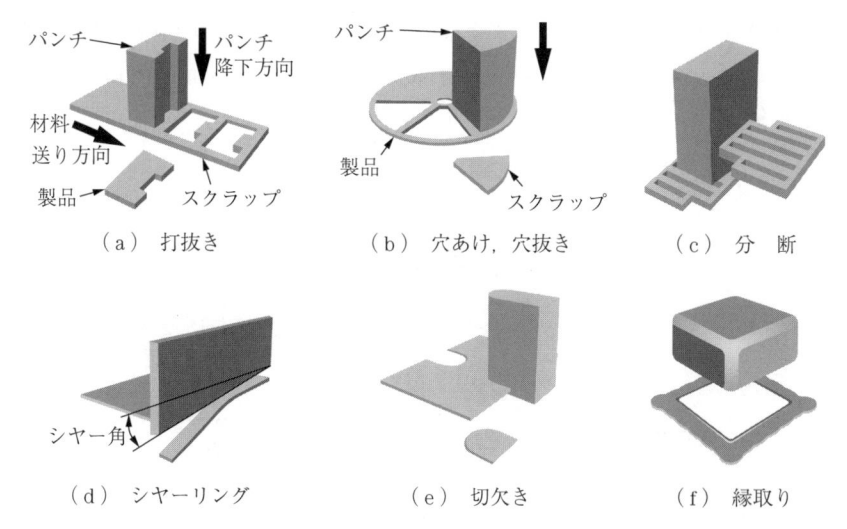

図6.1　プレス機械によるせん断加工の分類[1]

(a) 打抜き　(b) 穴あけ，穴抜き　(c) 分断
(d) シヤーリング　(e) 切欠き　(f) 縁取り

(notching)，そして深絞り加工などで成形されたものの不要な縁部を切除する縁取り（trimming）などがある。

6.2　せん断加工の原理

一般のせん断加工では，図6.2に示すようなパンチ（punch）とダイ（die）と呼ばれる工具のほか，せん断中の材料の跳ね上がり防止や，せん断後

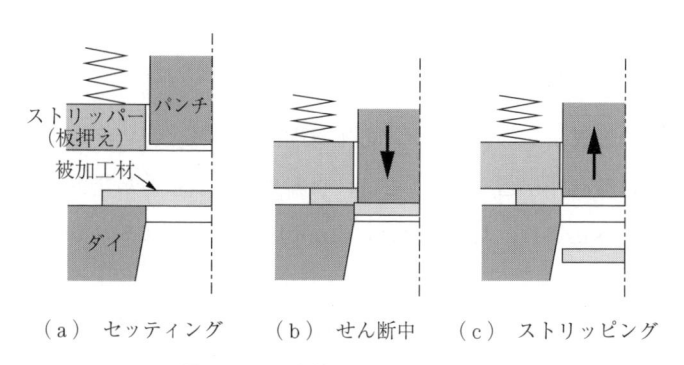

(a) セッティング　(b) せん断中　(c) ストリッピング

図6.2　せん断加工工具とその働き

に穴側材料をパンチから取り除くため，ストリッパー（stripper）または板（材料）押えと呼ばれる工具を用い，打抜きや穴あけなどの加工が行われる。

図6.3は，せん断（打抜き）加工工程と，せん断時のパンチに作用する荷重とパンチの変位を表す荷重-ストローク線図である。

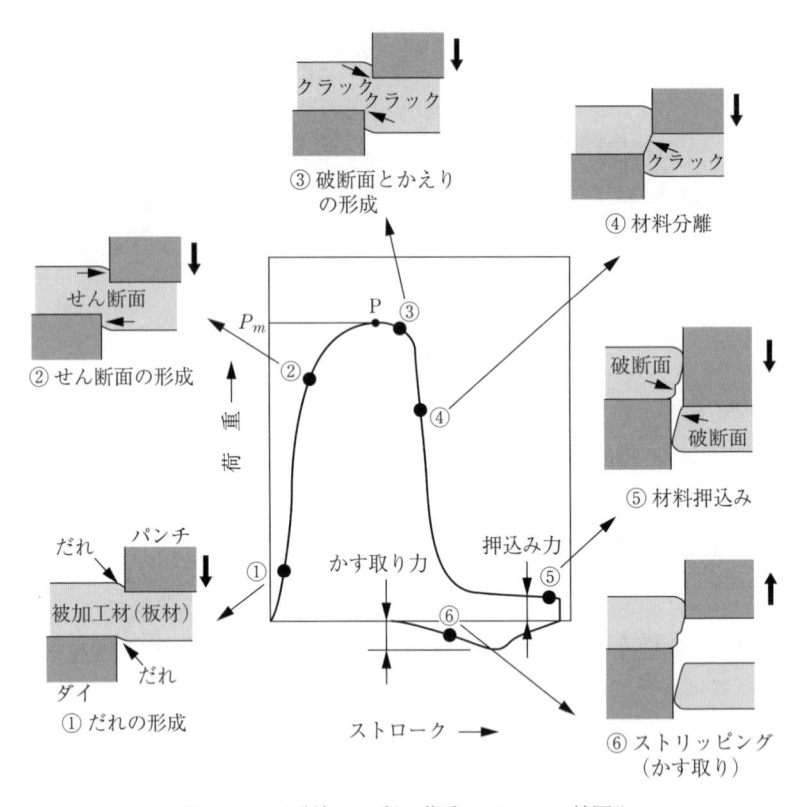

図6.3 せん断加工工程と荷重-ストローク線図[2]

① **だれの形成**　　パンチとダイの工具端面が材料表面に接触したあと，さらに工具が材料へ押し込まれることで，材料表面に引張力が発生する。これにより材料が引き込まれ，だれ（shear droop）が形成される。この間，荷重は上昇を続ける。

② **せん断面の形成**　　工具の材料への進入が増すと，材料内部にせん断滑りが生じるようになり，パンチ下方の材料はダイ穴部へ押し込まれ，ダイ上部

の材料はパンチ周囲に押し出され，せん断面（burnished surface, sheared surface）が形成される。

このとき材料は大きなせん断変形を受け，同時に材料が加工硬化するため，ストロークの増加とともに荷重はさらに上昇する。

③ **破断面とかえりの形成** 工具食込み（ストローク）の増加とともに荷重を支えるせん断変形部の板厚が減少するため，その後の荷重の上昇は緩やかになり，最大荷重点 P に達する。このときの荷重 P_m をせん断荷重（shearing force）と呼ぶ。点 P 以降にパンチやダイの刃先近傍からクラック（き裂）が発生しはじめ，破断面（fractured surface）とかえり（burr）が形成される。

④ **材料分離** パンチとダイの刃先近傍から発生したクラックが会合（連通）することにより，材料分離がなされ，荷重が急激に低下する。

⑤ **材料押込み** 材料分離後もパンチは下降を続ける。この際に，打抜き品をダイ穴部へ押し込む力やパンチと穴側材料間に摩擦力が生ずるため，材料分離後もわずかな圧縮力（押込み力）がパンチに作用する。

⑥ **ストリッピング** 下死点以降のパンチが上昇する工程で，パンチの周囲にからみついた材料が，ストリッパーによりパンチから取り除かれる。この際に，パンチに引張力が作用する。この力をかす取り力（stripping force）という。

6.3 せん断切口面

せん断加工により得られる切口面は，図 6.4 のように，だれ，せん断面，破断面，かえり（バリ）から構成される。

だれは，6.2 節で述べたように，せん断途中に材料表面に作用する引張力により，材料が引き込まれるために発生するものである。また，幾

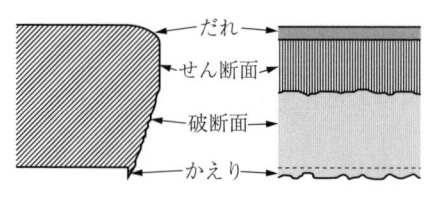

図 6.4 せん断加工により得られる切口面

何学的にこのだれの発生原因を説明すると，図 6.5 (a)に示すようなパンチと
ダイ間のクリアランスが零の場合は，材料の不足が生じることなくせん断変形
がなされる。しかし，一般の加工では図（b）のようにパンチとダイ間にクリア
ランスを設けた状態で加工が行われるため，図中に A で示すような材料の不
足が生ずる。すなわち，この不足を補うために，抜き落とし側と穴側の切口面
にだれが形成されることになる[3]。

（a）クリアランス
　　が零の場合

（b）クリアランス
　　を設けた場合

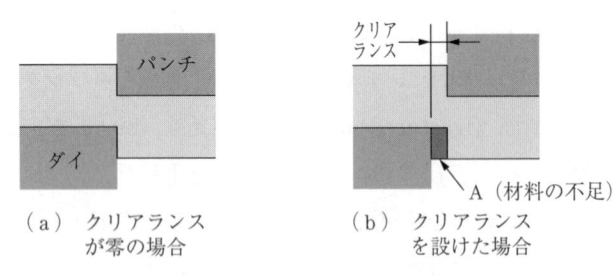

A（材料の不足）

図 6.5　だれ発生原因の説明図

　せん断面は，パンチとダイの材料への食込みにより生成された面であり，切
削面に近い平滑な切口面である。
　破断面は，クラックの発生により生成された破面であるため，一般にせん断
面に比べ凹凸の大きな切口面になる。
　かえりは，材料分離時に発生するクラックが，パンチとダイの刃先ではな
く，図 6.6 に示すように，ややこ
れら工具刃先よりずれた位置から
発生するため，工具側面側に位置
していた材料の一部が分離後に突
起状に切口面に発生したものであ
る。一般のせん断では，このかえ

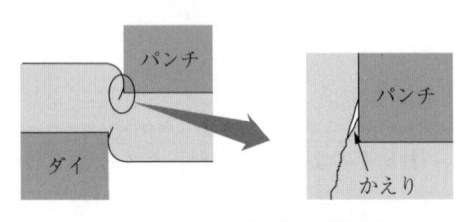

図 6.6　かえり発生原因の説明図

りの発生は避けられないものであり，工具の刃先や側面の摩耗が大きくなると
このかえりはより大きくなる。

6.4 せん断荷重とせん断仕事

せん断加工時に使用する金型の設計や，加工に用いるプレス機械を選定する際には，せん断荷重やせん断仕事の概算による見積りが不可欠である。

図 6.7 に示すせん断荷重 P_m は，式(6.1)により概算することができる。

$$P_m = tl\tau_s \tag{6.1}$$

ここに，t：被せん断材の板厚，l：せん断輪郭長さ，τ_s：被せん断材のせん断抵抗 (shearing resistance)

せん断抵抗 τ_s は，加工される材料の材質や硬さにより異なるが，一般には表 6.1 に示す値が用いられる。なお，τ_s が不明な場合は，τ_s を材料の引張強さの 80% と見積もって概算する場合もある。

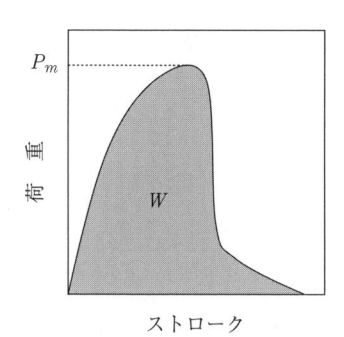

図 6.7 荷重-ストローク線図

表 6.1 各種材料のせん断抵抗[4]

材料	せん断抵抗 τ_s〔MPa〕	材料	せん断抵抗 τ_s〔MPa〕
すず	20〜40	鋼 0.1%C	250
アルミニウム	70〜110	鋼 0.2%C	320
ジュラルミン	220	鋼 0.3%C	360
亜 鉛	120	鋼 0.4%C	450
銅	180〜220	鋼 0.6%C	560
黄 銅	220〜300	鋼 0.8%C	720
青 銅	320〜400	鋼 1.0%C	800
洋 銀	280〜380	けい素鋼板	450
深絞り用鋼板	300〜350	ステンレス鋼板	520
鋼 板	400〜500	ニッケル	250

せん断仕事（エネルギー）W は，材料分離を行うために要する仕事量であり，図 6.7 に示す荷重-ストローク線図の網かけ部の面積に相当する。

せん断仕事 W は式(6.2)により概算することができる。

表6.2 各種材料の補正係数 m 値[5]

材 質	m
アルミニウム（軟）	0.76
銅（軟），黄銅（軟） 軟鋼（0.2%C以下）	0.64
アルミニウム（硬） 軟鋼（0.2～0.3%C），銅（硬）	0.50
ばね鋼，黄銅（硬） 鋼板（0.3～0.6%C）	0.45
鋼板（0.6%C以上）	0.40
圧延硬質材	0.30

$$W = (mt^2 l\tau_s)\frac{1}{1\,000} \,〔\text{J}〕 \quad (6.2)$$

ここに，m：表6.2に示す補正係数，t：被せん断材の板厚〔mm〕，l：せん断輪郭長さ〔mm〕，τ_s：被せん断材のせん断抵抗〔MPa〕

6.5 せん断金型

図6.8に，四角形ブランクに円形の穴をあける金型を示す。このように一つの単純な閉輪郭の形状部品を打ち抜いたり，穴をあけたりする金型を単抜き型

図6.8 単抜き型による穴あけ加工

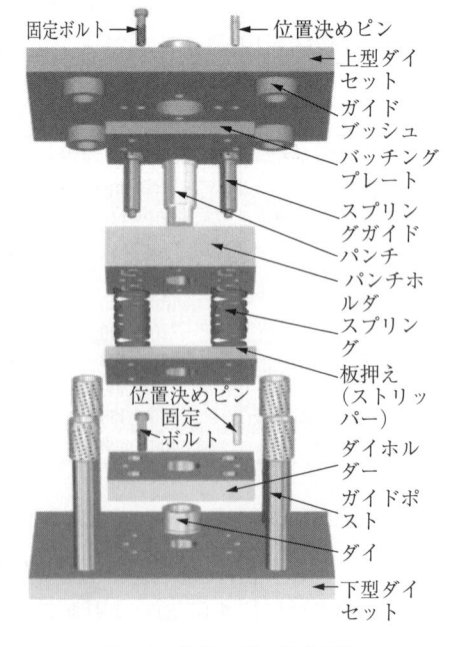

図6.9 単抜き型の構造例[6]

6.5 せ ん 断 金 型　75

(single station die) または単型という。

　せん断金型の構造は，プレス機械の種類や製品の形状などにより異なるが，図 6.8 のような一般的な単抜き型は図 6.9 に示すような部品から構成されている。

　二つ以上の閉輪郭を有する部品などをせん断加工により得る場合は，総抜き型（compound die）や順送り型（progressive die）と呼ばれる金型が用いられる。

　総抜き型（コンパウンド型）は，2 対以上のパンチとダイを備えた金型で，1 工程で 2 か所以上の輪郭をせん断するための金型である。例えば，図 6.10（a）に示す総抜き型は，上型中央のパンチ ① と下型内のダイ ② により円形の穴あけを行い，同時に，下型のダイがパンチ ③ の役目をし，これと上型のパンチ外周のダイ ④ とにより四角形の製品外周を打ち抜く構造の金型である。

　順送り型（プログレッシブ型）は，図（b）に示すように，複数の工程を同一金型内で行うもので，等ピッチの位置に配置した複数のパンチとダイにより順

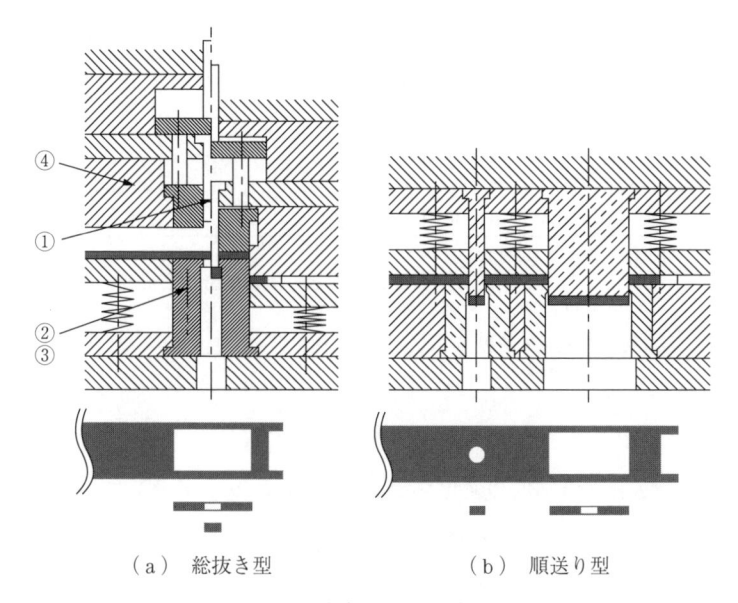

（a）総抜き型　　　　（b）順送り型

図 6.10　総抜き型と順送り型

次加工を行う金型であり，一般に総抜き型に比べ金型構造が簡素化できる．この順送り型を用いた加工では，プレス機械に同調した材料送り装置により，被加工材を一定のピッチで正確に金型内へ送り込まれて加工が行われる．

6.6 加工因子の影響

6.6.1 クリアランス

パンチとダイ間のクリアランス（clearance）の大きさ C は，クラック発生の難易さや発生時期を大きく左右するため，切口面性状，せん断荷重，およびその他の製品精度に大きな影響を及ぼす．

一般には，パンチとダイの刃先近傍から発生するそれぞれのクラックがスムーズに成長し会合が行われるという観点から，**表 6.3** に示すような値が適正クリアランスとして推奨されている．

表 6.3 各種材料の適正クリアランス[7]

材　質	C〔%t〕	材　質	C〔%t〕
純　鉄	6～9	銅，黄銅	6～10
軟　鋼	6～9	アルミニウム（硬質）	6～10
硬　鋼	8～12	アルミニウム（軟質）	5～8
けい素鋼	7～11	アルミニウム合金（硬質）	6～10
ステンレス鋼	7～11	鉛	6～9
洋白，りん青銅	6～10	パーマロイ	5～8

注1) 板厚 $t \leq 3$ mm．
注2) 切口面が板面に垂直であることを望む場合はこの値の 1/3 程度に小さくする．
注3) かす上がりが発生する場合はこの値より小さなクリアランスを選ぶ．

図 6.11 に，クリアランスの変化に伴うせん断抵抗 τ_s（＝せん断荷重/せん断面積）とせん断仕事 W の変化を示す．一般に，クリアランスが大きくなるに伴ってせん断抵抗，すなわちせん断荷重は低下し，せん断仕事はクリアランスが 10～15% 前後で極小値を示す．

せん断仕事は，せん断荷重と材料分離までのストロークにより決定される．

6.6 加工因子の影響

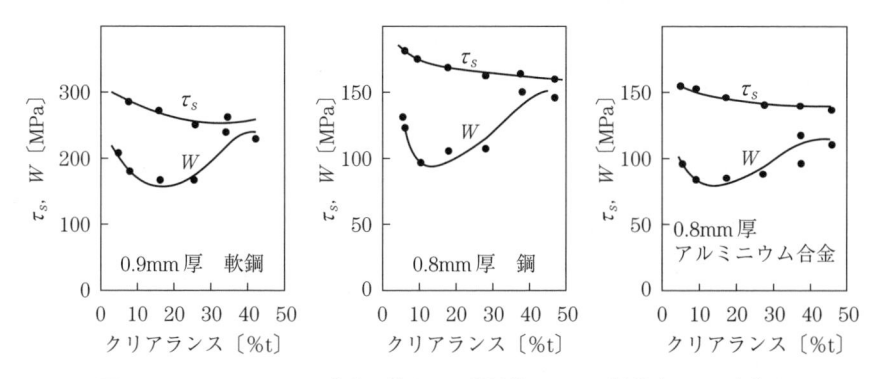

図 6.11 クリアランスの変化に伴うせん断抵抗 τ_s とせん断仕事 W の変化[8]

すなわち，クラックの会合がスムーズに行われる適正クリアランスでは材料分離までのストロークが最も小さくなるが，せん断荷重（抵抗）はクリアランスの増加とともに徐々に減少するため，せん断仕事の極小値を示すクリアランスは適正クリアランスよりやや大きな値となる。

図 6.12 は，各種クリアランス条件でせん断された切口面の模式図である。一般的な傾向としては，クリアランスが大きい場合は，だれやかえりが大きくなり，せん断面の割合が減少し，また切口面の板面に対する直角度も悪くなる。適正なクリアランスでせん断された切口面は，大きい場合に比べせん断面の割合が増加し，直角度が向上し，だれやかえりが減少する。さらにクリアランスが小さくなると，せん断面の割合が急増し，二次せん断面が発生するようになる場合がある。クリアランスが小さい条件でせん断された切口面は，一般

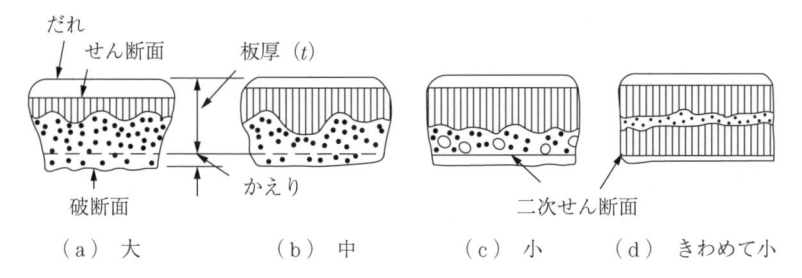

(a) 大　　　(b) 中　　　(c) 小　　　(d) きわめて小

図 6.12 各種クリアランス条件（大，中，小）でせん断された切口面の模式図[9]

にだれが少なく，直角度も優れていることから，一見良好な切口面に思えるが，切口面内部にクラックが停留したり，工具摩耗が大きくなるなどの問題が発生する場合がある。また，前述したように，クリアランスが小さくなるとかえりは小さくなるが，クリアランスが過小の場合には材料分離後に切口面が工具側面によりこすられ，かえりが逆に大きくなる場合がある。

一般に，打抜き加工により得られる抜き落とし品の外径寸法はダイ穴径に依存し，穴あけ加工により得られる穴内径はパンチの外径に依存するといわれている。しかし，クリアランスによっても大きく変化する。

6.6.2 板押え力と逆押え力

せん断加工では，図 6.13 に示すように，穴側材料に板押え（ストリッパー）により板押え力（blank holder pressure）を与え，場合によってはダイ内部に設けた逆押えにより逆押え力（counter pressure）を付与する場合がある。

板押え力の付与は材料の跳ね上りを防止するためであり，理想的にはこの力はせん断荷重 P_m の 20% 前後とされているが，材料の跳ね上がり量は後述するさん幅などの条件によっても変化することや，金型構造の制限や加工荷重増大の問題などもあることから，必要最小限の適正な板押え力を見いだすためには試し抜きなどが不可欠である。

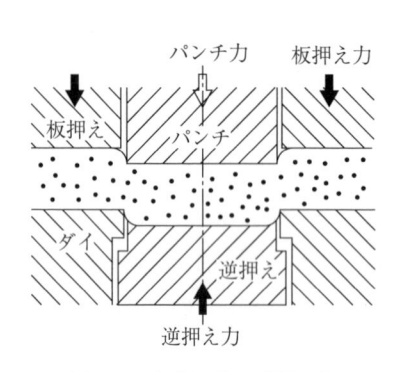

図 6.13 板押え力と逆押え力

また，逆押え力を付与して打抜きを行うと，打抜き品のわん曲の発生が防止でき，寸法精度の良好な打抜き品が得られるようになる。また，材料の片側のみを切断する分断加工などでは，切り落とされる側に発生する大きな圧こんの発生を低減または防止する効果が得られる。

6.6.3 さん幅

材料の利用率を高めるためには，図 6.14 に示すさん幅（scrap web）E および F はできるかぎり小さいほうが好ましい．しかし，これらが小さすぎると，製品切口面近傍にき裂が発生したり，大きなだれが発生するなどの製品不良が発生しやすくなる．

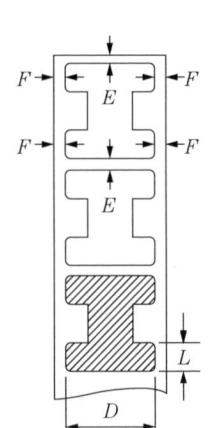

最小さん幅[12]
単抜き（直線縁または平行縁），t：板厚

D または L の寸法	送りさん幅		縁さん幅	
	E	最小値 〔mm〕	F	最小値 〔mm〕
0〜 25	0.8 t	1.0	1 t	1.2
25〜 75	1 t	1.2	0.2 t	1.6
75〜150	1.2 t	1.5	1.5 t	2.0
150〜250	1.5 t	2.0	1.7 t	2.5
250〜400	1.7 t	2.5	2 t	3.0

図 6.14 送りさん幅と縁さん幅

例えば，図 6.14 のような単列抜きを行う場合には，右表に示す最小さん幅の目安を参考に，送りさん幅や縁さん幅を決定しなければならない．

6.6.4 せん断速度とせん断温度

せん断速度やせん断時の材料の加熱温度も切口面性状に影響を及ぼす．

一般に，高速でせん断すると，図 6.15 に示すように，だれやわん曲の発生が小さくなり，破断面の割合は増加するが，この破断面の粗さは慣用せん断に比べ向上する．この高速による効果は，クリアランスが小さくなるほど顕著になる．

また，高温で炭素鋼などをせん断すると，青熱ぜい性温度域でいったん破断面の割合が増加するが，温度の上昇とともに破断面が減少し，せん断面が増大する．ただし，高温域でのせん断ではだれやかえりが大きくなる．

80　6. せん断加工

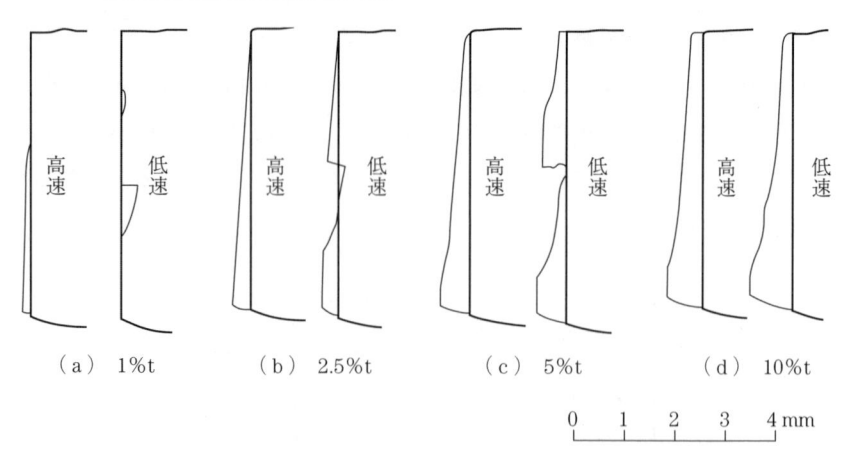

(a) 1%t　(b) 2.5%t　(c) 5%t　(d) 10%t

0　1　2　3　4 mm

図 6.15　高速と低速の打抜きによる切口面形状の比較[13]

6.6.5　材料特性

被加工材の機械的性質もせん断切口面の性状に大きな影響を与える。

図 6.16 は，被加工材の板厚絞り-破断面の関係，全伸び-だれの関係（板厚絞りと全伸びの切口面に及ぼす影響）を示す。破断面の割合は板厚絞りとの関係が深く，だれは全伸びが大きな材料ほど大きくなる。また，図 6.17 に示す

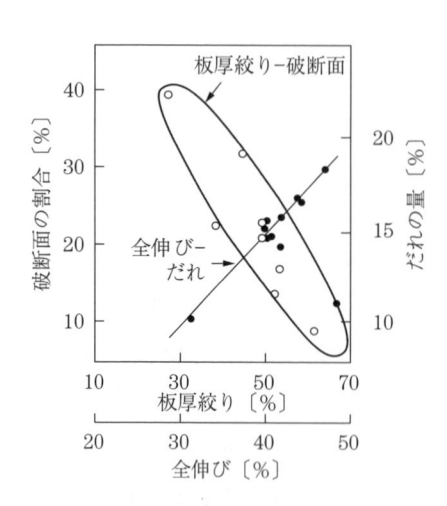

図 6.16　板厚絞りと全伸びの切口面に及ぼす影響[15]

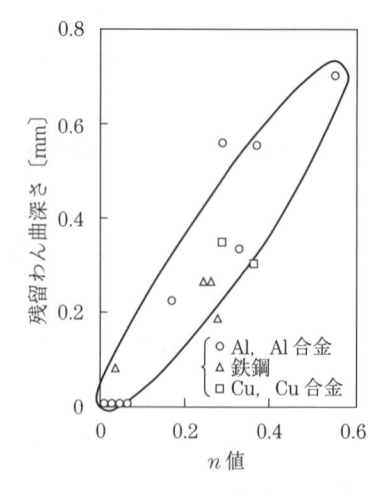

図 6.17　加工硬化指数 n 値のわん曲深さに及ぼす影響[15]

ように，加工硬化指数 n 値の大きな材料ほどわん曲深さが大きくなる。また，一般に硬質材や降伏応力の高い材料ほど寸法変化が大きく，伸びの大きな材料ほどかえりが大きくなる傾向にある。

6.7 精密せん断

せん断加工は材料を破断分離させる加工であるため，この加工により得られる切口面は，切削加工などにより得られる切口面に比べ，高精度とはいいがたい。すなわち，切口面に発生するだれ，破断面，かえりを低減または完全になくしたいという要望や，切口面の直角度を高めたいといった要望などがある。

これらの要望に対応するため，さまざまな精密せん断法が開発されている。これらは，表 6.4 に示すように，かえり発生のない切口面を得るための精密せん断法と，全面が平滑な切口面を得るための精密せん断法とに大別できる。

表 6.4 精密せん断法の分類

精密せん断法	かえり発生のない切口面を得るための精密せん断法	上下抜き法，平押し法，カウンターブランキング法，バリ寄せ打抜き法，対向ダイスせん断法，カウンターカット法，ロールスリット法，ロールブランキング
	全面が平滑な切口面を得るための精密せん断法	シェービング，仕上げ抜き法，ファインブランキング，対向ダイスせん断法，拘束せん断法，軸圧縮せん断法，加熱せん断法，高速せん断法（平滑な破断面を生成），ナイフ刃切断

6.7.1 上下抜き法

上下抜き法[16] は，切口面の上下の角部にだれを形成することで原理的にかえり発生のない切口面を得るための精密せん断法であり，図 6.18(a) に示すような原理で加工が行われる。まず，被加工材にある程度の工具の食い込みを与えたあとに加工を中断する（第 1 工程）。つぎに，第 1 工程で用いたダイ穴内に設置したパンチと，第 1 工程パンチの周りに位置するダイにより半抜きされた部分を押し戻す（第 2 工程）。これにより，図(b) に示すようなかえり

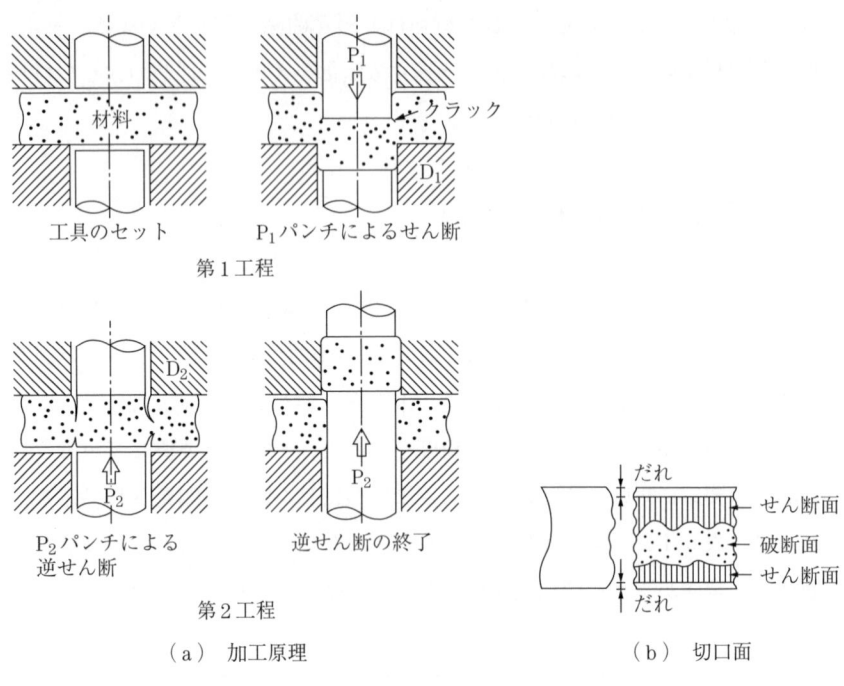

工具のセット　　　P₁パンチによるせん断
　　　　　　　第1工程

　　　P₂パンチによる　　逆せん断の終了
　　　逆せん断
　　　　　　　第2工程
　　　（a）加工原理　　　　　　　　　　（b）切口面

　　　　　図6.18　上下抜き法の加工原理と切口面[16]

発生のない切口面を得ることができる。

6.7.2　平押し法

　上下抜きでは小さなクリアランスの設定が不可欠であり，また順送型を用いる場合は材料の高い位置決め精度を必要とするなどの問題がある。平押し法[17]は，これらの問題を解決するために開発されたかえり無しせん断法である。こ

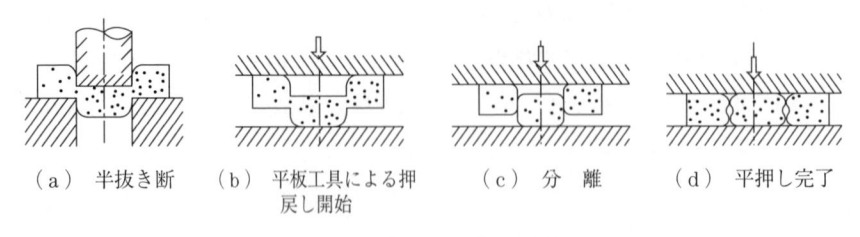

（a）半抜き　　（b）平板工具による　　（c）分　離　　（d）平押し完了
　　　　　　　　　　押戻し開始

　　　　　図6.19　平押し法の加工原理[17]

の加工法は，図 6.19 に示すように，図(a)の半抜き後に平板工具により半抜き部分を押し戻して材料分離を行うことで，かえり無し発生のない切口面を得るものである．

6.7.3 シェービング

図 6.20 に示すように，例えば，打抜き品の切口面の凹凸部を削り取ることで，平滑な切口面を得る加工法である．この加工では，パンチとダイのクリアランスを 0.02 mm 程度と小さくし，切削的機構により切口面を仕上げるため，削れる材料であればこの加工法による精密せん断が可能である．しかし，切削加工における切込みに相当する取り代(しろ)が大きくなると，うろこ状の破断面が発生したり，加工終期に破断面が発生するようになるため，適正な取り代の設定が不可欠である．

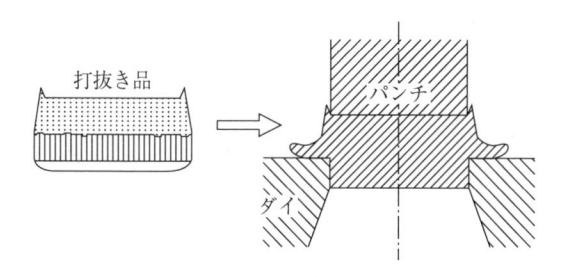

図 6.20 シェービングの加工原理

6.7.4 仕上げ抜き法

仕上げ抜き法[18]は，図 6.21 に示すように，打抜き加工ではダイ刃先に，穴あけ加工ではパンチ刃先にそれぞれ小さな丸み（アール）を設けてせん断する加工法である．すなわち，刃先に丸みを設けることにより，材料のせん断変形部が圧縮応力場により支配されクラック発生が抑制され，破断面発生のない切口面が得られるようになる．この加工は特殊なプレス機械を必要とせず，一般のプレス機械での加工が行えるという特徴もある．しかし，この加工では大きなだれやわん曲の発生が避けられない．

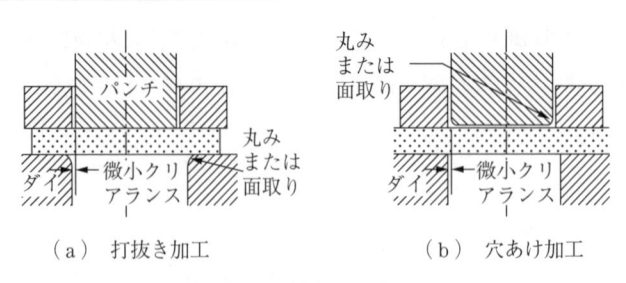

図 6.21 仕上げ抜き法の加工原理[18]

(a) 打抜き加工

(b) 穴あけ加工

6.7.5 ファインブランキング

ファインブランキングは，被加工材のせん断変形部に大きな圧縮応力を作用させることで，クラックの発生を抑制し，全面平滑な切口面を得ることができる代表的な精密せん断法であり，精密打抜き法とも呼ばれる。従来，切削加工で製作されていた自動車部品などが，このファインブランキングで製作できるようになり，製造コストの低減に大きな貢献をもたらしている。なお，本加工法の詳細については 13.2 節に述べる。

なお，同様に，材料内部に大きな圧縮応力を作用させ，全面平滑な切口面を得る加工法として，対向ダイせん断法[19]がある。この加工法は，かえり無しせん断も同時に実現できるという特徴を有している。

演習問題

(問 6.1) 板厚 $t=6\,\mathrm{mm}$ の鋼板（S 20 C）から $\phi 60\,\mathrm{mm}$ の円形ブランクを打ち抜く場合のせん断荷重 P_m を求めよ。

(問 6.2) 適正クリアランスよりやや大きなクリアランスとやや小さなクリアランスでせん断された，それぞれの切口面の特徴を述べよ。

(問 6.3) せん断加工中に発生するクラック（き裂）は，パンチとダイの刃先ではなく，これら工具刃先よりややずれた位置から発生する。この理由を述べよ。

7. 曲げ加工

7.1 曲げ加工の概要

曲げ加工（bending）は，素材に曲げ変形を与え，所定の角度，半径を持つ形状に成形する加工法である．曲げ加工を受ける素材形状は板材，形材，管材などさまざまであるが，それらの曲げ加工法は図7.1のように3様式に大別される[1]．

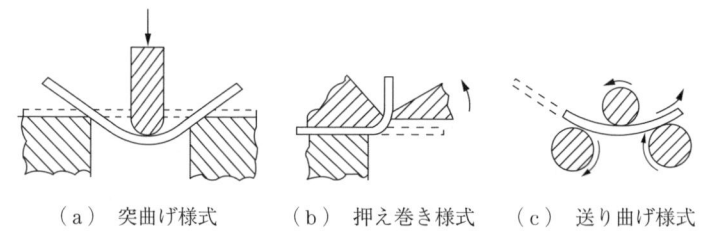

　　　　　（a）突曲げ様式　　　（b）押え巻き様式　　　（c）送り曲げ様式

図7.1　曲げ加工の様式

① 突曲げ様式（図(a)）
② 押え巻き様式（図(b)）
③ 送り曲げ様式（図(c)）

突曲げ様式は，ダイに対するパンチの直線的な押込みによって行う曲げで，多くの場合プレス機械が用いられ，型曲げ（die bending）とも呼ばれる．

押え巻き様式は，固定型に素材を巻きつけるように押しつけていく曲げで，折曲げ（folding）とも呼ばれる．曲げ加工中の素材に発生するしわやへん平

を曲げ型によって拘束しやすいことから形材や管材の曲げ加工に多用される。

送り曲げ様式は，回転する工具に素材を送り込むことによって行う曲げで，ロール曲げ（roll bending）が代表的である。使用されるロール数は3本または4本が多く，板材を大直径の円筒に曲げるほかに，形材や管材の曲げ加工も行われる。ロールの軸線を平行としないことによって板材を円すい形状へ曲げることも可能である。

7.2 曲げ加工の変形特性

7.2.1 曲げ部の変形

図7.2は，金属板材のV曲げ加工の有限要素法（FEM，12章参照）シミュレーション結果である。図(a)のパンチ先端部を拡大したのが図(b)である。図(b)の板厚断面上の四角形格子（メッシュ）は曲げ加工によって図(c)のように変形し，変形前の周方向の間隔S_0はSに変化する。Sは曲げの外側ではS_0よりも大きくなり，曲げの内側ではS_0よりも小さくなる。したがって，板

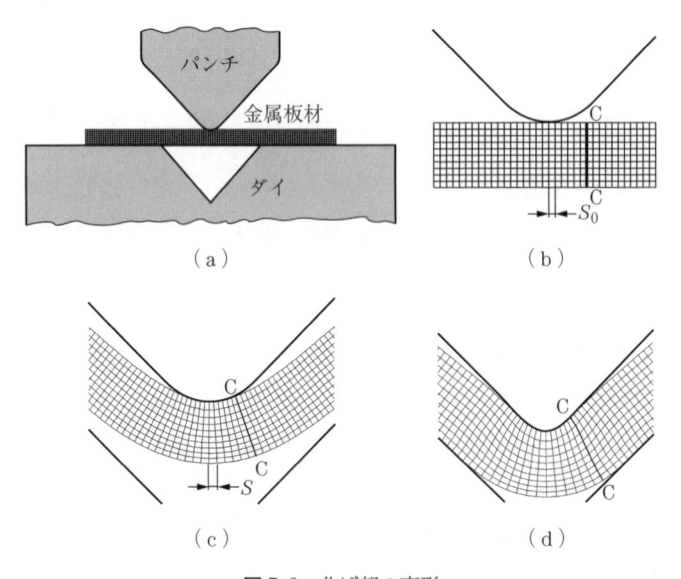

図7.2 曲げ部の変形

厚のどこかに変形前後で周方向長さの変わらない面が存在することになる。この面のことを中立面 (neutral plane) という。S_0 と S から求められる周方向ひずみ $e=(S-S_0)/S_0$, あるいは $\varepsilon=\ln(S/S_0)$ は中立面から遠ざかるにつれてその絶対値は大きくなり，曲げの外表面で最大の引張ひずみ，曲げの内表面で最大の圧縮ひずみとなる。

曲げ加工の特徴として，図(b)に CC で示した板面に垂直な直線は，図(c)に示すように曲げ加工後も直線で，板面に対して垂直を保つことがあげられる。しかし，図(d)のように塑性加工で多く見られるきびしい曲げでは，直線でなくなり板面に対しても垂直でなくなる[2]。

一方，図(c)において曲げ部の格子の板厚方向間隔を見ると，曲げの内側では大きくなり，曲げの外側では小さくなっている。したがって，曲げ加工によって全体の板厚は大きく変化しないが，図(d)のようなきびしい曲げになったり，曲げ型と加工板材との摩擦によってフランジ部が周方向に引っ張られると数%の板厚減少が生じることがある。

曲げ部の応力は，図 7.3 に示すように，曲げの外側で引張応力（図中の①および②の領域）の分布，曲げの内側で圧縮応力（図中の③および④の領域）の分布となる。応力の大きさは曲げ部の周方向ひずみの大きさに対応し，中立面近傍では小さく，曲げの内・外側表層に近づくほど大きくなる。②，④で示した中立面近傍の領域は応力値が降伏応力以下であるため弾性変形状態にあり，その両側の①，③で示した領域は応力値が降伏応力以上となって塑性変形状態となっている。

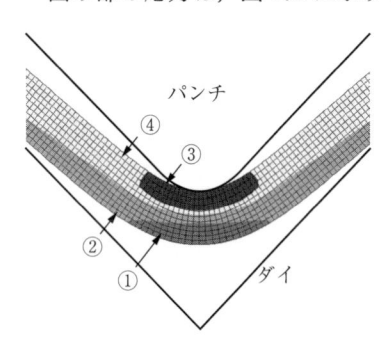

図 7.3 曲げ部の応力分布

7.2.2 曲げ加工品の形状

図 7.4 に V 曲げ加工品の形状を示す。曲げ部の板端面を見ると，曲げの内

側では曲げ線方向にはみ出しが生じ，曲げの外側にはひけが生じている．また，曲げ外側の曲げ線端部にはそり（camber）が発生している．これらの発生原因は周方向のひずみに起因するものである．つまり，曲げの外側では周方向に引張変形が生じる結果，曲げ線方向には縮み，逆に，曲げの内側では周方向に圧縮変形が生じる結果，曲げ線方向には伸びるためである．

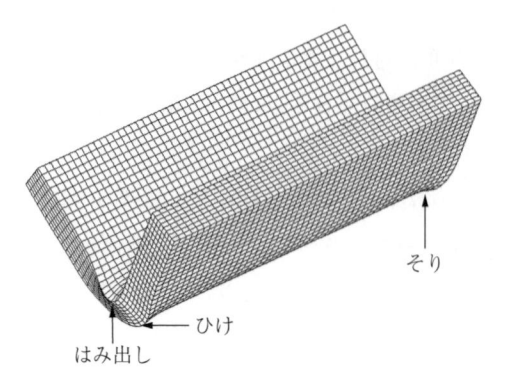

図 7.4 V 曲げ加工品の形状（$b/t=10$, b：曲げ線長さ，t：板厚）

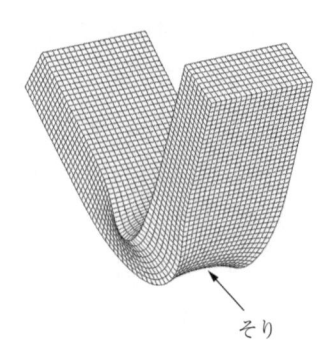

図 7.5 曲げ線長さが短い場合の V 曲げ加工品形状（$b/t=2$）

そりの形状は曲げ線長さが板厚に比べて長い場合と短い場合で異なり，図 7.5 に示すように，曲げ線長さが板厚の約 4 倍以下になると曲げ線全体がそるようになる．

7.2.3 最小曲げ半径

曲げの程度がきびしくなって曲げ外表面の周方向ひずみがある値を超えると，曲げ外表面には割れやくびれが発生し曲げ加工限界に至る．割れを生じることなしに曲げ得る最小の内側半径を最小曲げ半径という．一般には，引張試験の全伸びの大きい材料ほど最小曲げ半径は小さく，曲げ加工性は良くなる．しかし，曲げ外表面の周方向ひずみが引張試験の全伸びの値を超えたからといってすぐに曲げ割れが発生するわけではない．それは外表面での周方向ひずみよりも内側の周方向ひずみが小さくなっていることから，外表面の割れを抑

制する効果が生じるためである。冷間圧延鋼板では最小曲げ半径が 0 の密着曲げまで可能とされているが，アルミニウム合金の最小曲げ半径は板厚の 1〜2 倍程度とされている。

7.2.4 スプリングバック

図 7.6 は，材料に引張，圧縮変形を与えたときの応力-ひずみ線図である。負荷時の点 A，あるいは点 B から除荷すると，それぞれ AA′，BB′ の経路をたどって弾性ひずみ $\Delta\varepsilon_1$，$\Delta\varepsilon_2$ が回復する。このときの $\Delta\varepsilon_1$，$\Delta\varepsilon_2$ が曲げ加工時のスプリングバックの大きさに対応する。なぜならば，曲げ加工においては中立面より外側では周方向の引張ひずみが生じており，内側では圧縮ひずみが生じているので，曲げ加工状態から除荷すると外側では $\Delta\varepsilon_1$ に対応する弾性ひずみが回復し，内側では $\Delta\varepsilon_2$ に対応する弾性ひずみが回復するからである。このことから曲げ加工品のフランジ角度が開き，曲げ半径が大きくなる。

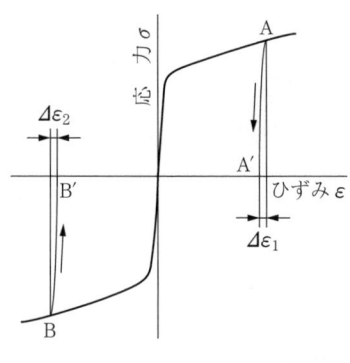

図 7.6 応力-ひずみ線図

$\Delta\varepsilon_1$，$\Delta\varepsilon_2$ は縦弾性係数が小さく，降伏応力が大きい材料ほど大きい。したがって，このような材料ではスプリングバック量も大きくなる。

7.3 板材の曲げ加工

7.3.1 V 曲 げ

〔1〕 V 曲げ過程　　金属板材を V 字形断面に曲げる V 曲げ加工は，曲げ加工のなかで基本的なもので，最も多く行われている。図 7.7 は，冷間圧延鋼板 SPCC の V 曲げ加工におけるパンチ荷重線図とその変形過程形状を示したものである。

図中テキスト:

- パンチ先端半径：$R_p = 0.5$ mm
- パンチ先端角：$a_p = 90°$
- パンチ厚さ：$P_w = 10.0$ mm
- ダイ溝角度：$a_d = 90°$
- ダイ溝幅：$D_w = 9.72$ mm
- ダイ肩半径：$R_d = 1.0$ mm
- 素板：SPCC（板厚 2 mm）

縦軸：パンチ荷重（単位曲げ線長さ当り）P [kN]
横軸：パンチ行程 S [mm]

① 曲げの外側表面がダイ溝斜面に接触
② 曲げの内側表面がパンチ肩部に接触
③ 幾何学的下死点
④ 板厚を 0.05 mm（2.5 %）圧縮

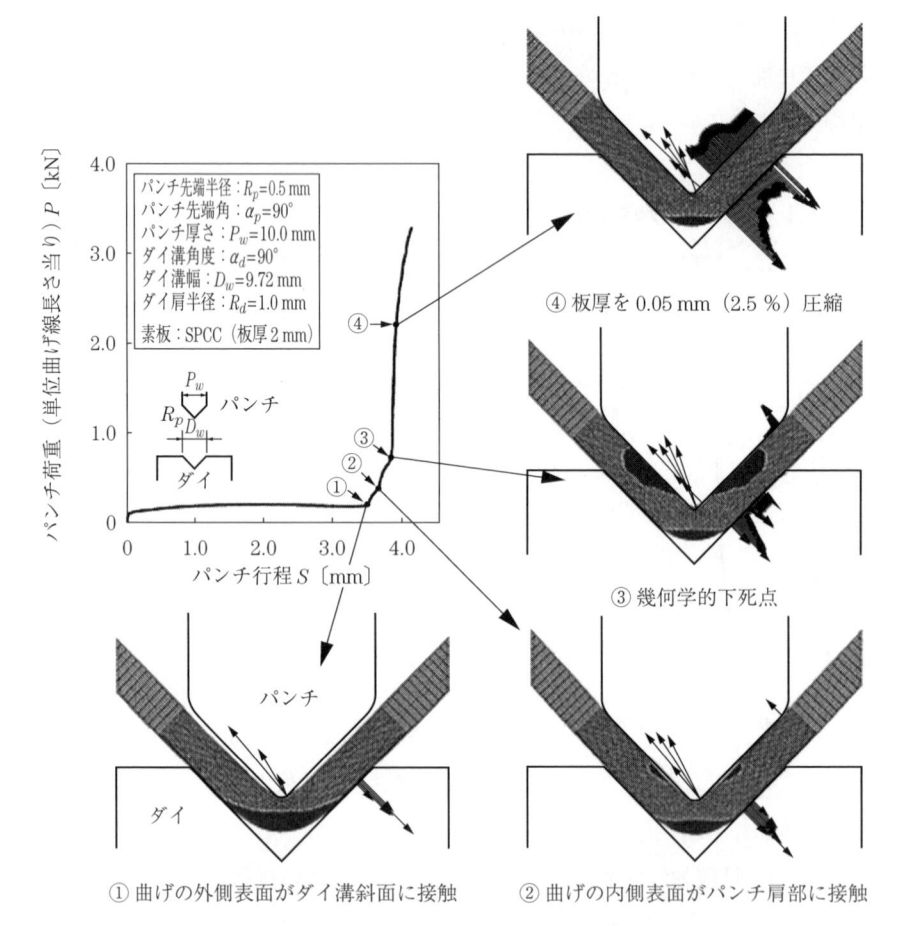

図 7.7　V 曲げ加工のパンチ荷重線図と変形過程形状

　平板の状態から開始した曲げ加工は，パンチ先端とダイの左右肩部の 3 点に接した状態で進行していき，やがて①に示すように，曲げの外側表面がダイ溝斜面に接触して曲げ加工中の角度がダイ溝角度に等しい 90° となる。それまで小さな値で推移してきたパンチ荷重は，①に至ると急激に増加し始める。その後，曲げ加工中の角度はダイ溝角度よりも曲がりすぎた鋭角形状となり，②で曲げの内側表面がパンチ肩部に接触する。さらにパンチが下降し曲げが進むと，成形品はパンチ肩部で押し広げられて曲げ戻し変形を受ける。③はパン

チ斜面とダイ溝斜面の隙間がちょうど板厚に等しくなった状態である（この段階は幾何学的下死点とも呼ばれる[3]）。③以降は板厚を圧縮する変形となり，パンチ荷重は急増する。④は板厚を初期板厚の 2.5% 圧縮した状態である。④での荷重値は①に至るまでの荷重値の約 10 倍となる。

図 7.7 の変形形状中の黒色部分は，板面に沿って生じる引張応力が 100 MPa 以上の領域を示している。また，変形形状の右半分に付けた矢印は曲げ型と板との接触力の大きさを示している。

〔2〕 **V 曲げ加工の 3 形態**　図 7.8 は，V 曲げ加工中の角度推移，および各パンチ行程から除荷したときの成形品角度を示す。曲げ加工条件は図 7.7 と同じであり，実線は曲げ加工中の角度，破線は除荷後の角度を示している。また，図 7.8 中の①〜④は図 7.7 中の①〜④に示した変形過程形状に対応している。

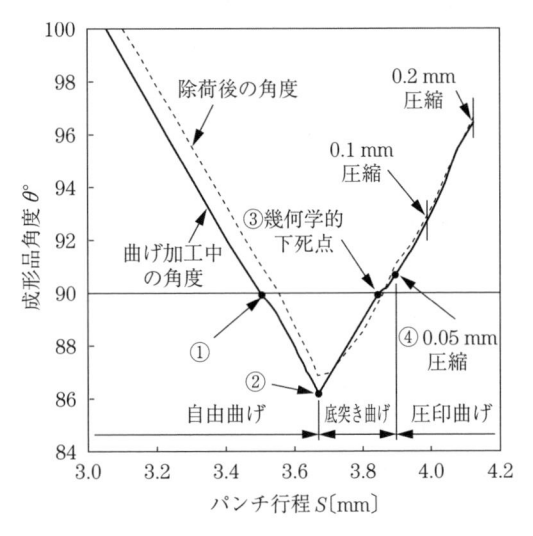

図 7.8　V 曲げ加工中の角度推移と除荷後の成形品角度

図中の②までは，板はパンチ先端とダイの左右肩（あるいはダイの左右溝斜面）の 3 点に接して曲げられている。このように板と曲げ型とが曲げ加工に必要な最少の 3 点に接した状態で行われる曲げを自由曲げまたはエアーベンド

(air bend)と呼ぶ．

②に至り，板の内側表面がパンチ肩部に接触すると，曲げ型と板との接触点数は最少の3点でなくなることから自由曲げは終わる．②以降はパンチ肩部での曲げ戻し変形が生じることから，曲げの内側にも板面に沿った引張応力が発生する．曲げの内側に発生した引張変形は除荷後に縮むことから，曲げ成形品を内側に閉じさせる変形（負のスプリングバック，またはスプリングゴー）を引き起こすことになる．したがって，②以降では曲げ内側の引張変形に起因するスプリングゴーと，パンチ先端部の曲げ外側の引張変形に起因するスプリングバックが共存した状態となる．このような曲げは底突き曲げあるいはボトミング曲げ（bottoming bend）と呼ばれる[3]．

③の幾何学的下死点に至っても曲げ内側の引張応力は消滅せず，曲げの内側，外側に引張応力域が共存した底突き曲げの状態にある．

③以降でパンチ斜面とダイ溝斜面との間で板厚が圧縮されると，曲げ内側の引張応力は急激に減少し，板厚を初期板厚の2.5%圧縮した④ではその存在を無視できるようになる．この結果により，④以降では再び曲げ外側の引張応力のみとなり，スプリングバック要因のみが存在する曲げとなる．このような曲げは圧印曲げあるいはコイニング曲げ（coining bend）と呼ばれる．

以上のようにV曲げ加工は成形を終了する段階によって自由曲げ，底突き曲げ，圧印曲げに分けられ，それぞれの特徴をいかして使い分けられる．自由曲げは加工力が小さいことから厚板，大物の曲げに多用され，底突き曲げは比較的荷重が小さく，安定した精度が得られることから精密板金加工に多用される．圧印曲げは大きな加工力を必要とするが，精度のばらつきが少なくシャープな曲げ部が得られることから精密小物の曲げに多用される．

7.3.2 U曲げ

平板から1行程でU字形の断面を得る曲げ加工である．曲げられた後の左右側壁部をフランジと呼び，底部をウエブと呼ぶ．U曲げ加工の難しい点は，フランジとウエブの直角度，ならびにウエブの平坦度を確保することである．

7.3 板材の曲げ加工

そのため図7.9に示すようなU曲げ型構造とし，背圧を作用させて曲げる方法が一般に行われる[4]。加工板材をパンチとパッド間ではさみつける背圧を変化させることによってフランジとウエブの直角度を調整する方法である。背圧が弱い場合には，図7.10(b)に示すように，パンチ下面でのたわみδが大きくなり，そのたわみはU曲げ過程の最終段階で平たんにされる。

U曲げの最終段階から除荷すると，加工品の各部はそれまでに受けたそれぞれの変形履歴に従って変形する。その様子を示したのが図7.11[5]である。

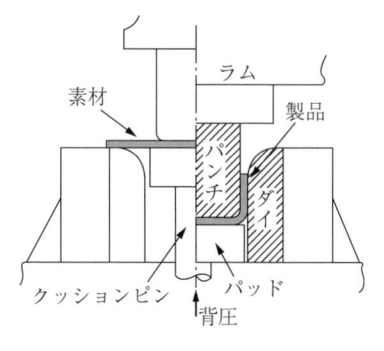

図7.9 背圧を用いたU曲げ型構造

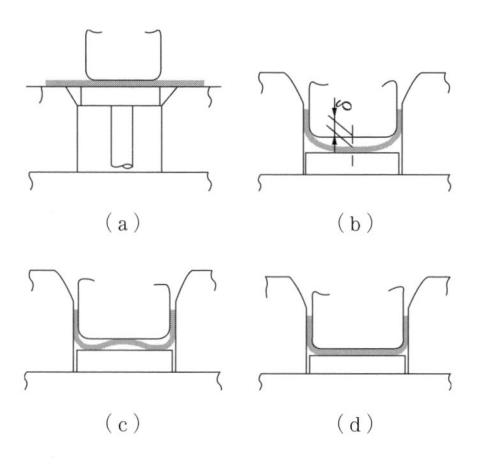

図7.10 U曲げ過程

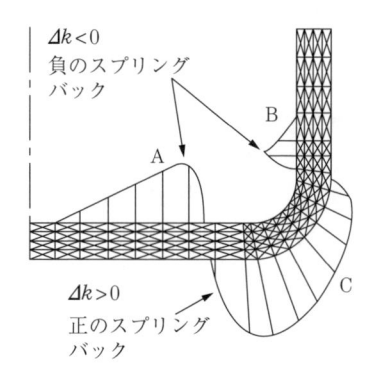

図7.11 U曲げ品各部に生じるスプリングバック

図中Aのウエブは，フランジを内側に閉じさせるように負のスプリングバック（スプリングゴー）し，Cのパンチ肩部で曲げられた箇所はフランジを外側に開かせるように変形（正のスプリングバック）する。

図中Bのウエブは，U曲げ過程中にパンチ肩部で曲げられていた箇所で，パンチ下面でのたわみがU曲げの最終段階で平たんにされたとき側壁部へ押

し出された部分である．B での変形はフランジを内側に閉じさせるように変形（スプリングゴー）する．

除荷後の U 曲げ加工品の最終的な形状は各部の変形の総和で決まり，スプリングバック要因が大きい場合は外開きとなり，スプリングゴー要因が大きい場合は内閉じとなる．**図 7.12**[5] は背圧とスプリングバック量の関係である．背圧が小さい場合にはパンチ底部でのたわみが大きいことからスプリングゴー要因が大きくなって，加工品は内閉じとなる．背圧を大きくするとスプリングゴー要因が小さくなって外開きへと転じる．したがって，背圧を適正にすることによってフランジとウエブの角度を直角にすることができる．

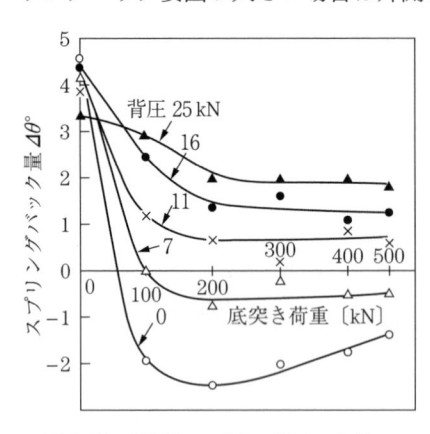

図 7.12 背圧とスプリングバック量の関係

演 習 問 題

(問 7.1) 曲げ線部に発生するそりの原因は何か．
(問 7.2) 自由曲げ（エアベンド）とはどのような曲げか．
(問 7.3) V 曲げ加工のある段階から除荷するとスプリングゴー（負のスプリングバック）が生じることがある．その原因は何か．
(問 7.4) U 曲げ品のフランジとウエブを直角にするための手段を検討せよ．

8. 絞り加工

8.1 絞り加工の概要

パンチとダイを用いて，平らな素板から底付き柱状容器を成形する加工法を絞り加工と呼ぶ。図 8.1 は深絞り加工の模式図を示す。素板の破断を防ぐため，パンチとダイの角部には丸味半径 r_p および r_d をつける。容器寸法に比して板厚が薄い場合は，素板のダイ上にある部分（フランジ部）のしわの発生を防ぐためにしわ抑え力を作用させる。板厚が厚い場合は，しわ抑えが不要な場合もある。

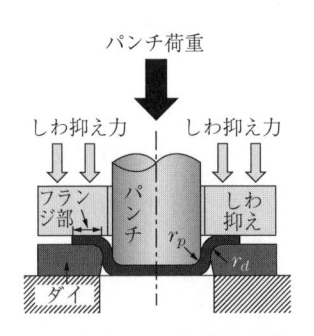

図 8.1 底付き円筒容器の深絞り加工の模式図

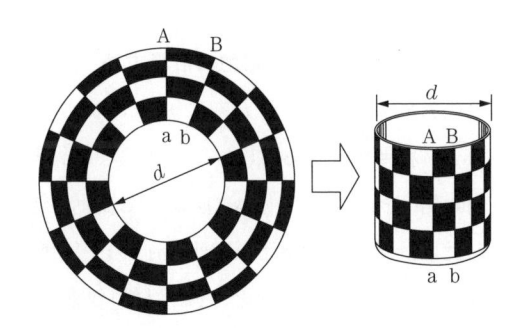

図 8.2 円筒容器の絞り加工における素板の変形の様子[1]

底付き円筒容器を絞り加工する場合を例にして，絞り加工における材料（素板）の変形を考えよう。図 8.2 に示すように，円形の素板に等面積の格子模様を描いておき，その素板を絞り加工して，外径 d の円筒容器を成形したとし

よう。材料の体積は不変であるから，絞り加工の前後で素板の板厚が変わらないと仮定すると，一つひとつの格子の面積は変形前後で等しくなければならない。したがって，成形後の容器の側面には，図に示すような等面積の格子模様が現れる。容器の直径が d であるので，素板上の直径 d の円上に位置する格子の円周方向の長さ $\overset{\frown}{ab}$ は，絞り成形の前後で変わらない。その外側に位置する格子の円周方向の長さはすべて $\overset{\frown}{ab}$ にまで圧縮される。したがって，素板の中心から遠い位置にある格子ほど，円周方向の圧縮ひずみは大きくなる。また，板厚が変化しないと仮定したから，それぞれの格子は円周方向に圧縮された分だけ容器の深さ方向に伸びる。

8.2 円筒絞りの初等解析

円筒絞りにおける材料の応力状態は初等解析法により計算することができる[2]。応力状態の特徴を知ることにより，絞り加工における材料の変形状態について理解が深まる。円筒絞りにおいて材料にはどのような応力が発生し，それがパンチ荷重や限界絞り比にどのように関係するかを考えよう。

8.2.1 フランジ部の応力の計算方法

半径方向に $\varDelta r$，円周方向に $r\varDelta\theta$ の長さを有するフランジ部（$r_1 \leqq r \leqq r_0$）の微小材料要素を図 8.3(a) に示す。この材料要素はダイス穴中心 O で交わる 2 平面の間を，ダイ穴中心に向かって流動する。このため円周方向の圧縮ひずみを受け，その結果として円周方向の圧縮応力 σ_θ が発生する。ここで材料は等方性であると仮定すると，σ_θ は材料要素の左右で同じ値をとる。

つぎに，半径方向応力 σ_r について考える。半径 r に位置する材料要素の内側面には，この材料要素をダイ穴方向に引き込む応力（半径方向応力）σ_r が作用する。σ_r は位置 r の関数であるから，$r+\varDelta r$ に位置する外側面にも $\sigma_r + (d\sigma_r/dr)\varDelta r$ で表される半径方向応力が作用する。ところで，絞り加工における必要最小限のしわ抑え圧力は，材料の降伏応力のおよそ 1% 程度であるので

8.2 円筒絞りの初等解析

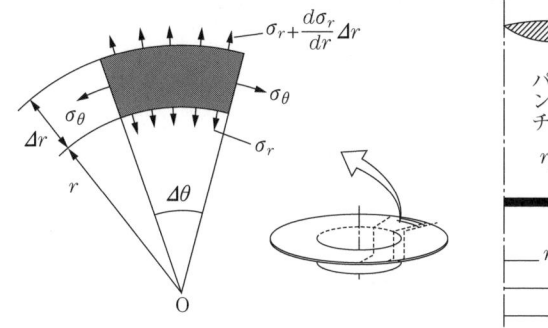

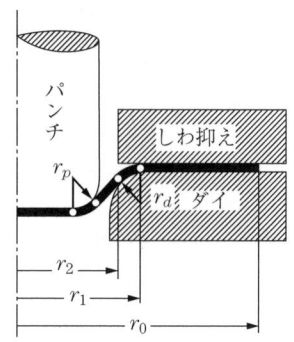

(a) 円筒容器フランジ部内の微小材料要素に作用する応力成分（応力成分はすべて正として表示）

(b) 絞り容器の代表的な半径座標

図 8.3 円筒絞りの初等解析

(8.5.1 項参照）板厚方向応力は 0 とみなしてよい．以上より，この材料要素に作用する応力成分は σ_θ と σ_r のみであると考えてよく，結果として，この材料要素の半径方向のつり合い方程式として式(8.1)を得る．

$$2(r+\Delta r)\sin\left(\frac{\Delta\theta}{2}\right)\left(t+\frac{dt}{dr}\Delta r\right)\left(\sigma_r+\frac{d\sigma_r}{dr}\Delta r\right)$$
$$-2r\sin\left(\frac{\Delta\theta}{2}\right)t\sigma_r - 2\sigma_\theta\left(t+\frac{dt}{dr}\frac{\Delta r}{2}\right)\Delta r\sin\left(\frac{\Delta\theta}{2}\right)=0 \quad (8.1)$$

ここで，半径方向外向きに作用する力を正と定義している．簡単のため，板厚変化を無視すると，$t=t_0$ 一定であるから $dt/dr=0$ となる．さらに，式(8.1)は材料要素の大きさによらずに成り立つから，$\Delta r=dr$ とすれば式(8.2)を得る．

$$\frac{d\sigma_r}{dr}+\frac{\sigma_r-\sigma_\theta}{r}=0 \quad (8.2)$$

式(8.2)がフランジ部の材料要素に対して成り立つつり合い方程式である．

素板は剛完全塑性体（加工硬化しない材料）で，式(1.42)のトレスカの降伏条件に従うものとする．前述したように，フランジ部の材料要素には板厚方向応力が作用しないと仮定してよく，かつ $\sigma_\theta<0\leqq\sigma_r$ である．したがって，σ_r および σ_θ はおのおの最大および最小主応力となるので，素板の降伏応力を σ_Y

とすれば、トレスカの降伏条件式は式(8.3)で表される。

$$\sigma_r - \sigma_\theta = \sigma_Y \tag{8.3}$$

式(8.3)を式(8.2)に代入して積分すると次式を得る。

$$\sigma_r = \sigma_Y \ln\frac{r_0}{r} + C, \quad \sigma_\theta = -\sigma_Y\left(1 - \ln\frac{r_0}{r}\right) + C \quad (C：積分定数)$$

境界条件として，摩擦力による応力 $\sigma_r = \sigma_F$ が素板外縁 $r = r_0$ に作用すると仮定すると，$C = \sigma_F$ となる。したがって

$$\sigma_r = \sigma_Y \ln\frac{r_0}{r} + \sigma_F, \quad \sigma_\theta = -\sigma_Y\left(1 - \ln\frac{r_0}{r}\right) + \sigma_F \tag{8.4}$$

を得る。ここで，しわ抑え力を F_H，素板と工具の間の摩擦係数を μ とすれば，σ_F は式(8.5)より概算できる。

$$\sigma_F = \frac{\mu F_H}{\pi r_0 t_0} \quad (\because\ 2\pi r_0 t_0 \sigma_F = 2\mu F_H) \tag{8.5}$$

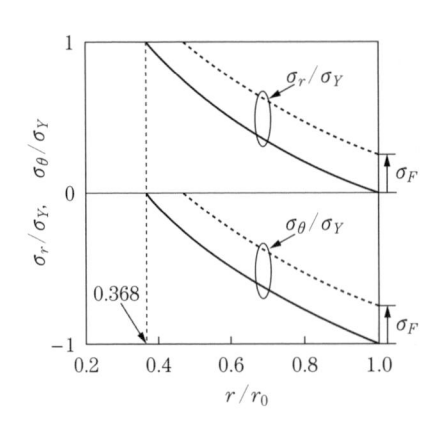

式(8.4)に従って，半径座標 r の関数として応力 σ_r と σ_θ の計算値をグラフに示すと**図8.4**のようになる。簡単のため，$\sigma_F = 0$ の場合に対する計算値を示すと，σ_r と σ_θ は実線のように変化する。素板外縁は $\sigma_r = 0$，$\sigma_\theta = -\sigma_Y$ の単軸圧縮応力状態にあるが，フランジ内部に入るに従い，σ_r は増加し $|\sigma_\theta|$ は減少する。摩擦がある場合（$\sigma_F > 0$）は，実線を σ_F の値の分だけ上方に平行移動すればよい（図中の破線）。

実線：摩擦係数が 0 の場合（$\sigma_F = 0$）
破線：摩擦係数が 0 でない場合（$\sigma_F > 0$）

図8.4 円筒絞りフランジ部の応力

8.2.2 ダイ肩部を材料が通過するときの抵抗力の計算方法[2]

ダイ肩部の素板は曲げ変形を受けるため，7章でみたように子午線方向（材料の流入方向と平行な垂直応力）の応力は板厚方向で異なる値をとる。ここで

8.2 円筒絞りの初等解析

は，それらの値の板厚方向の平均値をもって子午線方向応力 σ_ϕ と記すこととする。

図 8.5 において，σ_r は式(8.4)よりダイ肩入口（$r=r_1$）直前でつぎの値に達する。

$$\sigma_{\phi 1} = \sigma_r|_{r=r_1} = \sigma_Y \ln \frac{r_0}{r_1} + \sigma_F \tag{8.6}$$

さらに，素板はダイ肩に絞り込まれると曲げ変形を受け，式(8.6)で計算される絞り応力に曲げ応力が付加される。素板をダイ肩上に引っ張り込んでなされる曲げ仕事が，素板の板厚方向に均等に分布する応力 $\Delta\sigma_\phi$ によって素板をダイ肩上に引っ張り込むときになされたと仮定すれば，$\Delta\sigma_\phi$ は式(8.7)で近似できる。

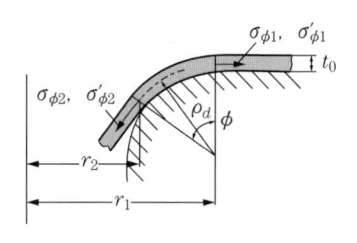

図 8.5 曲げ-曲げ戻し変形およびベルト摩擦による，ダイ肩部上の子午線方向応力 σ_ϕ の変化

$$\Delta\sigma_\phi = \frac{t_0}{4\rho_d}\sigma_Y \tag{8.7}$$

ここで，ダイ肩における板厚中心の曲げ半径を $\rho_d(=r_d+t_0/2)$ としている。この $\Delta\sigma_\phi$ がダイ肩入口で素板に付加され，ダイ肩入口直後において素板に作用する応力は

$$\sigma'_{\phi 1} = \sigma_{\phi 1} + \Delta\sigma_\phi \tag{8.8}$$

となる。

さらに，ダイ肩における摩擦係数を μ_d として，ベルト摩擦による応力増加を考慮すると，ダイ肩出口（$r=r_2$）直前における子午線方向応力 $\sigma_{\phi 2}$ は式(8.9)より概算できる。

$$\sigma_{\phi 2} = e^{\mu_d \phi}\left(\sigma_Y \ln \frac{r_0}{r_2} + \sigma_F + \frac{t_0}{4\rho_d}\sigma_Y\right) \tag{8.9}$$

ここに，ϕ：ダイ肩上での素板の巻き付き角度

素板はダイ肩を離れる瞬間に曲げ戻し変形を受けるので，応力増分 $\Delta\sigma_\phi$ が $\sigma_{\phi 2}$ にさらに付加される。以上より，ダイ肩出口直後における絞り応力 $\sigma'_{\phi 2}$ の

計算式として

$$\sigma'_{\phi2} = \sigma_{\phi2} + \Delta\sigma_\phi = e^{\mu_d\phi}\left(\sigma_Y \ln\frac{r_0}{r_2} + \sigma_F + \frac{t_0}{4\rho_d}\sigma_Y\right) + \frac{t_0}{4\rho_d}\sigma_Y \quad (8.10)$$

を得る。

8.2.3 パンチ荷重の計算方法

パンチ荷重 P は，$r=r_2$ における容器側壁の断面積と絞り応力 $\sigma'_{\phi2}$ の積として式(8.11)により計算できる。

$$P = 2\pi r_2 t_0 \sigma'_{\phi2} \cdot \sin\phi \fallingdotseq 2\pi r_2 t_0 \sigma'_{\phi2} \quad (8.11)$$

8.3 円筒絞りにおける応力状態と絞り性の向上策

円筒絞りにおける素板各部の応力状態を図 8.6 に示す。まず，フランジ部の絞り変形により，円周方向の圧縮応力 σ_θ が発生する。この σ_θ はフランジ部の材料要素を半径方向外向きに押し出そうとする力となるので，それとつり合いを保つために，半径方向応力 σ_{Fr} が発生する。σ_{Fr} は側壁に伝達されて σ_{Wz} となり（式(8.8)と式(8.10)を比較することにより $\sigma_{Wz} > \sigma_{Fr}$)，さらにパンチ肩部に伝達されて σ_{Pz} となる。ここで，側壁の板厚を t_W，パンチ肩の板厚を t_P とすれば，円周方向の単位長さ当りの材料要素に関するつり合い方程式は，$t_W \sigma_{Wz} = t_P \sigma_{Pz}$ となる。通常の絞り加工では，パンチ肩部上の素板は引張曲げ変形を受けて板厚が薄くなるので，$t_W > t_P$ である。よって，$\sigma_{Pz} > \sigma_{Wz}$ となる。

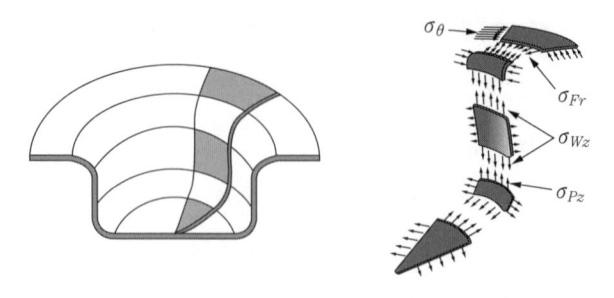

図 8.6 円筒絞りにおける素板各部の応力状態

容器の成形の可否は，パンチ肩の材料の強度 σ_B と σ_{Pz} の大小関係で決まる。$\sigma_B > \sigma_{Pz}$ であれば，フランジ部の材料をダイ穴内に引き込むために必要な応力をパンチ肩の材料の強度で支えることができるので，容器を絞ることができる。一方，$\sigma_B < \sigma_{Pz}$ の場合は，σ_{Pz} が材料の強度を上まわることになるので，パンチ肩の材料は破断してしまい，容器を絞り成形することはできない。

容器の絞り性を向上させるには，つぎのような手段が有効である。

① σ_θ を小さくする。例えば，ダイを加熱してフランジ部材料の降伏応力を低下させる。

② σ_{Fr} を小さくする。例えば，ダイやしわ抑え板と素板の界面の摩擦係数を小さくする。

③ σ_{Pz} を小さくする。例えば，ダイ肩の丸味半径 r_d を大きくする，ダイ肩部と素板の界面の潤滑状態を改善して，摩擦係数を小さくする。

④ t_P の減少を防ぐ。例えば，パンチと素板の界面の摩擦係数を上げる，素板をパンチに押しつける（13.4節参照）。

⑤ σ_B を大きくする。例えば，パンチを冷却してパンチ肩部材料の降伏応力を高める。

8.4 限界絞り比

容器直径 d に対する素板直径 D の比 D/d を絞り比，その逆数 d/D を絞り率と呼ぶ（図8.7）。

1回の絞り工程で，破断を生じさせないで絞ることができる最大の素板直径が D_{max} のとき，D_{max}/d を限界絞り比（LDR：limiting drawing ratio）と呼び，素板材料の絞り性の指標となる。限界絞り比の逆数を限界絞り率と呼ぶ。限界絞り比（率）は，工具形状，成形条件（潤滑状態，成形速度，成形温度），

絞り比 = $\dfrac{D}{d}$

絞り率 = $\dfrac{d}{D}$

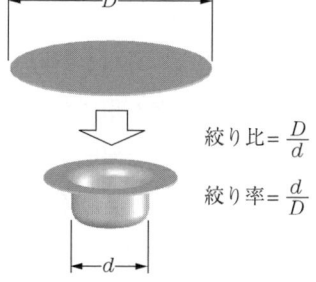

図8.7 絞り比および絞り率の定義

素板材質によって変化する。特殊な加工条件でないかぎり，通常の金属薄板材料の限界絞り比は 1.6〜2.2 である（後出の図 8.9 参照）。

8.5 絞り加工に影響を与える諸因子

本節では，絞り加工において容器の成形性に影響を及ぼす諸因子を取り上げ，絞り加工の一般原則について述べる。

8.5.1 しわ抑え力

フランジ部のしわは過剰な絞り力を誘発し破断の原因となるため，しわ抑え板を用いてしわの発生を防ぐ必要がある。しわ抑え力の目安は，フランジ部の単位面積当りの面圧 P_H が，降伏応力 σ_Y と引張強さ σ_B の平均値の 1% 程度になるように設定する。例えば円筒絞りの場合，しわ抑え力 F_H は式(8.12)より算定できる。

$$F_H = \frac{\pi}{4}\{D^2-(d+r_d)^2\}P_H = \frac{\pi}{4}\{D^2-(d+r_d)^2\}\frac{\sigma_Y+\sigma_B}{200} \tag{8.12}$$

一般には，板厚-素板直径比（t_0/D）が大きいほどなしわ抑え力は小さくてよく，$t_0/D \geqq 0.025$ ではしわ抑え力は不要とされている。Siebel[3] は板厚 t_0 を考慮した式(8.13)を提案している。

$$F_H = \left\{\left(\frac{D}{d}-1\right)^2 + 0.005\frac{d}{t_0}\right\} \times \frac{\pi}{4}\{D^2-(d+r_d)^2\}\frac{\sigma_B}{400} \tag{8.13}$$

角筒絞りのしわ抑え力も，第一次近似として，［フランジ部の面積］×P_H として計算してよい。ただし異形絞りの場合は，フランジ部の板厚分布が不均一になるため，しわ抑え面圧も均一にならない。そこで，シムなどを用いて金型のたわみを調整して，しわ抑え面圧分布を意図的に変化させることがプレス現場ではよく行われる。これにより，成形中の素板に作用する張力が最適化され，割れ，しわ，べこなどの形状不具合が解消され，製品の形状精度が向上する（8.6.2項〔4〕参照）。

8.5 絞り加工に影響を与える諸因子

一定の絞り比 Z において，素板の板厚 t がダイ穴径 d_d に対してある程度以上大きい場合，しわ抑えなしで絞り加工できることが実験的に確認されている。その条件式（しわ限界）は式(8.14)で与えられる[4]。

$$\frac{t}{d_d} \geq K(Z-1) \tag{8.14}$$

ここに，$Z=D/d_d$（絞り比），D：ブランク直径

係数 K の値は材料および潤滑条件によって異なるが，その差は大きくない。複数の研究者の報告によれば，平面ダイによる円筒絞りにおいては $0.09 \leq K \leq 0.16$ である。しわ抑え無し円筒絞りのしわ限界線を図 8.8 に示す。板厚とダイ穴径の比 t/d_d と絞り比 Z の組合せがしわ限界線より下の領域でしわが発生する。

円すいダイを用いると，しわが発生しにくくなり加工性が向上する。円すいダイの内壁の傾斜角 φ が加工性に及ぼす影響についてみると，$\varphi=20\sim30°$ の

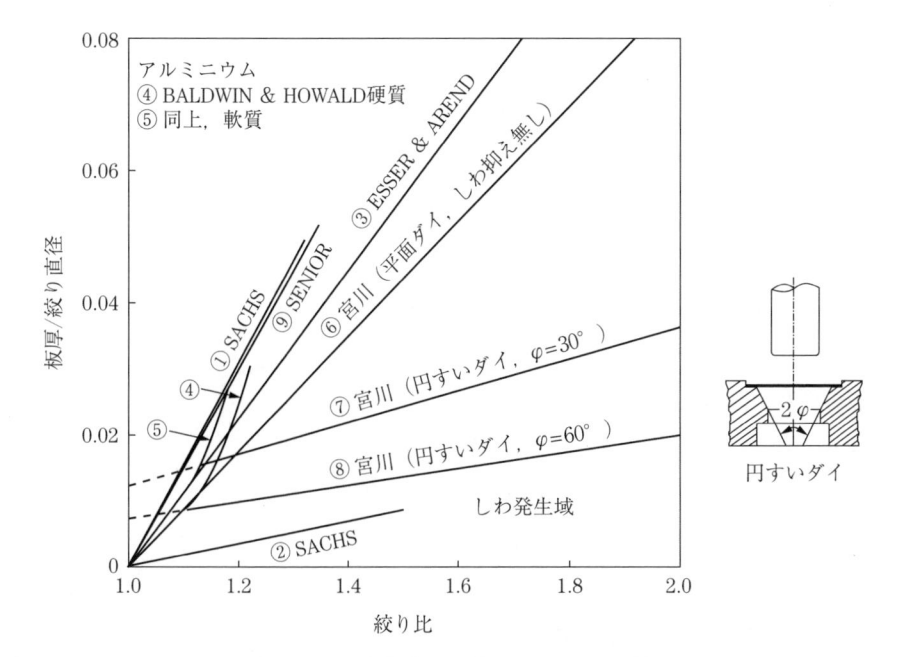

図 8.8 しわ抑え無し円筒絞りのしわ限界線

範囲で最大パンチ力が最小になり，$\varphi = 30 \sim 60°$ の範囲でしわが発生しにくい。したがって，両者の兼ね合いで実際には $\varphi \fallingdotseq 30°$ とすることが多い。

8.5.2 ダイ肩半径

鋭くとがった工具の角部を板材が通過するときは，板材は張力を受けながら曲げおよび曲げ戻し変形を受ける。このとき工具角部の丸味半径が板厚に比べて小さいと，板厚減少が急激に促進されて割れに至るので[5]，工具角部の丸味半径は板厚の数倍以上が好ましい。

ダイ肩半径 ρ_d が大きいほど，ダイ肩部を素板が通過するときの抵抗力が小さくなるため，限界絞り比は向上する[6]（式(8.7)参照）。しかし，ρ_d が板厚の10倍以上になると，ダイ肩部としわ抑え板の間のすきまが大きくなり，素板外縁に口辺しわが発生しやすくなる。以上の理由で，通常は $\rho_d = (5 \sim 10)\, t_0$ が推奨されている。

8.5.3 パンチ肩半径

パンチ肩半径 r_p は最大パンチ荷重にほとんど影響しない[6]。しかし r_p を大きくしすぎるとパンチ頭部でしわが発生しやすくなり，r_p を小さくしすぎるとパンチ肩部での曲げの影響で板厚減少が顕著になり破断しやすくなる。

8.5.4 素板の板厚

容器寸法が同じときは，使用する素板の板厚が薄いほど必要しわ抑え圧が大きくなるので（式(8.13)参照），摩擦力も大きくなり（式(8.5)，(8.6)参照），限界絞り比が低下する（図8.9）。

8.5.5 潤滑・工具の表面粗さ

一般に，ダイ面としわ抑え面に接触

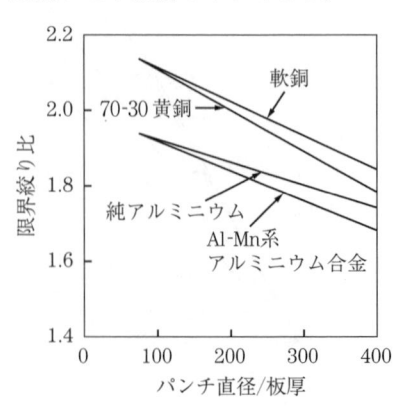

図8.9 パンチ直径/板厚と限界絞り比の関係[7]

する素板部を潤滑することにより，絞り限界は向上する。潤滑油の粘度増加，材料に適した極圧添加剤の添加，ポリエチレンフィルムなどの高分子フィルムの挿入も有効である。

工具に超音波を加えると，潤滑状態が改善されて限界絞り比が向上するとの報告がある[8),9)]。パンチ先端が平らな場合は，松脂を塗布するなどしてパンチ頭部の摩擦係数を上げると限界絞り比が向上する（図8.10）。

ダイおよびしわ抑え板の表面粗さは，一般に数 μm 程度以下にすることが好ましいが，高粘度の潤滑油を使用する場合は，数 μm 程度の仕上げが最も絞り加工によい。また，表面粗さの仕上げ方向は，材料の移動方向（金型の半径方向）に沿うほうが絞り加工にはよい結果をもたらす[11)]。

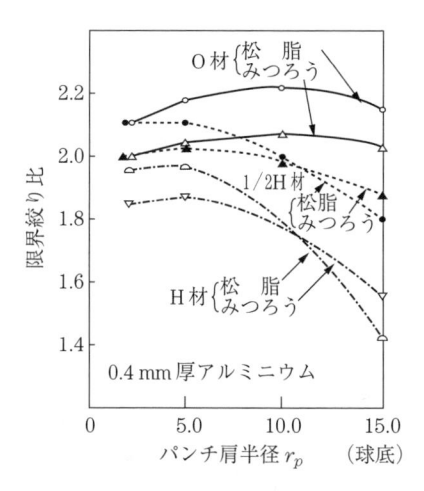

図8.10 パンチ頭部の潤滑状態が限界絞り比に及ぼす影響[10)]

8.5.6 温　　　度

塑性流動応力の温度依存性を利用すると限界絞り比が著しく向上する。これは温間成形法と呼ばれている。例えば，**図8.11(a)** に示すように，冷延鋼板およびステンレス鋼板の引張強さは温度上昇とともに低下する[12)]。特にSUS 304において低下の度合いが著しい。そこで，図(b)に示すような温間絞り金型が考案された。ダイにヒータを組み込んでフランジ部材料を暖めることにより，その変形抵抗を低下させ，反対にパンチの内部に冷却水を流すことにより，パンチ先端に接触する材料を積極的に冷却して引張強さを増大させている。これにより，成形性の向上に有利な条件，$\sigma_B > \sigma_{Pz}$（8.3節参照）が強化され，図(c)のように成形限界の向上が達成されている。

マグネシウム合金板の工具表面温度と絞り比の関係を**図8.12**に示す。絞り

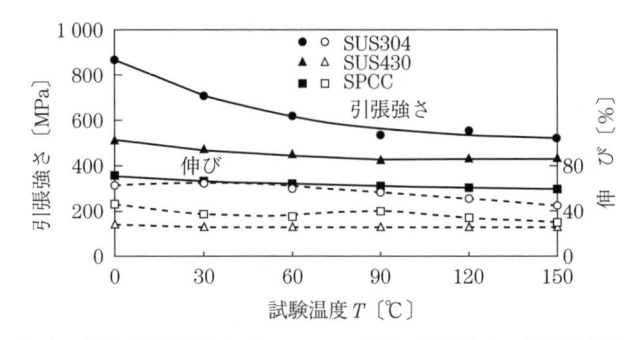

106   8. 絞 り 加 工

（a） 冷間圧延鋼板およびステンレス鋼板の引張強さの温度依存性

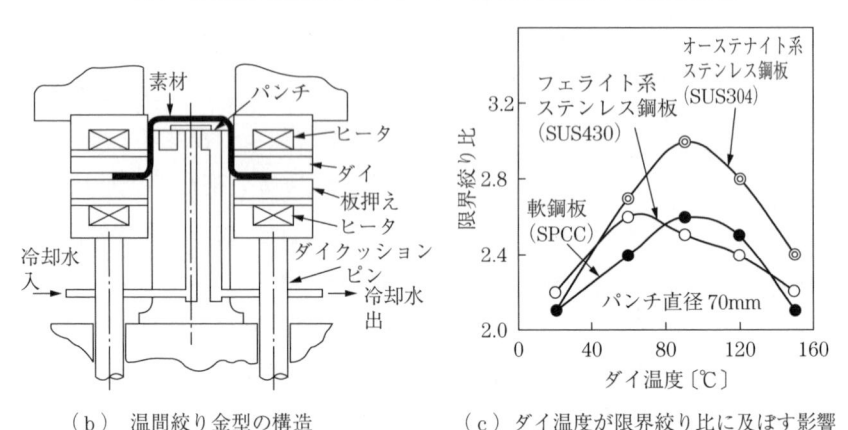

（b） 温間絞り金型の構造

（c） ダイ温度が限界絞り比に及ぼす影響

図 8.11　温間成形法[12]

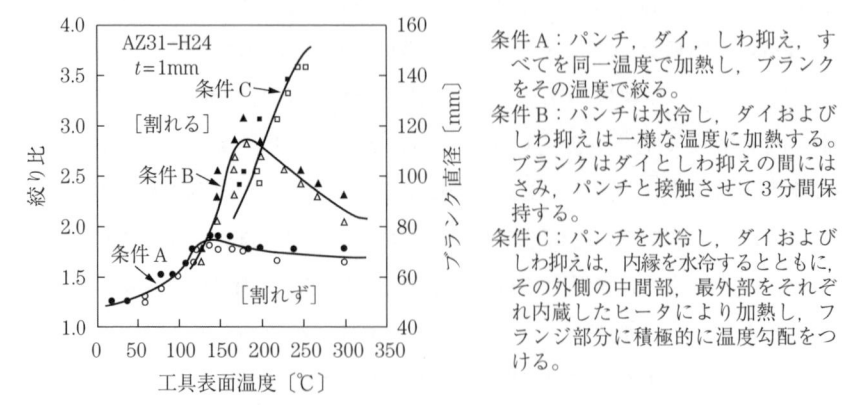

条件A：パンチ，ダイ，しわ抑え，すべてを同一温度で加熱し，ブランクをその温度で絞る．

条件B：パンチは水冷し，ダイおよびしわ抑えは一様な温度に加熱する．ブランクはダイとしわ抑えの間にはさみ，パンチと接触させて3分間保持する．

条件C：パンチを水冷し，ダイおよびしわ抑えは，内縁を水冷するとともに，その外側の中間部，最外部をそれぞれ内蔵したヒータにより加熱し，フランジ部分に積極的に温度勾配をつける．

図 8.12　工具表面温度と絞り比の関係[13]

8.5.7 n値とr値が限界絞り比に及ぼす影響

El-SebaieとMellor[14]は，板厚異方性を有する材料（平均r値$=\bar{r}$）がHillの2次異方性降伏関数[15]および関連流れ則に従うと仮定して，n値とr値†が限界絞り比に及ぼす影響をひずみ増分理論に基づいて数値解析した。その計算結果を図8.13に示す。破線は，パンチ肩破断により律せられる限界絞り比（平面ひずみ引張状態での塑性不安定条件から決定される）であり，実線は，ダイ口辺破断により律せられる限界絞り比（単軸引張状態での塑性不安定条件より決定される）である。

パンチ肩破断で成形限界が律せられるときは，限界絞り比はr値が大きい

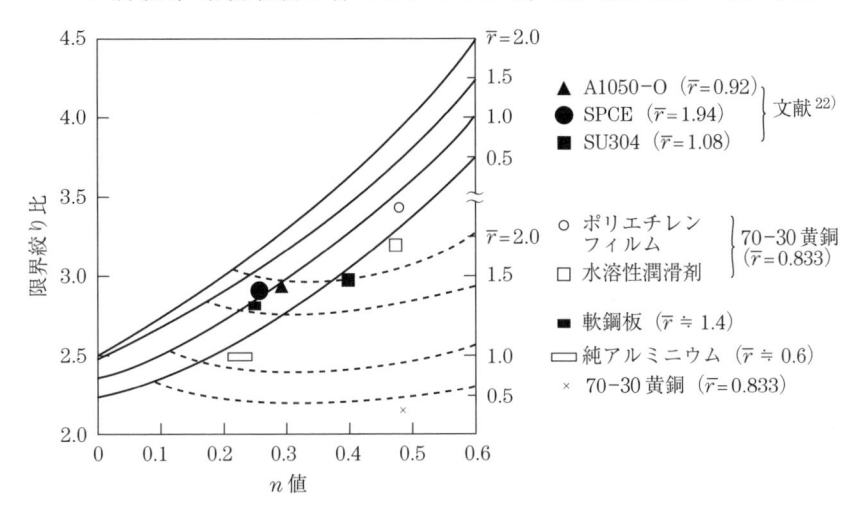

図中の凡例：
- ▲ A1050-O（$\bar{r}=0.92$）
- ● SPCE（$\bar{r}=1.94$）
- ■ SU304（$\bar{r}=1.08$）

文献22)

- ○ ポリエチレンフィルム
- □ 水溶性潤滑剤

70-30黄銅（$\bar{r}=0.833$）

- ■ 軟鋼板（$\bar{r}\fallingdotseq 1.4$）
- □ 純アルミニウム（$\bar{r}\fallingdotseq 0.6$）
- × 70-30黄銅（$\bar{r}=0.833$）

$\bar{r}$：板材の平均r値。破線：平面ひずみ引張状態（容器側壁）での塑性不安定条件より定まる限界絞り比。実線：単軸引張状態（ダイ口辺）での塑性不安定条件より定まる限界絞り比。●，▲，■の実験値は文献16)のデータを筆者が加えた。

図8.13 n値とr値が限界絞り比に及ぼす影響[14]

---

† r値（またはランクフォード値）とは，板状の試験片での引張試験において，引張り軸に直交する幅方向の対数ひずみε_wと板厚方向の対数ひずみε_tとの比$r=\varepsilon_w/\varepsilon_t$で定義される量である。材料が等方性であれば$r=1$であるが，圧延のように製造工程で大きな塑性変形を受けると塑性異方性が生じ，通常$r=1$とはならない。

ほど大きくなるが，n 値の影響はわずかである。一方，対向液圧成形のように，成形初期のパンチ肩破断が抑制されれば，成形限界はダイ口辺破断で律せられるようになり，n 値が大きいほど限界絞り比の増加幅が大きくなる。また，n 値が 0.1～0.2 以下の材料では，ダイ口辺破断で成形限界が律せられるが，この領域では，n 値と r 値が大きいほど限界絞り比が大きくなる。本解析ではフランジ部の摩擦力とパンチ肩部・ダイ肩部での曲げ変形が無視されているため，予測された限界絞り比は実験値よりも大きめであるが，実験の傾向はよく説明できている。

限界絞り比の計算値は，解析で用いる降伏関数によっても変化する。Hosford ら[17]は，r 値と限界絞り比の関係について数値計算し，6 次もしくは 8 次の異方性降伏関数†による計算値のほうが，Hill の 2 次異方性降伏関数による計算値よりも実験値の傾向をより精度よく再現できると報告している。

8.5.8 面内異方性と耳の関係

面内異方性を有する素板から円筒容器を絞り成形すると耳が発生する。耳の高さと位置は，面内異方性の度合いを示す Δr と相関がある。Δr は式 (8.15) で定義される。

$$\Delta r = \frac{r_0 + r_{90}}{2} - r_{45} \quad (8.15)$$

ここに，r_0, r_{45}, r_{90}：それぞれ圧延方向，圧延 45°方向，圧延直角方向の r 値

一般に，$\Delta r > 0$ のときは 0°，90°方向で，$\Delta r < 0$ のときは 45°方向で

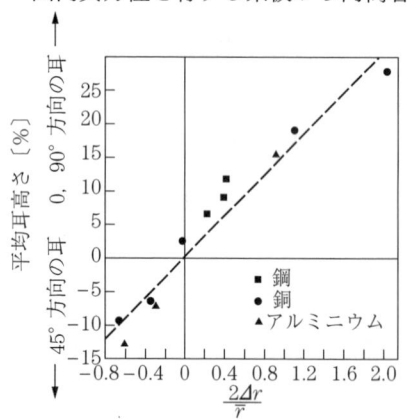

図 8.14 r 値の分布と容器高さの分布の関係[18]

---

† 次式において，$M = 6$ もしくは 8 で記述される異方性降伏関数のこと。
$$\sigma_x^M + \sigma_y^M + \bar{r}(\sigma_x - \sigma_y)^M = (\bar{r} + 1)\sigma_Y^M$$
$M = 2$ のときは，平面応力状態（$\sigma_z = 0$）に対する Hill の 2 次異方性降伏関数に一致し，$M = 2$，$\bar{r} = 1$ のときは，1.5.4 項で説明したミーゼスの降伏条件式に一致する。

耳が発生する（図 8.14）。

材料によっては，六つ耳，八つ耳が生ずることもある。それらを数値解析で再現するためには，材料の面内異方性を正確に再現できる異方性降伏関数を用いる必要がある[19]。

8.6 角筒絞り

8.6.1 角筒絞りにおける材料の変形

角筒絞りに対してはフランジ部の応力場を解析的に解くことはできない。これに対して，神馬は，すべり線場理論を応用した凸多角筒絞りにおけるフランジ部材料の変形解析法を考案した[20]。解析では以下を仮定する。

① 素板は加工硬化しない。

② 素板の板厚は変化しない。

③ ダイ穴内に進入した材料は変形せず，パンチと同じ速さで鉛直下方に剛体的に運動する。

④ ダイ穴縁線の接線方向にせん断応力は作用しない，すなわちダイ穴縁線は最小主応力線と一致する。

仮定④より，図 8.15（a）のようにすべり線場が描ける。得られたすべり線群と 45°で交わる線群を描くと，図（b）に示す等面積主応力線格子を得る。ダイ穴縁線と直交する線が最大主応力線，最大主応力線と直交する線が最小主応力線である。

この主応力線格子は，つぎのような二つの興味深い幾何学的特性を有する。

特性 A：材料は最大主応力線に沿って流れる（最大主応力線は材料の流跡線に一致する）。

特性 B：素板の輪郭線を最小主応力線に一致させれば，側壁高さが一様な容器を得ることができる。

図（b）の主応力線格子は，各格子の面積が等しくなるように描いてある。フランジ部の材料が特性 A，B のように変形した場合には，容器側壁には図

(a) すべり線場

(b) 等面積主応力線格子

最小主応力線
＝
最適素板形状

最大主応力線
＝
材料点の流跡線

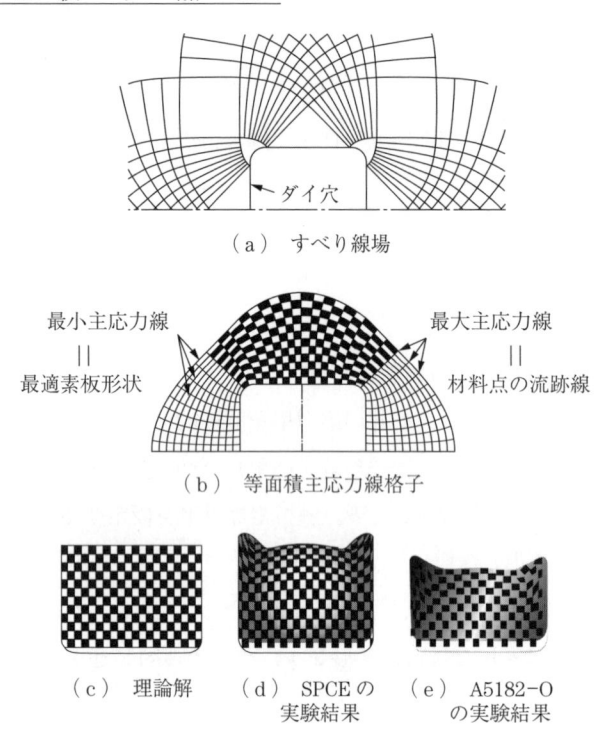

(c) 理論解　　(d) SPCEの実験結果　　(e) A5182-Oの実験結果

図 8.15　角筒絞りのすべり線場解析[21]

(c)のような一様な正方形格子が現れる（理論解）。冷間圧延鋼板 SPCE とアルミニウム合金板 A 5182-O による実験結果を図(d)，(e)に示す。コーナー部の材料流入が直辺部より遅れる傾向が見られるものの，格子の変形状態はすべり線場理論による予測と定性的に一致している。このように，すべり線場理論は，凸多角筒絞りにおいて板材が変形する過程を理解する上で役に立つ。

8.6.2　角筒絞りの成形性を支配する因子

〔1〕**素 板 寸 法**　　四角筒容器の成形限界は，成形初期のパンチ肩破断もしくは成形後期にコーナー部で発生する壁割れで制約される。最適な素板形状を選択した場合には，正四角筒容器の最大絞り深さは一般にパンチ辺長の 1.1〜0.8 倍に達する。

8.6 角筒絞り

八角形素板の寸法が角筒絞りの成否に及ぼす影響を図 8.16 に示す。コーナーカット量を大きくしすぎると，壁割れが生ずるので注意が必要である。鋼板の壁割れについては，岡本，林らにより詳細な研究がなされており[23),24)]，コーナーカット量を大きくすると，むしろ容器コーナー部への材料流入が抑制されることが実験結果より確認されている。

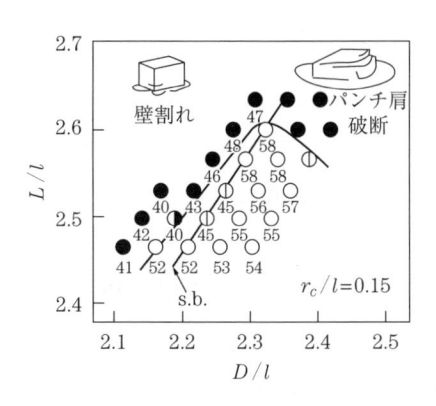

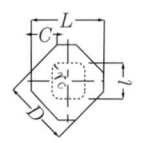

A 5182-O，板厚 1 mm，$l=60$ mm，$r_c=9$ mm，ダイ肩半径 10 mm，潤滑剤：ジョンソンワックス#700 ($\mu \fallingdotseq 0.14$)。L：対辺方向長さ，D：対角線方向長さ。成功容器の個数：3枚のうち3○，2◐，1●，0● 個。記号の下の数字は容器深さ〔mm〕を示す。s.b.：すべり線場理論より得られる最適素板寸法 (8.6.1項参照)。

図 8.16 八角形素板の寸法が角筒絞りの成否に及ぼす影響[22)]

〔2〕 **コーナー半径-辺長比**　　角筒絞りでは，コーナー半径-辺長比 r_c/l (形状比とも呼ばれる) が 0.1〜0.25 の場合に，成形可能な素板寸法が最大になる[25)〜27)]。一例を図 8.17 に示す。均一深さの容器を得るために四隅の余分な

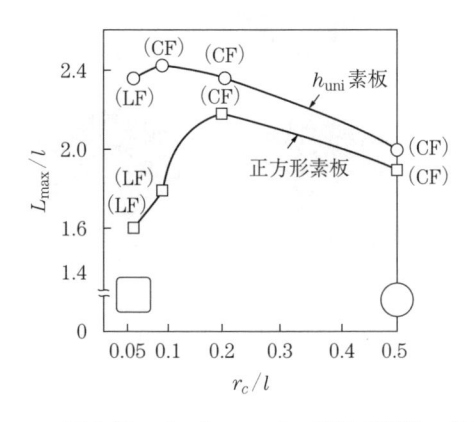

A 1100 P-O，板厚$=0.8$ mm，$l=60$ mm，ダイ肩半径$=4$ mm，潤滑剤：牛脂 ($\mu \fallingdotseq 0.15$)。h_uni：均一深さ容器を与える素板形状，L_max：成形可能素板の最大対辺長。LF：局所形破断，CF：全周形破断。

なお，図中下部の□，○は r_c/l に対する容器の水平断面形状を表す。

図 8.17 パンチのコーナー半径-辺長比 r_c/l と成形可能な最大素板寸法の関係[26)]

材料を切り落とした素板（h_{uni}）のほうが正方形素板よりも大きな素板まで成形可能となることがわかる。

〔3〕 **長方形容器における辺長比**　長辺が短辺に比べて十分に長い長方形筒容器の場合，その限界絞り深さは，短辺長と同じ辺長を持つ正四角筒容器のそれより 20～40% 増しになる[28]。

〔4〕 **しわ抑え面圧分布**　異形絞りではフランジ部の板厚分布が不均一になり，板厚増加の大きい箇所（絞り変形の厳しい箇所）にしわ抑え力が集中する傾向がある。したがって，しわ抑え面圧を積極的に調節もしくは制御することが，製品精度や成形限界の向上につながる。ダイ穴周辺にのみしわ抑え面圧を集中させることにより大型四角筒容器の成形に成功した事例[29]や，分割しわ抑え板による角筒絞りの成形限界向上[30] が報告されている。

フレキシブルしわ抑え板を用いてべこの抑制に成功した例を図 8.18 に示す。フレキシブルしわ抑え板の特徴は，通常のしわ抑え板の上に剛性の低い第 2 のしわ抑え板を重ねる点にあり，その間にスペーサを挿入することにより，任意

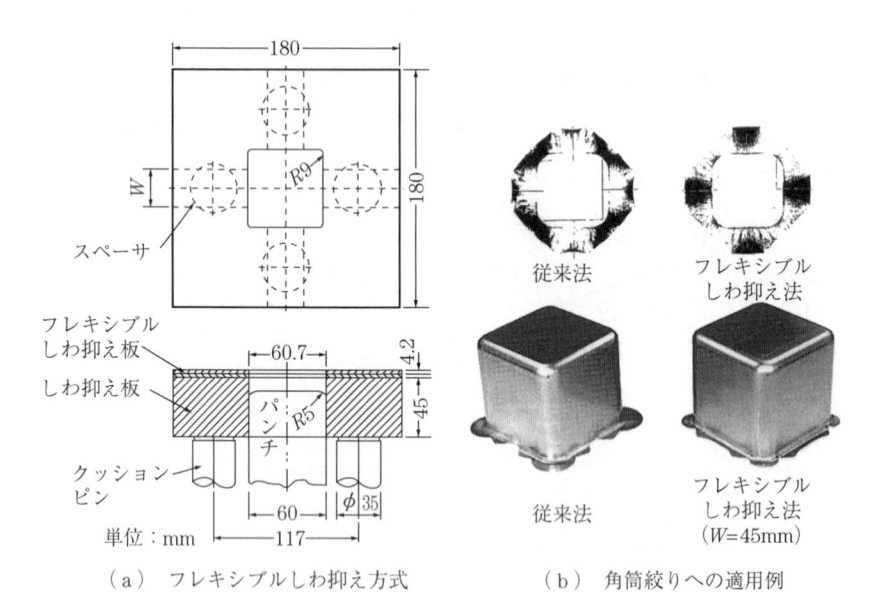

（a）フレキシブルしわ抑え方式　　（b）角筒絞りへの適用例

図 8.18　フレキシブルしわ抑え板を用いて，べこの抑制に成功した例[31]

のしわ抑え面圧分布を素板に付与することができる。感圧紙によるフランジ部の面圧分布および成形された四角筒容器の外観を図(b)に示す。角筒絞りではフランジコーナー部の板厚が局所的に増加する。したがって，剛性の高いしわ抑え板ではしわ抑え力がコーナー部に集中して，直辺部のしわ抑え力が不足し，べこが発生している。一方，フレキシブルしわ抑え板を用いて直辺部にしわ抑え力を集中させた場合は，直辺部への材料流入が抑制され，べこが防止できている。

8.7 深い容器の成形法

1工程で成形することができない深い容器を製造する場合は，2工程以上かけて徐々に絞っていく再絞りを行う。再絞りの方法には，図8.19(a)，(b)の直接再絞りと図(c)の逆再絞りの2種類がある。

(a) 直接再絞り　(b) 直接再絞り　(c) 逆再絞り

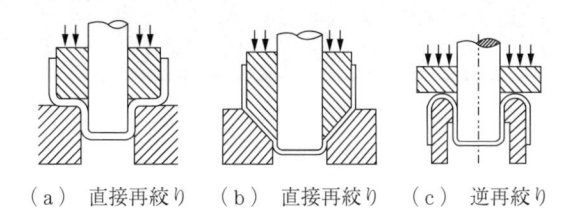

図8.19　再絞りの方法[33]

直接再絞りと逆再絞りの利点と欠点を考えてみよう。直接再絞りでは各工程の絞り方向が同じであるので，工程の途中で容器を反転させる必要がない。しかし，しわ抑え肩部とダイ肩部の2か所で曲げ曲げ戻し変形を受けるので，逆再絞りより絞り抵抗が大きくなる（図(b)のようにダイスに傾斜角度をつければ，摩擦抵抗が減少し，絞り性の向上が期待できる）。

一方，逆再絞りでは，工程の途中で容器を反転させる面倒があるが，利点として，しわ抑えの肩部形状を半円形とすることにより，ダイ肩部での曲げ曲げ戻し変形が1回ですむため，その分絞り抵抗が小さくなり1工程当りの絞り比を大きくとれる。その反面，再絞り比によってしわ抑え肩部半径およびダイの

肉厚が制限される。

再絞りでは，工程数の見積りや各工程の再絞り比の配分が重要であり，各種の経験的データ[33]が公表されている。一般作業では，第1工程では1.6〜1.8，2工程目以降は1.2〜1.3程度の再絞り比が採用されている。また，塑性力学解析に基づいた円筒再絞り[34]や角筒再絞り[35],[36]の工程設計計算法が提案されている。

有限要素法（12章）による超深円筒容器の直接再絞りシミュレーション（12工程，総絞り比10，容器深さ－内径比＝16）の計算結果を図8.20に示す。このようなシミュレーション手法を導入することにより，ダイ肩半径や材料特性値が多工程絞りの成否に及ぼす影響を，より定量的に評価することができるようになろう。

図8.20 有限要素法による超深円筒容器の直接再絞りシミュレーション[37]

演 習 問 題

(問8.1) 図8.2において，素板直径が200 mm，容器直径が100 mmのとき，板縁の材料線素ABが容器側壁の材料線素abにまで圧縮されたときの円周方向対数塑性ひずみ ε_θ を求めよ。また，絞り加工の前後で板厚が変わらないと仮定したとき，この材料要素が受ける相当塑性ひずみ $\bar{\varepsilon}$ を求めよ。

(問8.2) 摩擦力がない（$\sigma_F = 0$）と仮定するとき，ダイ肩入口（$r = r_1$）における σ_r の値が σ_Y に達するのは素板の半径 r_0 が r_1 の何倍のときか。

(問8.3) 直径250 mm，板厚1 mm，降伏応力160 MPa，引張強さ300 MPaの円形素板から，直径150 mmの円筒容器を絞り成形したい。ダイ肩半径が $r_d = 10$ mm のとき，しわ抑え力を計算せよ。

9. 鍛造

9.1 鍛造の概要

　鍛造（forging）は，塊状の被加工材料の一部または全部を工具，金型などを用いて圧縮あるいは打撃により，成形・鍛錬をする加工技術である。

　その歴史は非常に古く，人類が金属の加工を初めて行ったのは石を工具に用いた鍛造であったといわれている。遺跡の出土品などから少なくとも紀元前4000年ころには自然産の金・銀・銅などの鍛造が行われていたと推定される。わが国においても紀元前数百年ころから鍛造は行われていたといわれており，装飾品や武具，農機具などの生産にその技術が生かされてきた。特に，日本刀の生産においてはその技術は非常に洗練されたものとなっている。

　現在でも鍛造は多くの工業製品に活用され，特に，自動車部品などの大量生産には欠かせない加工法である。鍛造で製造される製品は多岐にわたり，小さい物ではボルトやナット，軸受け用ボールや歯車類からエンジンのクランクシャフト，コネクティングロッドなど，大型の物では発電所の蒸気タービンや大型船舶のシャフト，さらには圧延機のロールなど，さまざまである。

　鍛造の長所を列挙すると以下のとおりである。

① おもに材料を圧縮する加工であるため，材料に大きな変形を与えることが可能である。そのため素材の形状の選択の自由度が大きい。

② 機械プレスなどによる鍛造では，加工に要する時間が非常に短い。このため，高い生産効率で加工することができ，大量生産に適している。

③ 鍛流線（圧延，押出しなどによって製造された素材が有する長手方向の繊維状の組織）が切れずに鍛造品表面に沿って通るため，引張応力に対して強じんである。

④ 「鍛」の字の示すとおり，鍛造することによって材料特性を改善する，いわゆる鍛錬効果を期待できる。これは，加工硬化による強度の向上，内部空孔の圧着，再結晶による結晶粒の微細化などによるものである。

一方，短所としては，つぎのようなことが挙げられる。

① 一般に加工に要する荷重が大きいため，加工機械に大きな負荷がかかる。そのため容量の大きなプレスを必要とするなど，設備費が増大しやすい。また工具にかかる高い圧力や，材料の大きな変形による潤滑膜の切れやすさにより工具面の摩耗や破損が生じやすく，強度・じん性・耐摩耗性に優れた工具材料が必要となる。

② 騒音や振動などが大きく，また作業に危険を伴うなど，作業環境が悪いことが多い。

③ 一般に，単一の工程で成形させる場合はまれであり，数工程から場合によっては十数工程によって成形される場合が多い。そのため最適な方案作成，金型設計にはある程度の熟練を要する。

④ 被加工材料として鍛造性，熱処理性などに優れ，表面疵のない高価な材料が必要とされることが多い。

9.2 鍛造の分類

図9.1に鍛造加工によって生産されている部品の例を示す。平たい物から長い物，軸対称に近いものから複雑な3次元形状をしたものまで，非常に幅広く生産されていることがわかる。

鍛造とは，そもそも非常に幅広い加工を示すものであり，さまざまな加工形態が存在する。加工形態で大きく分類すると，自由鍛造（open die forging）と型鍛造（die forging），その他に分けられる。

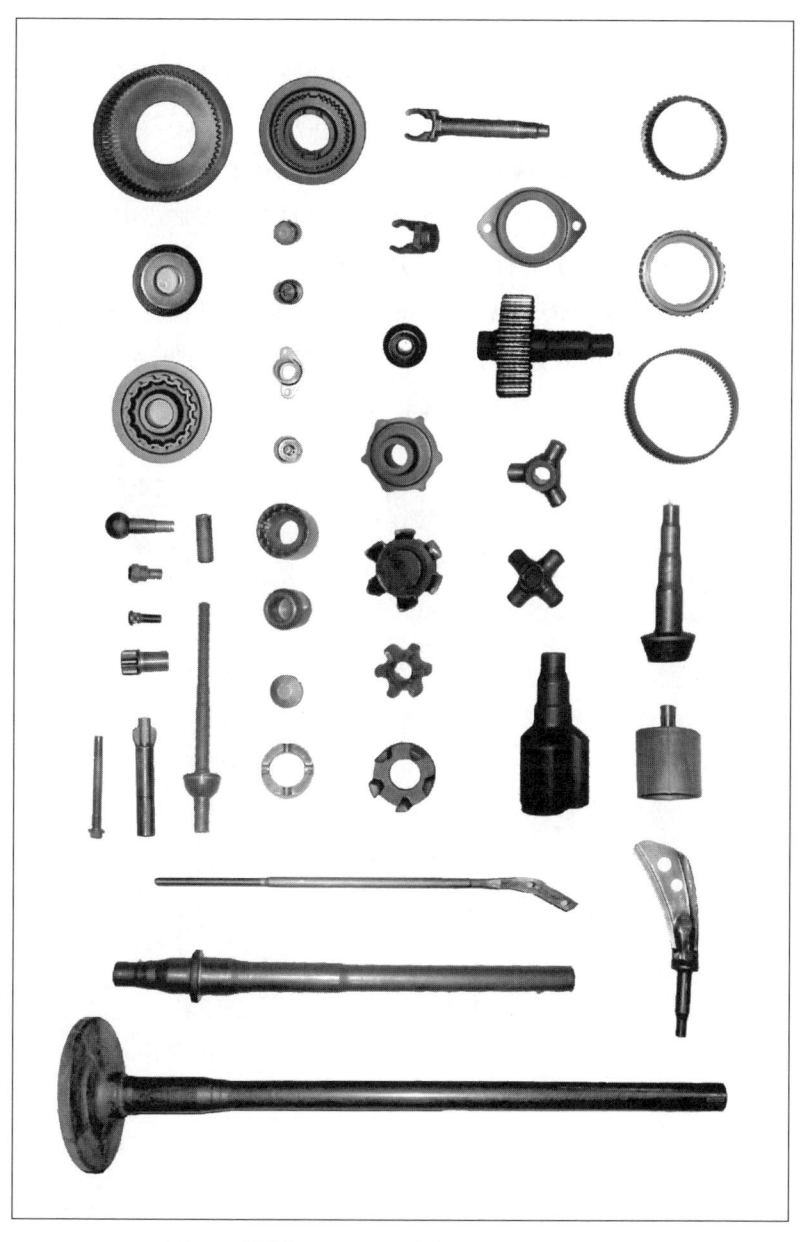

図 9.1 鍛造加工によって生産されている部品の例

9.2.1 自 由 鍛 造

自由鍛造は平面もしくは簡単な曲面を持つ汎用工具を用いて材料を圧縮する加工法である。局所的な加工を繰り返して逐次的に成形することも多く，多様な形状の製品製造に柔軟に適用できるため，多品種少量生産に適している。

代表的な自由鍛造としては，図 9.2(a)のように材料の軸方向に圧縮する据込み（upsetting），図(b)の材料長手方向に垂直に圧縮する鍛伸や図(c)の幅広げ，図(d)の材料を回転させながら材料半径方向に圧縮を繰り返すラジアルフォージング（radial forging），図(e)のリング状素材を回転させながら肉厚方向に圧縮する穴広げ鍛造などがある。

(a) 据込み　　(b) 鍛 伸　　(c) 幅広げ

(d) ラジアルフォージング　　(e) 穴広げ鍛造

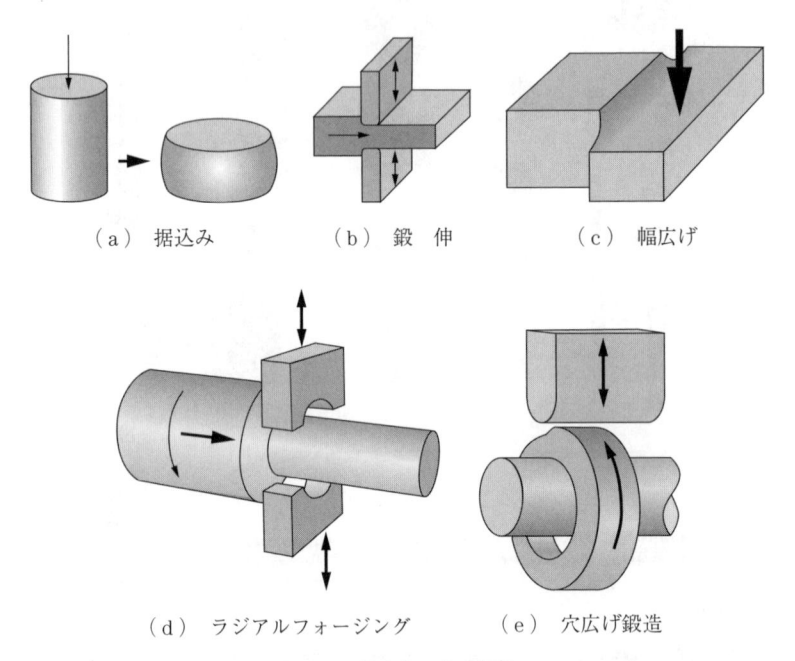

図 9.2　代表的な自由鍛造

自由鍛造では変形が材料の局部に限定されるため，加工荷重は低い。しかし自由表面に近い部分では静水圧応力が低く，場所によっては引張応力が作用することも多いため，加工中に割れが発生しやすい。

9.2.2 型　鍛　造

　型鍛造は材料を型内に閉じ込め，圧縮による材料流動によって材料を型となじませることにより成形する加工である．複雑な形状の製品を加工することが可能であり，寸法精度がよく，生産性も高いため，同一形状の部品を大量に生産するのに適している．

　一方，材料を型内に閉じ込めると，加工の最終段階で荷重が急激に増大する．このため，材料を完全に型内に閉じ込める図9.3(a)の密閉鍛造（closed die forging without flash）では，型の破損を引き起こしたり，プレスの負荷能力不足による欠肉が生じたりしやすい．これを避けるため，型の外周部に隙間を設け，材料を外周方向にいくらか逃がしながら鍛造を行う図(b)のばり出し鍛造（closed die forging with flash，半密閉鍛造ともいう）がよく使われる．また，材料を型内に閉じ込めたあと，パンチを押し込むことにより材料を側方向に流動させて型内の空間に充満させる図(c)の閉塞鍛造（enclosed die forging）なども用いられる．

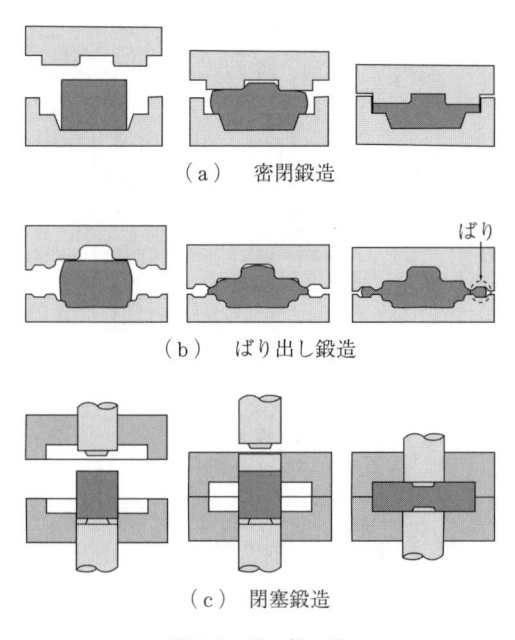

(a) 密閉鍛造

(b) ばり出し鍛造

(c) 閉塞鍛造

図9.3　型　鍛　造

9.2.3 その他の鍛造

押出しはその加工部の長さが短く非定常的な変形をする場合には、鍛造に分類される。押出しには材料が工具の動きと同一方向に流動させる前方押出し (forward extrusion) と、工具と逆方向に材料を流動させる後方押出し (backward extrusion)、直角方向に流動させる側方押出し (side extrusion) などがある。図 9.4(a) は前方押出しにより軸直径を小さくする軸押出し、パイプ状に押し出す中空押出しの例である。図(b)は後方押出しの例であり、カップ形状あるいは軸部を成形している。図(c)は側方押出しの例である。

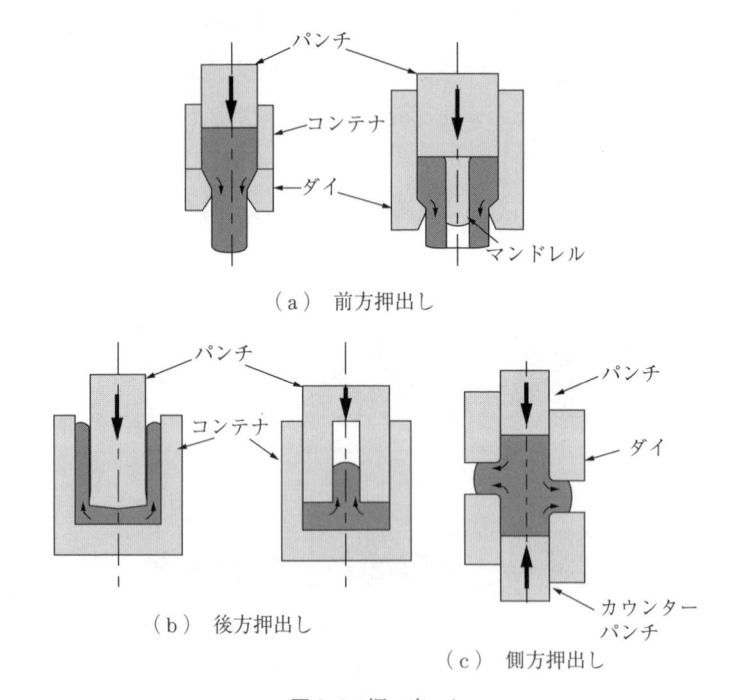

（a）前方押出し

（b）後方押出し　　（c）側方押出し

図 9.4　押　出　し

回転する工具もしくは揺動する工具を用いた鍛造を、まとめて回転鍛造 (rotary forging) と呼ぶ。彫り型を取り付けたロールに材料をはさみ込み、ロールを回転させて成形する図 9.5(a) のロール鍛造 (roll forging) や、くさび状の型を用いる図(b)のウエッジローリング (wedge rolling)、図(c)のリ

（a）ロール鍛造　　（b）ウエッジローリング

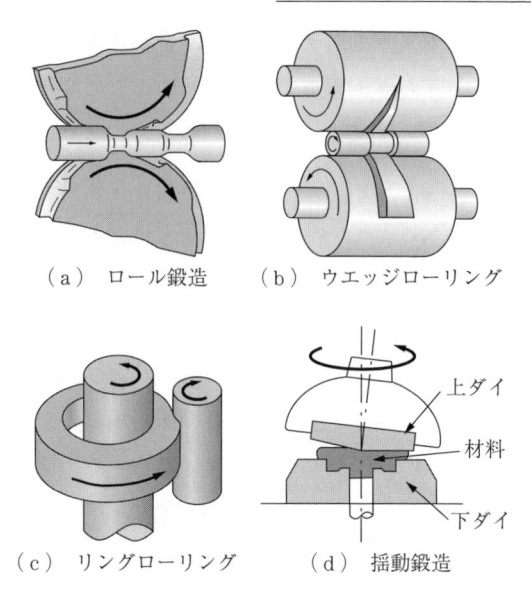

（c）リングローリング　　（d）揺動鍛造

図9.5　回転鍛造

ング状の素材の直径を広げるリングローリング（ring rolling），揺動運動する型により材料を下型に充満させる図(d)の揺動鍛造（orbital forging）などがある．これらは材料を逐次的に変形させるので加工荷重が小さくてすむ．

9.3　熱間鍛造と冷間鍛造

　鍛造を加工時の温度で分けると，加熱して高温で加工を行う熱間鍛造，常温で行う冷間鍛造，その中間域の温間鍛造などがある．これらの鍛造温度は，加工の目的，材料の種類や大きさ，材料の機械的特性と設備能力，製造数量など多くの要因を考慮して決定される．

9.3.1　熱　間　鍛　造

　金属材料の再結晶温度以上に加熱して行う鍛造を熱間鍛造（hot forging）という．一般に金属は加熱すると軟らかく，かつ破壊しにくくなる．このことを利用し，材料を高温にまで加熱しておいて鍛造することで，加工荷重を低く

押さえつつ材料に大きな変形を与えることは，昔からよく行われている。

図9.6は，軟鋼の変形抵抗が温度によってどのように変化するかを示したものである。高温になると急激に変形抵抗が低くなることがわかる。熱間鍛造では加工中や加工後に再結晶が進行するため，加工された材料に加工硬化がほとんど残らない。また，再結晶に伴う組織の微細化や内部空孔の圧着などの材質改善の効果が顕著である。その温度は材料や加工目的，加工条件などによって異なるが，鋼材ではおおよそ900～1200℃，銅合金では650～800℃，アルミニウム合金では400～450℃程度である。

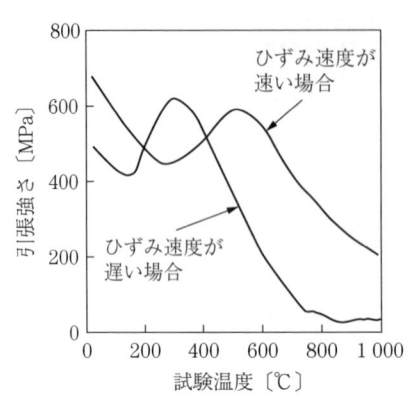

図9.6 軟鋼の変形抵抗の温度依存性

熱間鍛造の欠点としては，高温状態にあることにより材料表面が酸化しやすいこと，加熱・冷却に伴う熱膨張・収縮が起こるため寸法精度が劣ること，熱の影響により型寿命が比較的短いこと，などが挙げられる。

9.3.2 冷間鍛造

材料を加熱せず室温程度で鍛造することを冷間鍛造（cold forging）という。材料表面に酸化膜が生成しないため，加工された製品の表面状態は良好である。また熱間鍛造に比べて加熱・冷却による寸法変化が少ないため寸法精度が良い。場合によっては後工程での切削仕上げが不要（ネットシェイプ成形）か軽度の研削のみですます（ニアネットシェイプ成形）ことも多い。

一方，熱間鍛造に比べ変形抵抗が高い領域での加工となる上，加工硬化を伴うため加工荷重が高い。そのため，大容量の設備が必要となったり，金型の破損などが生じやすいため，適用できる材料は比較的変形抵抗の低い材料に限られる。また，常温において材料に十分な延性があることが必要であり，不純物，表面疵などが少ない素材が要求される。

9.3.3 温間鍛造

再結晶温度以下の温度域に加熱して行う鍛造を温間鍛造（warm forging）という。熱間鍛造と冷間鍛造の両方の良いところを利用し，表面性状，寸法精度のよい製品を低い荷重で成形することを目指すものである。

9.4 鍛造における欠陥

素材や工程の選択を誤ると，鍛造品にはさまざまな欠陥が生じる。欠陥は大別すると，素材形状や金型形状の選択が不適切であることに起因し望ましくない材料流動が生じて発生する欠陥と，材料の延性が不足して起こる割れがある。

9.4.1 材料流動によって生じる欠陥

〔1〕欠　　肉　　型鍛造において材料が型に完全に充満せず，図 9.7 のように，欠肉が生じることがある。これは材料が型に充満する直前に加工荷重が急激に増大するため，プレスの負荷能力が足りないことがおもな原因である。これを防ぐには，材料が型に完全に密閉されないようにバリ出し鍛造を行ったり，分流鍛造を行ったりする。

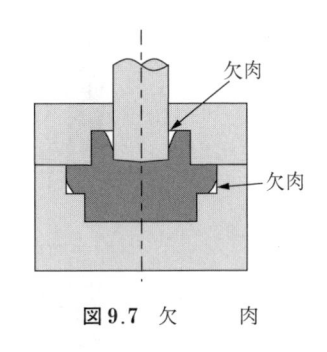

図 9.7　欠　　肉

〔2〕ひ　　け　　前方軸押出しや容器の後方押出しにおいて，押し残り部の厚さ，底厚が小さくなると，図 9.8(a)，(b)のように素材中心や底の角部にひけを生じることがある。また，中空材のフランジ据込みでも，図(c)のように内径側でひけが生じる場合がある。これらは，その部分の周辺の材料流動の影響で圧縮の面圧が小さくなり，ついには材料が型から離れる方向に流動し始めるためである。

ひけが生じる方向に材料が流動するのを阻止するように対抗圧力を加えた

124　9. 鍛　　　造

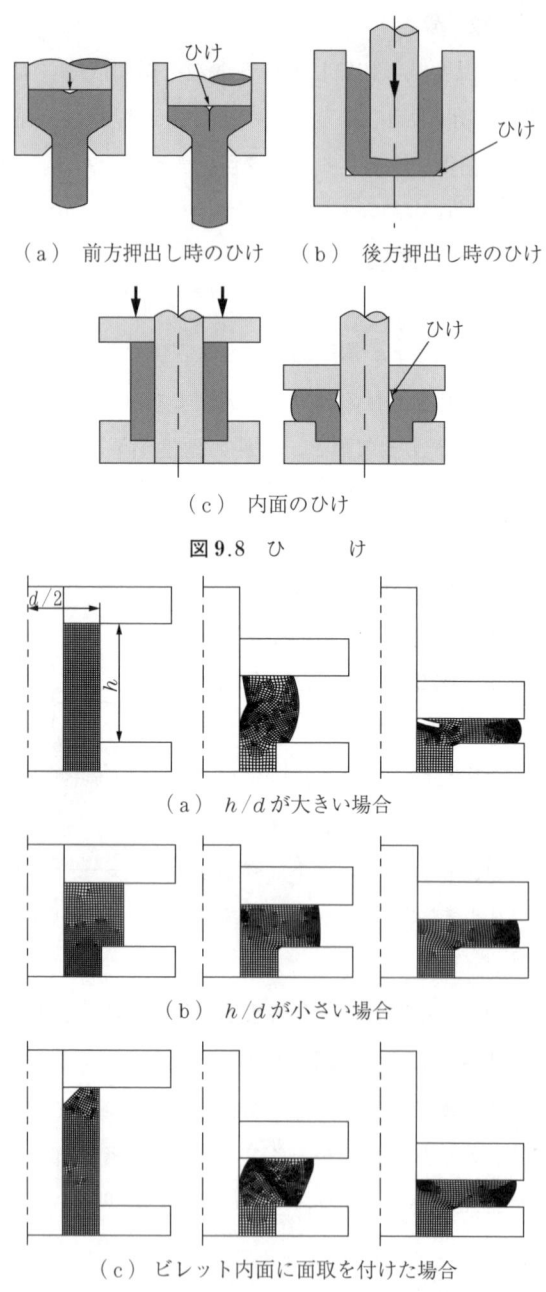

(a) 前方押出し時のひけ　(b) 後方押出し時のひけ

(c) 内面のひけ

図 9.8　ひ　　け

(a) h/d が大きい場合

(b) h/d が小さい場合

(c) ビレット内面に面取を付けた場合

図 9.9　中空材のフランジ据込み

9.4 鍛造における欠陥　　125

り，中空材のフランジ据込みの場合は，内径上面を面取りするなどして材料流れを制御することによっても改善される。その例を図9.9に示す。

〔3〕座屈　　高さが直径に比べてかなり高い素材を据え込んだような場合，図9.10に示すような座屈が起こりやすい。座屈が生じる限界の高さ/直径の比は型の面の平行度や素材の傾き，加工硬化特性などによって変化するが，一般的にその値が2.5程度以上では座屈は避けられない。座屈を防ぐためには工程を分割し，図9.11のように予備据込みのあとに仕上げ据込みを行うなどの方策がよくとられる。

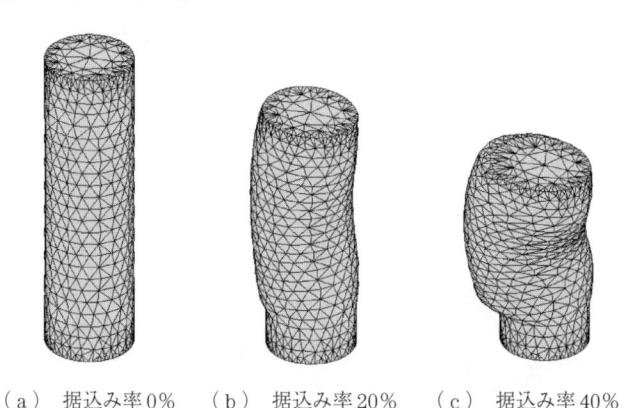

（a）据込み率0％　（b）据込み率20％　（c）据込み率40％

図9.10　ヘッディング加工における塑性座屈

図9.11　予備据込みと仕上げ据込み

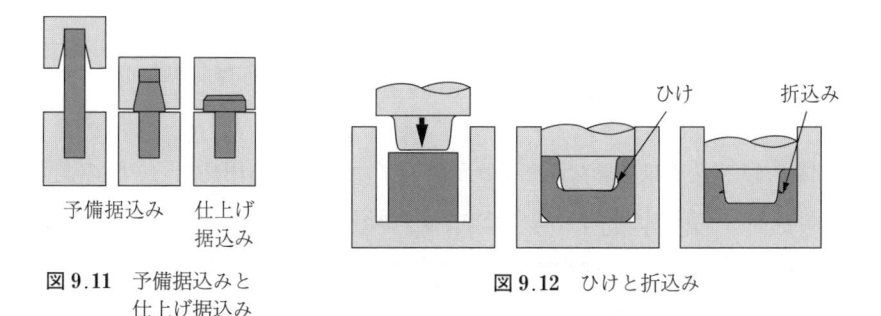

図9.12　ひけと折込み

〔4〕折込み　　座屈やひけが生じた状態で加工を進めていくと，図9.12のように，材料表面が材料の内部に入り込んで折りたたまった状態となる。したがって，加工後の製品を観察すると，筋状のきずとして発見される。

材料表面には薄い酸化膜や潤滑剤が存在することが多いため，このように折れ込んだ部位は圧着せず，強度的に弱い。

9.4.2 割れ

〔1〕 **表面割れ** 摩擦の大きい条件で据込みを行うと，表面がたる型に変形する（バルジ変形）。このとき材料の延性が小さいと，図9.13のように側面の中央付近で割れが発生する。通常，材料にかかる静水圧応力（平均垂直応力）が圧縮の場合には，割れ（延性破壊）は発生しない。しかし，たる型変形が進むと，その部位の静水圧応力がしだいに引張りへと移行するために割れが発生する。

図9.13 据込み時の側面の中央付近での割れ（斜め割れ）

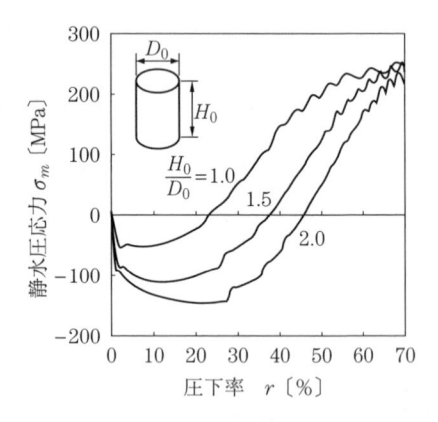

図9.14 材料表面（側面中央部）の静水圧応力の変化

図9.14に，さまざまな高さH_0/直径D_0の比に対する円柱据込み時の側面中央部における静水圧応力の変化を示す。変形の初期には圧縮であった静水圧応力が，圧下率が大きくなると引張りとなっていることがわかる。

割れの形態は，高さ/直径比が小さい場合は図9.15(a)のようにおもに縦割れが，大きい場合には図(b)のように斜め割れが発生する。深さ方向には，縦割れの場合，破面表面に対して45°の傾きを持ち，斜め割れの場合は表面に直角となっており，それぞれ最大せん断応力が生じる面と一致する。

9.4 鍛造における欠陥　127

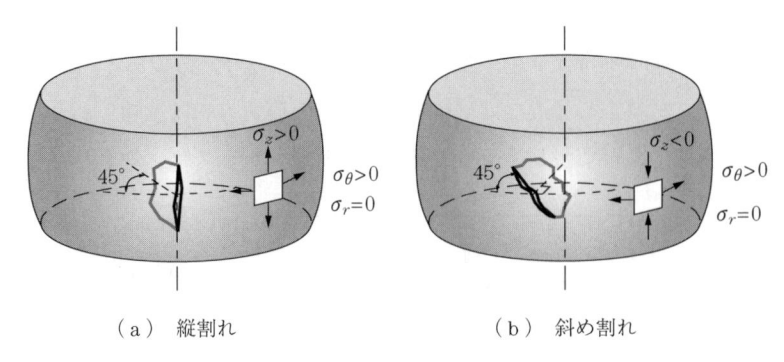

(a) 縦割れ　　　　　(b) 斜め割れ

図 9.15　据込み割れの形態

〔2〕**内 部 割 れ**　塑性流動の仕方によっては，材料内部で割れが発生する場合もある。図 9.16 は多段押出し加工を行った場合に発生する内部割れの例である。矢じり状の割れが周期的に発生しており，シェブロンクラック (chevron crack) と呼ばれる。このときの静水圧応力分布を図 9.17 に示す。金型の段となっている部分の出口付近で，静水圧応力が引張りとなっており，これが内部割れの原因である。

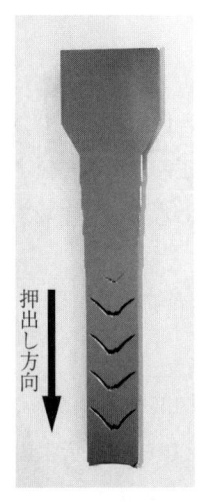

図 9.16　シェブロンクラック

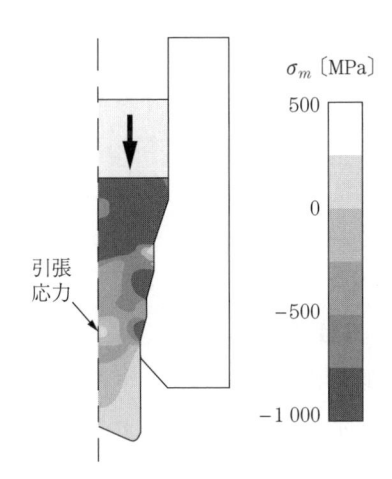

図 9.17　多段押出し時の静水圧応力分布

このような2次的引張応力によって発生する内部割れはほかにもある。**図9.18**は，円柱材を側面から圧縮した場合の静水圧応力分布である。金型での圧縮により，材料中心付近では材料が圧縮方向と直角方向に流動しようとするため，静水圧応力が引張りとなっている。これをマンネスマン効果という。

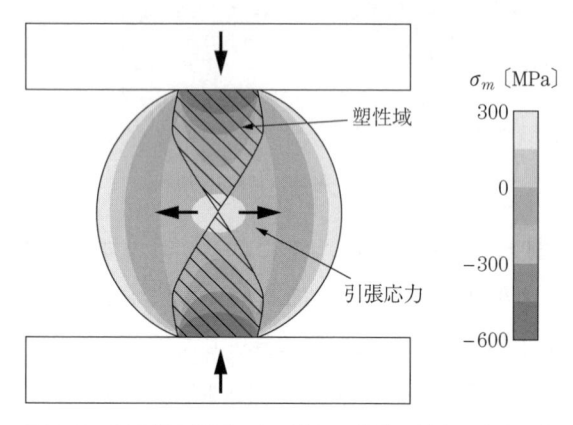

図9.18 円柱材を側面から圧縮した場合の静水圧応力分布
（マンネスマン効果）

9.5 鍛造の力学

鍛造において加工に必要な荷重を見積もることは，使用するプレス等の設備の選択において必要である。さらに，材料流れや面圧，ひずみや応力，温度分布などを推定することは最適な工程設計，加工条件あるいは金型材料の選択の際に重要である。

9.5.1 円柱の据込み

まず，最も単純な鍛造の例として，円柱の据込み加工を考える。この場合，もし材料と金型の間の摩擦がなければ，材料は**図9.19**(a)に示すように均一な一軸圧縮変形をする。このときの荷重 P は，材料のそのときの接触面積を A，変形抵抗を Y とすると式(9.1)で与えられる。

9.5 鍛造の力学

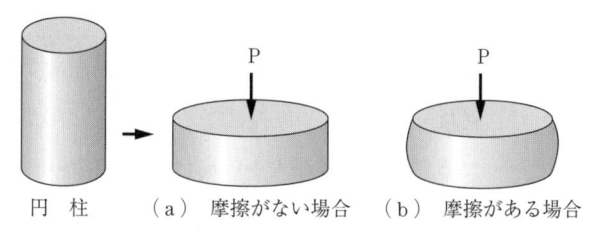

図 9.19 円柱の据込み

$$P = AY \tag{9.1}$$

しかし通常，金型-材料間には摩擦が存在し，材料は図(b)のように不均一に変形する。すなわち，金型に接触している部分の材料は摩擦により広がることが妨げられるため，円すい状のほとんど変形しない領域（デッドメタル）が生じ，その外側の領域が半径方向外向きに流動するため，**図 9.20**(a)のようなたる型となる。これをバルジ変形という。直径に対して高さが大きい場合には，変形の初期には図(b)のような2段のたる型（ダブルバルジ）となり，変形が進むにつれ1段のたる型となっていく。

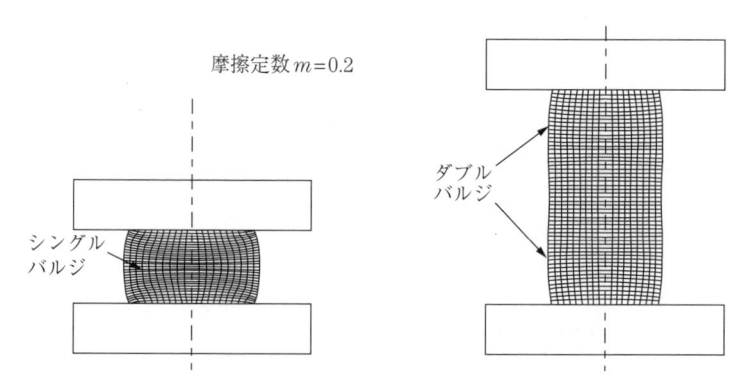

（a） 初期高さ/初期直径=1.5，圧下率50％　（b） 初期高さ/初期直径=3.0，圧下率26％

図 9.20 円柱の据込みにおけるバルジ変形

このように摩擦がある場合には，摩擦エネルギー損失や摩擦の拘束による効果，不均一変形による付加的なせん断変形が大きくなるため，変形に要するエネルギーが増大し，そのため荷重も大きくなる。

荷重 P を見積もる簡易計算式として，式(9.2)がよく用いられてきた。

$$P = CAY_m \tag{9.2}$$

ここに，A：工具と材料の接触面を加工方向に投影した面積，Y_m：材料の平均変形抵抗，C：素材・金型形状や摩擦による材料流動の拘束の度合いを示す拘束係数と呼ばれる値で，摩擦が大きい場合や，材料が密閉鍛造の最終段階など，拘束が大きい場合には大きな値

この方法により，ある程度おおまかな荷重の推定は可能であるが，金型の破損や摩耗に大きな影響を与える面圧の分布を求めることはできない。そこで，さまざまな理論解析が行われている。ここでは，そのなかで最も単純な解法であるスラブ法と，近年広範囲に多用されている有限要素法（FEM）について説明する。有限要素法の詳細については，12章を参照されたい。

9.5.2 ス ラ ブ 法

スラブ法（slab method）は，材料のある一断面の応力の平均値のつり合い方程式をもとに，圧力分布を求める方法である。

ここでは，最も単純な鍛造である円柱の据込みについて，スラブ法を用いた解析手法を考えてみる。軸対称問題では図 9.21 のようなリング状の微小領域を考え，そのリングに作用する力のつり合い方程式を解く。このときつぎの仮定をおく。

① 半径方向応力 σ_r ならびに円周方向応力 σ_θ は，高さ方向の平均値 σ_{rm}，$\sigma_{\theta m}$ によって代表されるものとし，高さ方向の応力分布は無視する。

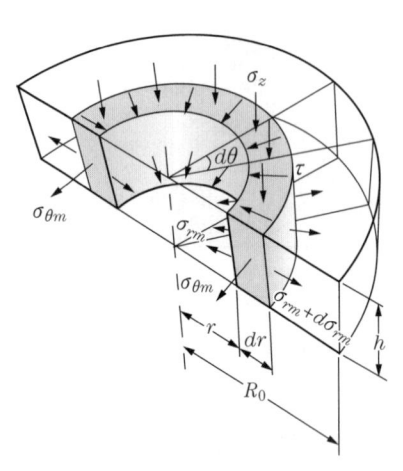

図 9.21 軸対称スラブ

② 端面に摩擦力が作用する場合でも主応力は軸方向応力 σ_z，半径方向応力 σ_{rm} ならびに円周方向応力 $\sigma_{\theta m}$ であるとみなし，また σ_{rm} と $\sigma_{\theta m}$ は近似的に等しいとする。

9.5 鍛造の力学

いま，半径位置 r，幅 dr，高さ h の半割りのリングを考え，上下面に工具からの圧力 $p(=-\sigma_z)$，および摩擦応力 τ（中心に向かう方向が正）が作用しているとする．内外面には半径方向応力 σ_{rm}，外面には dr 離れた位置であることから $\sigma_{rm}+(d\sigma_{rm}/dr)dr$ が，また半割りした断面には円周方向応力 $\sigma_{\theta m}$ が作用している．したがって，半割りした面に対して垂直方向の力のつり合いは式(9.3)で表される．

$$-\int_0^\pi (\sigma_{rm} rh \sin\theta)\, d\theta + \int_0^\pi \left\{\left(\sigma_{rm}+\frac{d\sigma_{rm}}{dr}dr\right)(r+dr)h\sin\theta\right\}d\theta$$
$$-\int_0^\pi (2\tau r dr \sin\theta)\, d\theta - 2\sigma_{\theta m} h\, dr = 0 \tag{9.3}$$

これを整理し，$dr \to 0$ とすると

$$\frac{d\sigma_{rm}}{dr}+\frac{\sigma_{rm}-\sigma_{\theta m}}{r}=\frac{2\tau}{h} \tag{9.4}$$

仮定 ② より，ミーゼスの降伏条件，トレスカの降伏条件いずれにおいても

$$\sigma_{rm}+p=\sigma_Y \tag{9.5}$$

である．さらに，摩擦応力 τ がクーロン・アモントン（Coulomb-Amonton）の法則（$\tau=\mu p$）で与えられると，式(9.4)は仮定 ② と式(9.5)より

$$\frac{dp}{dr}=-\frac{2\mu p}{h} \tag{9.6}$$

と表される．

円柱の外側面（$r=R_0$）は自由表面であるため $\sigma_{rm}=0$ である．したがって式(9.4)より $p=\sigma_Y$ である．

これを境界条件とし，また降伏応力 σ_Y は材料内で一定として式(9.6)を解くと

$$p=\sigma_Y \exp\left\{\frac{2\mu(R_0-r)}{h}\right\} \tag{9.7}$$

という圧力分布を得る．式(9.7)をプロットすると，図 9.22 に示すように材料の周辺の圧力が低く中心付近が高い分布となり，これはフリクションヒル（friction hill）と呼ばれている．

スラブ法は簡単な解析であるが，このように圧力分布の概略を把握するこ

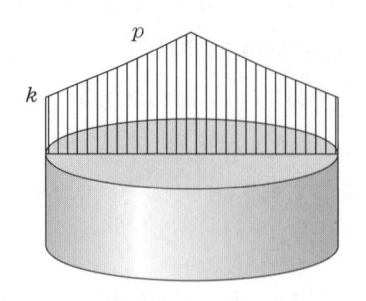

図 9.22 フリクションヒル　　　　　**図 9.23** 分流鍛造法

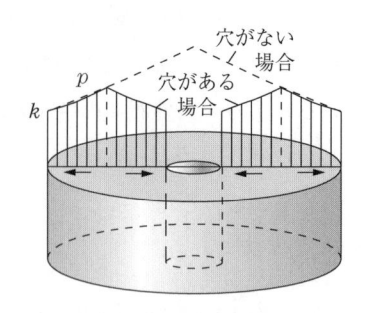

と，また加工条件の圧力分布に対する影響を把握することは，適切な設計や最適化のためには重要である。

別の例として，**図 9.23**のように中心に半径 R_i の穴をあけたリングの圧縮を考えよう。このとき，摩擦がある程度大きいとリング中心付近の材料は中心方向に流動し，この領域では材料にかかる摩擦の方向が逆向きとなる。簡単のためにリングの場合でも仮定②が成り立つとすると，この領域におけるつり合い方程式は円柱の場合と同様に導出され

$$\frac{dp}{dr} = \frac{2\mu p}{h} \tag{9.8}$$

となる。リング内面，すなわち $r = R_i$ で $\sigma_{rm} = 0$ を境界条件として解くと

$$p = \sigma_Y \exp\left\{\frac{2\mu(r - R_i)}{h}\right\} \tag{9.9}$$

となる。式(9.9)をプロットすると図 9.23 のようになり，式(9.7)との交点が材料の流動方向が分かれる位置となると考えられる。このグラフからわかるように，最大面圧，荷重（グラフの下側を面積分した値）ともに穴がない場合に比べて大幅に減少している。このように材料の流動方向を意図的に分けることにより荷重・面圧を下げる方法を分流鍛造法（flow dividing forging method）という。中心に逃し穴をあける方法のほか，前方押出しや後方押出しと組み合わせた，いわゆる捨て軸を利用する方法などがあり，歯車などの実際の精密鍛造に応用されている。

9.5.3 有限要素法による非定常変形解析

近年,有限要素法(finite element method:FEM)による数値解析手法が発展し,鍛造の変形解析においても活用されている。有限要素法では,変形の解析領域を有限個の要素に分割し,各要素ごとに剛性方程式を導出してそれを領域全体で連立させて解く。適用できる素材形状や型形状の自由度が非常に大きく,また完全な3次元変形にも対応でき,応力分布だけでなく,ひずみ分布,形状変化も求めることができる。

一般の金属材料の塑性加工では,材料は弾性変形と塑性変形が重なり合わさった変形をする。したがって,通常はこの両方を考慮した弾塑性解析を行う

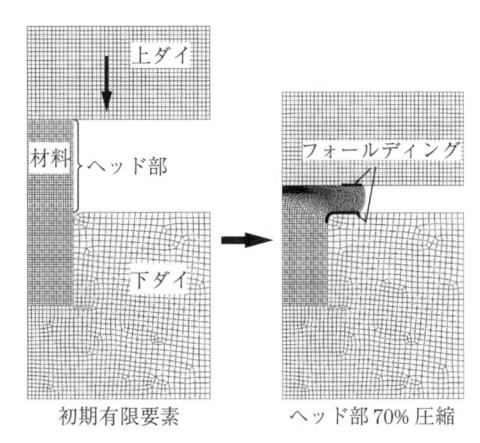

(a) 有限要素の変形

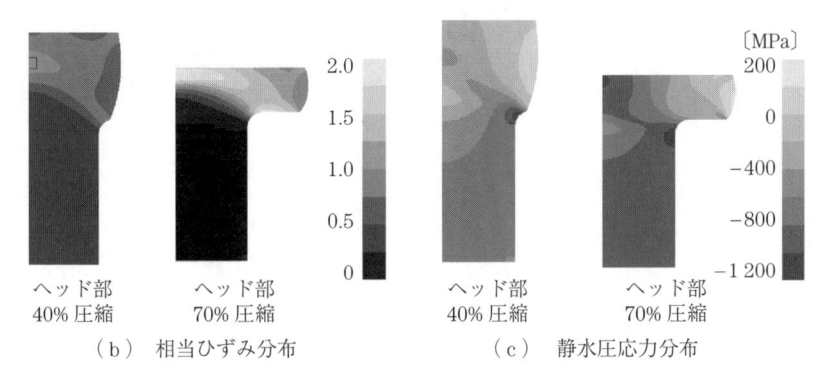

(b) 相当ひずみ分布

(c) 静水圧応力分布

図9.24 円柱材のヘッディング加工の解析結果

必要がある．しかし，鍛造のように材料の塑性変形量が弾性変形量に比べてきわめて大きい場合，弾性変形を無視した剛塑性解析（rigid plastic analysis）を行っても十分な解析精度が得られることが多い．

剛塑性有限要素解析の例として，円柱材のヘッディング加工の解析結果を図 9.24 に示す．このような単純な加工でも，大きなひずみ，応力の分布が生じ，それが刻々と変化していることがわかる．また材料の側面がバルジ変形して上下面に回り込み工具に接触する，フォールディング（folding）も生じていることもわかる．

図 9.25 は，温度分布の変化を示したものである．加工が進むにつれ，塑性変形部の温度が急激に上昇していることがわかる．材料は塑性変形を受けると，その変形に要した投入エネルギの大部分が熱に変わる．また材料と工具との界面において滑りが生じると，摩擦により素材はさらに発熱する．これらの熱は，加工速度が遅い場合は熱伝導により工具側に拡散していくため温度上昇は少ないが，機械プレスによる加工のように加工速度が速い場合，素材は急激

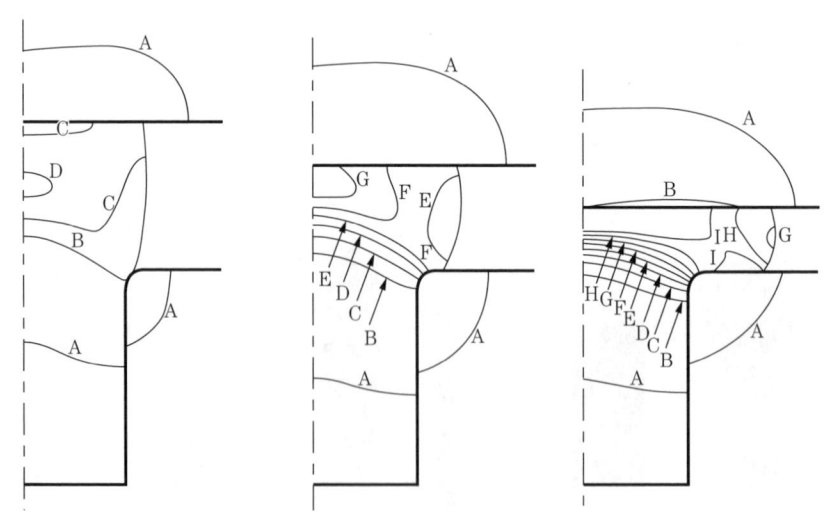

（a）ヘッド部 33% 圧縮　　（b）ヘッド部 50% 圧縮　　（c）ヘッド部 70% 圧縮
〈温度〔℃〕：A=20, B=50, C=80, D=110, E=140, F=180, G=210, H=240, I=270〉

図 9.25　ヘッディング加工時の温度分布

に温度上昇する。

図 9.26 は，3 次元解析の例である。近年の計算機能力の向上と解析技術の発展により，複雑な形状のものでも解析が可能となり，実際の部品や工程の設計に活用されている。

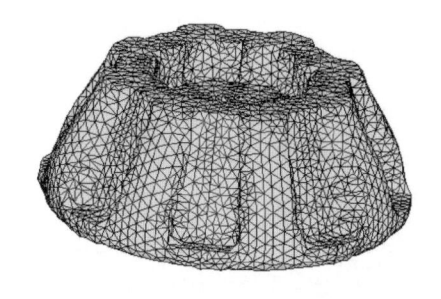

図 9.26 ギア鍛造の 3 次元解析の例

演習問題

(問 9.1) 歯車，ねじの製造工程について調べよ。

(問 9.2) 炭素鋼の鍛造に使用する潤滑剤について調べよ。

(問 9.3) 長方形断面の素材を平面ひずみ条件で据え込んだ場合の圧力分布および平均据込み圧力を，スラブ法を用いて求めよ。また，それを有限要素プログラムを用いて解析した結果と比較せよ。

(問 9.4) 円柱の据込みにおいて，中心からの半径が r_0 より小さい領域が固着状態（せん断応力 τ が材料のせん断変形抵抗 k と等しい），それより外側の領域では工具-素材間が滑べっている場合（$\tau = \mu \cdot p$）の圧力分布を求めよ。

(問 9.5) 鍛造品の形状精度に影響を及ぼす因子について調べよ。

10.

プレス機械と金型

プレス機械と金型は，図 10.1 のように素材に熱や力を加えて形を与えられた部品や部材である素形材産業に属している。素形材の成形には，型，おもに金型を使用する鋳造，鍛造，板金，粉末冶金などの加工法が用いられる。素形材の加工技術は，基幹産業である自動車，電気・電子機器，産業機械にとって重要な基盤技術である。本章では，板金プレス成形と冷間鍛造に使用されるプレス機械と金型を概観する。

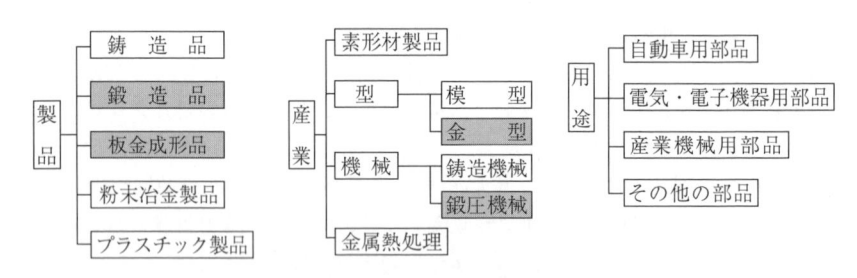

図 10.1 素形材製品と関連産業

10.1 金　　　　型

金型（die）を用いる生産方法は転写加工ともいわれ，安定した製品精度と大量生産に適している。

プレス加工製品は，図 10.2 に示すように製品の形状や寸法精度の検討から始まり，成形工程の検討を経て金型設計・製作に移り，さらに試作結果の修正を繰り返して完成する。コンピュータ化により，技術者の知恵やノウハウがシ

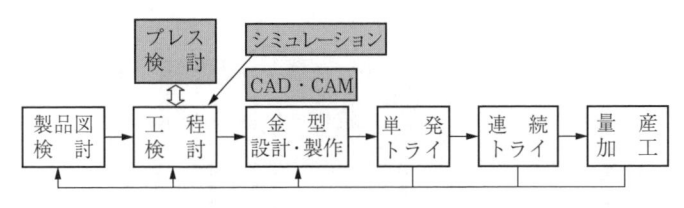

10.1 金　　　　　型　　137

図10.2　プレス加工製品の製作工程

ミュレーションやCAD・CAMに活用されて，品質の安定や納期短縮に貢献している。

プレス成形用金型は，加工製品の形状，寸法精度，生産数量などから単発型，順送り型，トランスファー型，さらに特殊な用途で複合成形型に分けられる。

10.1.1　単　発　金　型

単発金型は，生産数量が少ないときに用いられ，人手作業により素材や各種の中間加工がほどこされた材料を金型に供給し，プレス加工して取り出す。

10.1.2　順送り（プログレッシブ）金型

順送り加工は，図10.3の製品例に示すように打抜き，曲げ，絞りなどの複数の成形工程を備え，材料をつなげたまま搬送とプレス加工を自動で行う。一般に，順送り加工は小・中物の平面的形状の成形に適しており，生産性に優れている。

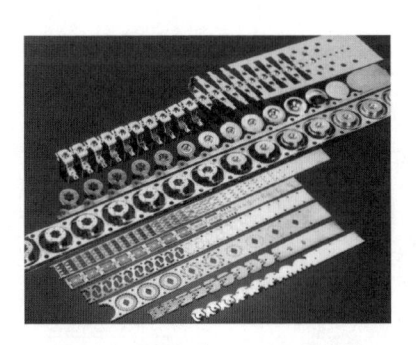

図10.4に打抜きの順送り金型（progressive die）を示す。小物精密部品の打抜きでは，生産数は毎分3 000個も可能で，曲げを含むコネクタ類であれば毎分400～800個になる。

図10.3　順送り加工による製品例

順送り加工において，製品精度や搬送の安定性に直接影響する重要な要素に

138　　10. プレス機械と金型

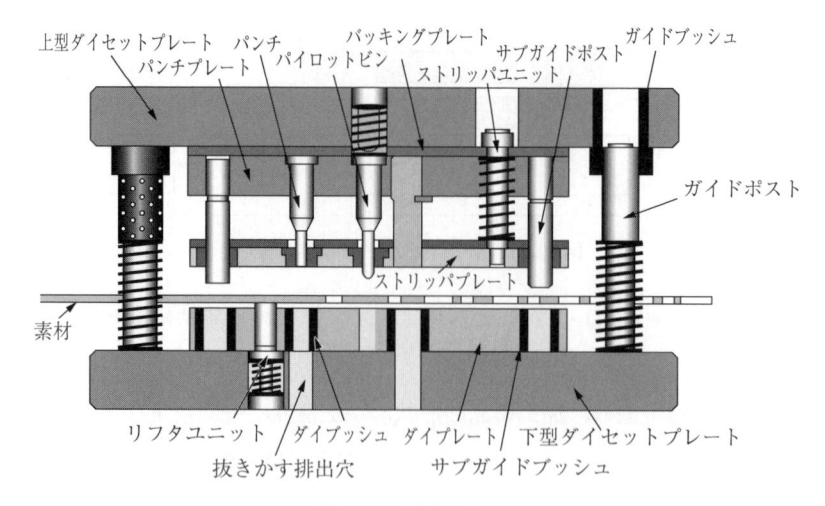

図 10.4　順送り金型[1)]

ストリップレイアウト（strip layout）がある。材料と金型の位置決め精度は，パイロット穴により決まるため，特に絞りにおいてはキャリヤの変形を防ぎ，製品の成形を容易にするブリッジの配置や形状に配慮する必要がある。図10.5 に，打抜き用のストリップレイアウトと薄い板の絞り用のランスリット（lancing slit），さらに厚い板に多く用いられるアワーグラス（hour glass）を示す。

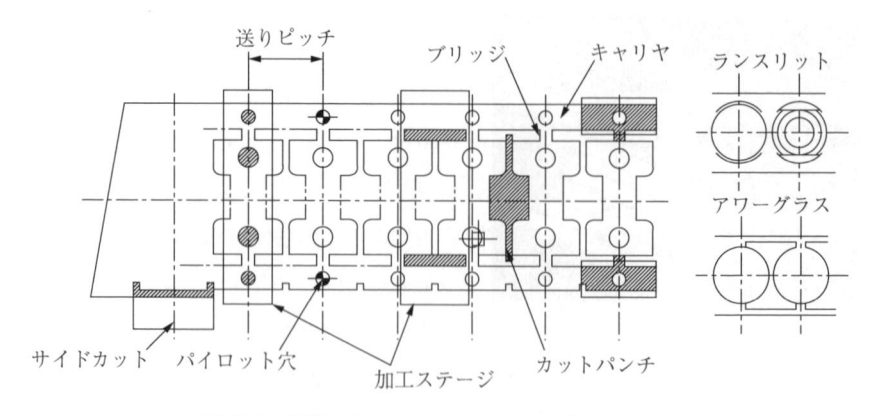

図 10.5　順送り加工におけるストリップレイアウト

10.1 金型

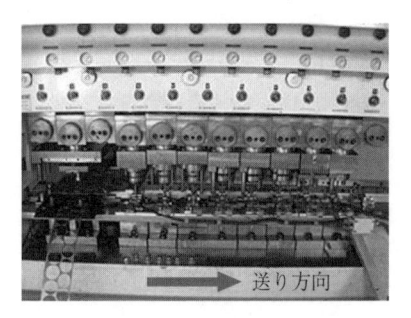

10.1.3 トランスファー金型

トランスファー加工は，図 10.6 に示すように，はじめに材料を切離してプレス加工を行う。トランスファー金型 (transfer die) は単工程金型の集合体で，中・大物の絞りを含めて製品高さのあるプレス加工に適する。

図 10.7 に，打抜き，曲げ，絞りを含んだ5～10工程を越えるトランスファー加工による成形事例を示す。トランスファー加工は中間製品の位相変更や反転などの成形の自由度が大きいため，生産数は通常毎分150個より少なくなるが複雑形状の加工に適しており，金型の保守も容易である。

図 10.6　トランスファー金型

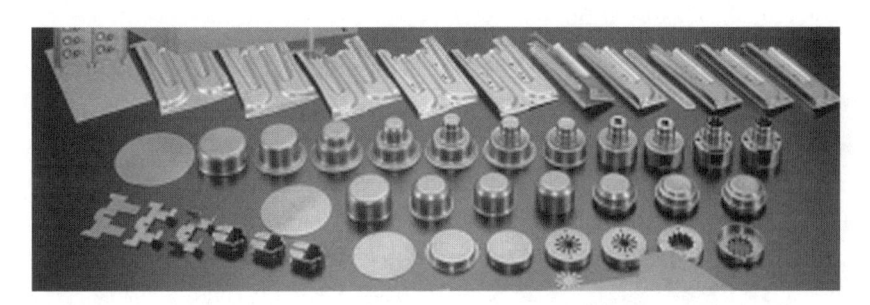

図 10.7　トランスファー加工における成形事例

10.1.4 複合成形金型

複合成形金型（combined forming die）は，図 10.8 に示すようにプレス加工だけでなく，複数の材料や部品を金型内に供給してタップ加工やかしめによる結合などを自動で行うことにより，付加価値の高いプレス加工製品を可能にする。

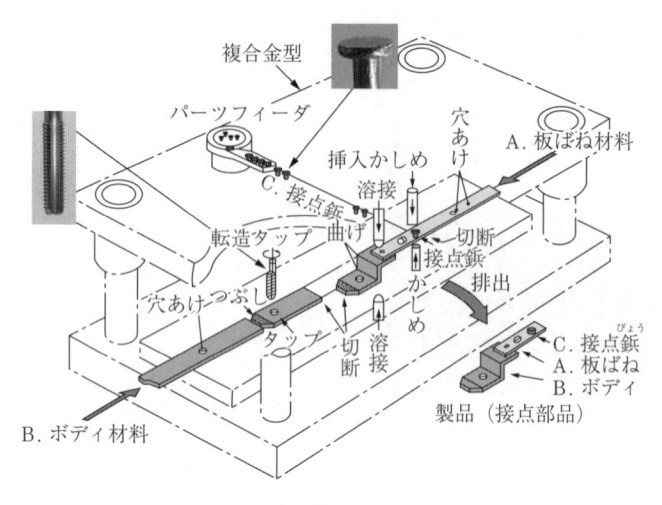

図10.8　複合成形金型の概念図[1)]

10.1.5　冷間鍛造金型

冷間鍛造は，ビレット材を用いて図10.9に示す高強度・高精度な歯車やカムのような高付加価値形状の成形に適する。自動車を中心としてエンジン，トランスミッションやデファレンシャルなどの動力伝達機構，懸架装置の機能部品などの成形に多く用いられる。成形応力は2 GMPa前後になり集中応力として作用するので，金型は高さ方向で1 mm以上の弾性変形をすることがある。

図10.9　冷間鍛造による製品例

図10.10は冷間鍛造金型（cold forging die）の一例で，受圧成形部品と精度維持部品を分離したマスターダイセット方式の前方押出しと後方押出しの金型を示し，内圧に強い焼きばめダイスを使用して，成形荷重はダイセットを介さずにプレスに直接伝達される構造である。加工形態は単発型，トランスファー型，複合成形型がある。

　　　　　　　　　　　　　　　　　10.2 プレス機械　　141

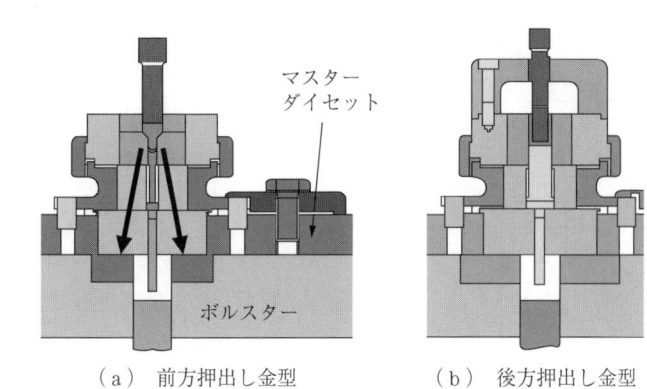

　　　　（a）前方押出し金型　　　　（b）後方押出し金型

　　　　　　　　図 10.10　冷間鍛造金型

10.2　プレス機械

10.2.1　プレス機械の概要

　塑性加工は，対をなす金型の相対運動により，素材に力を加えて塑性変形を与える加工法で，金型の駆動源がプレス機械（press machine）である。加工力は，図 10.11 に示すようにハンマーと異なり，プレス自体が支える反力により発生する。

　プレスは荷重の発生機構により，おもに水や油を使用する液圧プレス（hydraulic press）と機械的な駆動力による機械プレス（mechanical press）の 2 種類に大別できる。

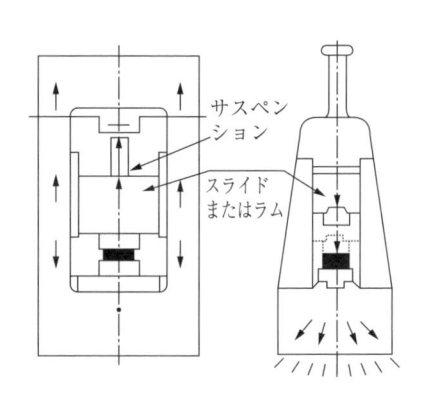

図 10.11　機械プレスとハンマー

　図 10.12 の液圧プレスは比較的長いストロークや加圧力の調整が可能であり，加工速度が一定，さらに過負荷を生じないなどの特徴がある。したがって，いろいろな成形に対応が可能で汎用性がある。

142   10. プレス機械と金型

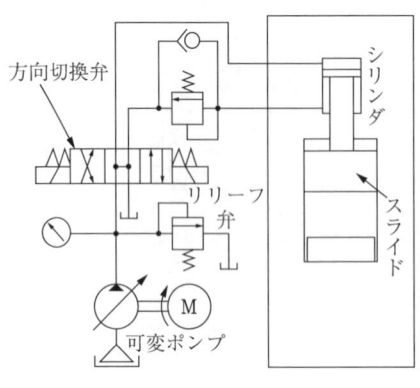

図 10.12 液圧プレス

一般的には機械プレスが液圧プレスよりも生産性が高く，保守も容易で大量生産を必要とする電気・電子機器や自動車部品のプレス加工に多く使用されている。さらにサーボモータを使用した高機能プレスも開発されており，多品種中量生産にも対応可能になっている。

10.2.2 機械プレスの基本構造

機械プレスは，基本的にモータによる回転運動を機械的機構によりスライドの直線運動に変える。このとき，モータのエネルギだけでなく，フライホイールに蓄積した回転エネルギを活用して省エネルギ化を図っている。

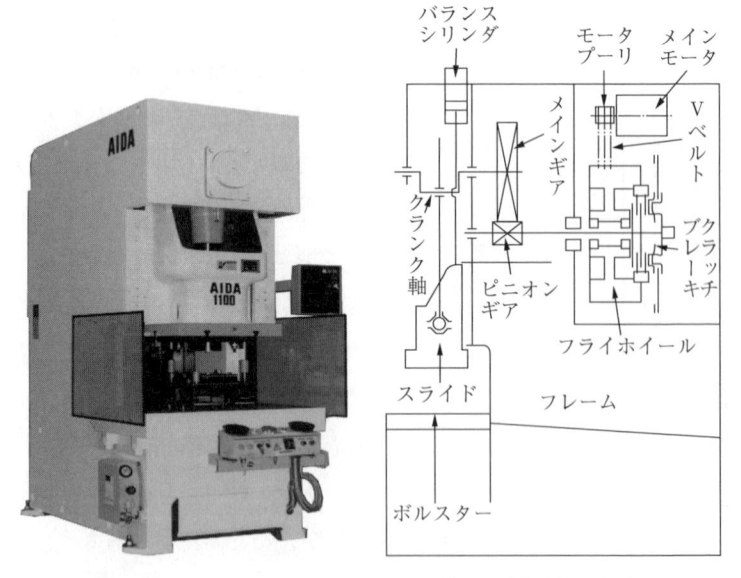

図 10.13 汎用の C フレームプレスの外観と駆動機構の模式図

10.2 プレス機械

図 10.13 に生産台数が最も多い汎用の C フレームプレス（能力：2.5 MN 以下）で，機械プレスの基本形を示す。駆動方式は 1 段減速タイプのスライダー-クランク機構を採用している。メインモータから，フライホイール，クラッチ，駆動軸，クランク軸を回転させ，コンロッドを介してスライドを上下運動させる。フライホイール部にはスライドの起動・停止を制御するフリクションタイプのクラッチブレーキが装備されている。

プレス能力が大きくなるとストレートサイドのフレーム構造になり，駆動機構は図 10.14 に示すようにダブルクランクや 2 段減速になる。

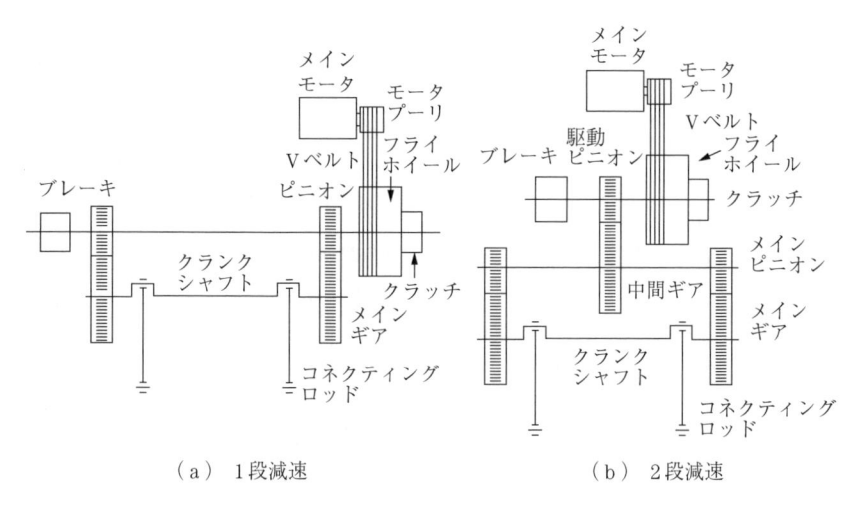

(a) 1 段減速　　　　　　　(b) 2 段減速

図 10.14　ストレートサイドフレームの駆動機構

10.2.3　プレス能力の 3 要素

プレスがどの程度の成形をすることができるのかを表す項目をプレス能力といい，基本的な圧力（加圧）能力，トルク能力，仕事能力がある。これらをプレス能力の 3 要素という。

〔1〕**圧力能力**　圧力能力（nominal capacity）は加圧能力とも呼ばれ，成形時にプレスの構造部材が安全に耐えられる最大荷重である。機械プレスは，過負荷（オーバーロード）が作用すると停止する液圧プレスと異なり，

特に下死点付近では理論的に無限大の荷重が発生する可能があり、プレスや金型を破損させる原因になる。これを防止するため、多くの機械プレスが油圧式の過負荷安全装置（オーバーロードプロテクター）を装備している。

〔2〕**トルク能力**　スライダー-クランク機構の駆動部のクランク軸トルク（$R \times F$）は、どの位置でも一定であるが、コンロッドの傾きはそれぞれの位置で変化するため、垂直方向の分力である許容荷重 P は変化する。図10.15 に示すように下死点上の定格能力発生位置 S_1 より高い位置 S_2 では、プレスの圧力能力 P_1 より許容荷重 P_2 は小さくなる。さらに、同じ圧力能力のプレスでも駆動機構やストローク長さにより許容荷重が異なる。この S_1 より高い位置の許容荷重をトルク能力（torque capacity）と呼び、これを超えるとクランク軸や駆動ギアに過負荷が作用してクラッチが滑べり、成形ができなくなる。

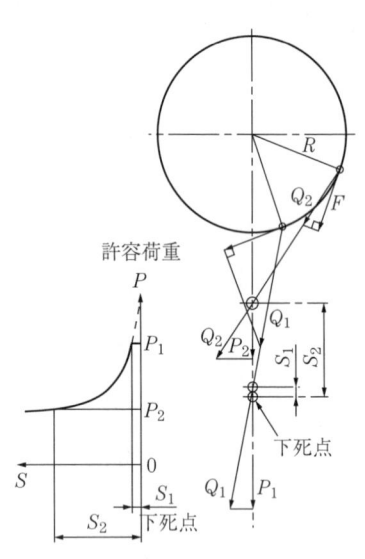

図 10.15　クランクプレスのトルク能力

〔3〕**仕事（エネルギ）能力**　プレスによる成形は、フライホイールの回転エネルギを消費することにより行われる。したがって、1回の仕事ごとにフライホイールの回転数は低下し、加工を行っていないときにモータによりこれを回復させる。仕事能力（energy capacity）とは、毎回の作業において生産数の低下なく継続して作業ができるエネルギ能力である。フライホイールエネルギは回転数の2乗に比例するため、毎分のプレス生産数が低い加工は仕事能力が低下する。

10.2.4　プレス機械の基本特性

〔1〕**精　　度**　プレスの JIS に規定されている静的精度のおもな基

10.2 プレス機械

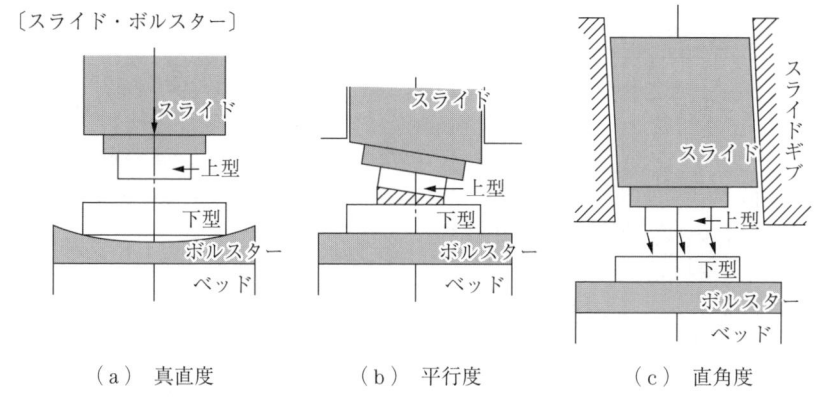

(a) 真直度　　(b) 平行度　　(c) 直角度

図 10.16　プレスの基本特性

本特性は，図 10.16 に示すスライドとボルスターの真直度，平行度，直角度であり，これが加工製品の精度（accuracy）に影響する。

実際の加工は，プレスの伸びやたわみに関係する剛性とスライドの運動・速度特性を含めた動的精度が重要になり，製品の成形性，寸法精度や金型寿命に大きく影響する。製品精度は素材，金型，潤滑などと総合的に関連するため一概にいいきれないが，プレス要因で考えると製品の厚さ精度は縦剛性に関連し，振れや曲がりや平行度は横剛性や運動特性に関連する。したがって，プレスの特性向上が，プレス成形後の加工を必要としないネットシェイプ製品を可能にする。

〔2〕**剛　　性**　プレスは，フレームに発生する反力により仕事をするため，剛性（rigidity）が高いほど製品精度の高い成形が可能になる。剛性はプレスの動的精度に関係し，成形荷重が作用したときのスライドとボルスターのたわみやプレスの伸びに関係する縦剛性とスライドの水平方向の変位に関係する横剛性の2種類がある。

（1）**縦 剛 性**　プレスは，加工荷重が作用すると図 10.17 の破線で示すようにスライドやボルスターがたわみ，タイロッドが伸びる。

プレスの剛性の目安としては，作業面積幅の 2/3 に等分布荷重が作用したときのスライド，ボルスターのたわみ量 δ_1，δ_2 を示す剛性値がある。例えば，

剛性値1/10 000とは作業面の左右寸法が1 000 mmの場合，スライドあるいはボルスターのセンターが0.1 mmたわむことを示す。高い剛性でたわみ，伸びの少ないプレスほど成形荷重の変動に対して，スライド下死点の変動が少なく製品の厚さ精度は良くなる。また，打抜き時は急激なエネルギ開放による振動と騒音を伴うブレークスルー（breakthrough）が発生するが，縦剛性が高いプレスほど少ない。

（2）**横　剛　性**　多工程のプレス成形は偏心荷重が避けられず，スライドは傾き水平方向に移動して，製品精度や金型寿命に悪影響を与える。このため，プレスの許容偏心荷重を高め

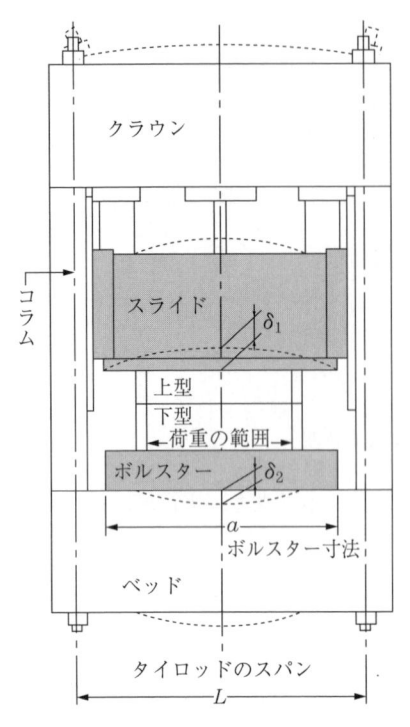

図10.17　プレス機械のたわみ

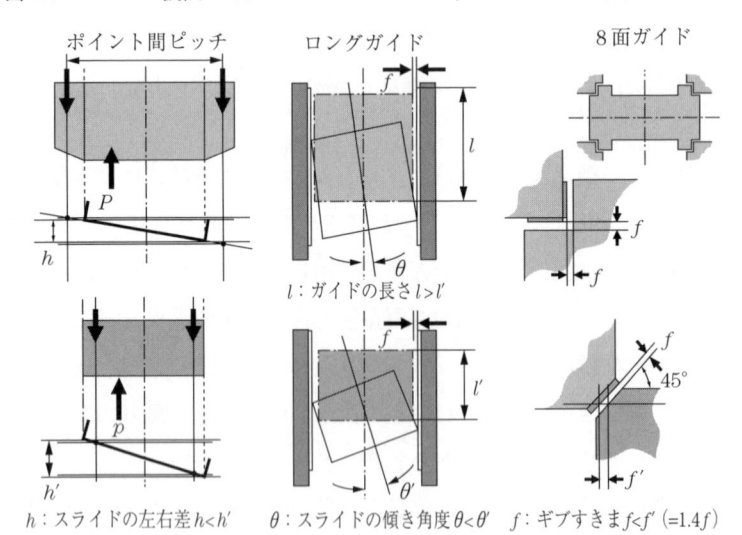

図10.18　プレスの偏心荷重対策

るためには，基本的に受圧ポイントの数を1から2あるいは4に増やす対策をとる．さらに，図10.18のプレスの偏心荷重対策に示すように，受圧ポイント間ピッチを広げたり，スライドガイド構造を長くしたり，直角8面ガイドやプリロードガイドの構造などにより，横剛性を強化して精度を維持する．

10.2.5 機械プレスの代表的な駆動機構

〔1〕 代表的な機械プレス（クランク，ナックル，リンク）　図10.19に，機械プレスの代表的な駆動機構を示す．

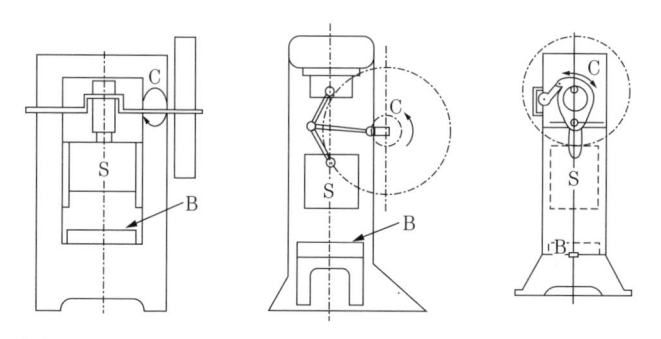

（a）クランクプレス　　（b）ナックルプレス　　（c）リンクプレス
S：スライド，B：ボルスター，C：クランク

図10.19　機械プレスの代表的な駆動機構

プレス加工全般に用いられるクランクプレス（crank press），鍛造に広く用いられるナックルプレス（knuckle press），絞りや押出しに適するリンクプレス（linkage press）がある．それぞれの駆動機構によりトルク能力やスライド速度特性が異なるため，各成形法に適するプレスを選定することが必要である．

定格能力発生位置より高い位置における許容荷重を示すトルク能力は，図10.20に示すようにリンク，クランク，ナックルプレスの順序になる．

また，スライド速度は，図10.21のように下死点付近で最も速度が遅くなるナックルプレス，高い位置から遅くなりトルク能力も高いリンクプレス，擬似サインカーブのクランクプレスとそれぞれ特徴がある．したがって，ナックル

10. プレス機械と金型

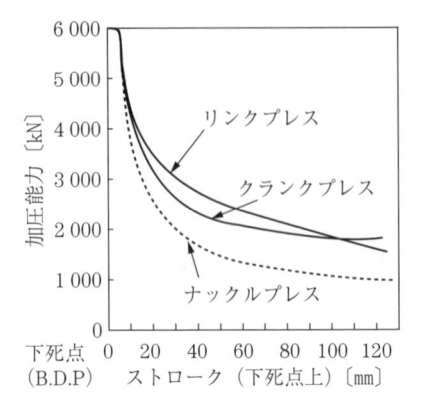

図 10.20　機械プレスのトルク特性

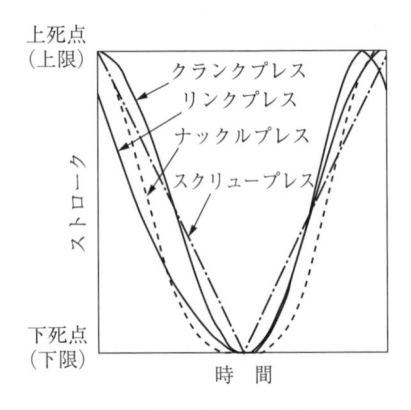

図 10.21　機械プレスの速度特性

プレスは下死点上の低い位置での加工する精密打抜きや据込みに適する。また，リンクプレスは高い位置から下降速度を遅くして上昇速度を上げることにより，成形性と生産性の高い絞りやしごき，さらに長い押出しが可能になる。

〔2〕**サーボプレス**　機械プレスは，スライドの駆動機構により速度・運動特性が決まり，回転数の制御のみ可能になる。図 10.22 は，モータ，フライホイール，クラッチの代わりに AC サーボモータを使用して，汎用プレスのス

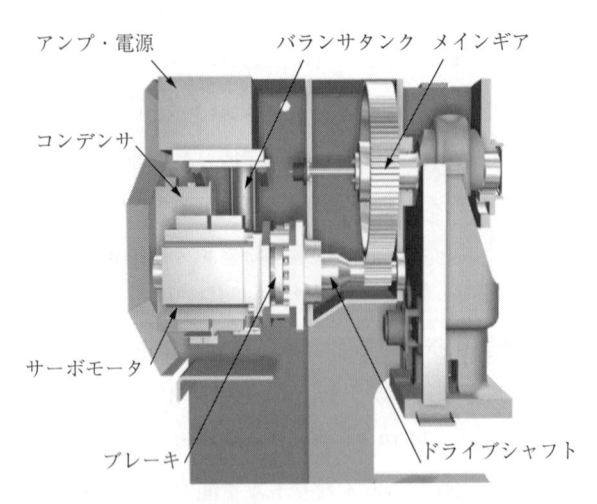

図 10.22　サーボプレスの駆動構造

ライダー-クランク機構は生かし，図 10.23 の打抜き，絞り，据込みなどに適するスライドモーションを設定できるサーボプレス（servo press）を示す．これにより，各種の成形法に応じて成形性，製品精度，生産性や金型寿命の向上，振動・騒音の低減などの利点が生まれる．能力 10 MN を超えるサーボプレスも開発され，AC サーボモータ以外にもリニアモータや油圧サーボポンプモータによる駆動方式がある．

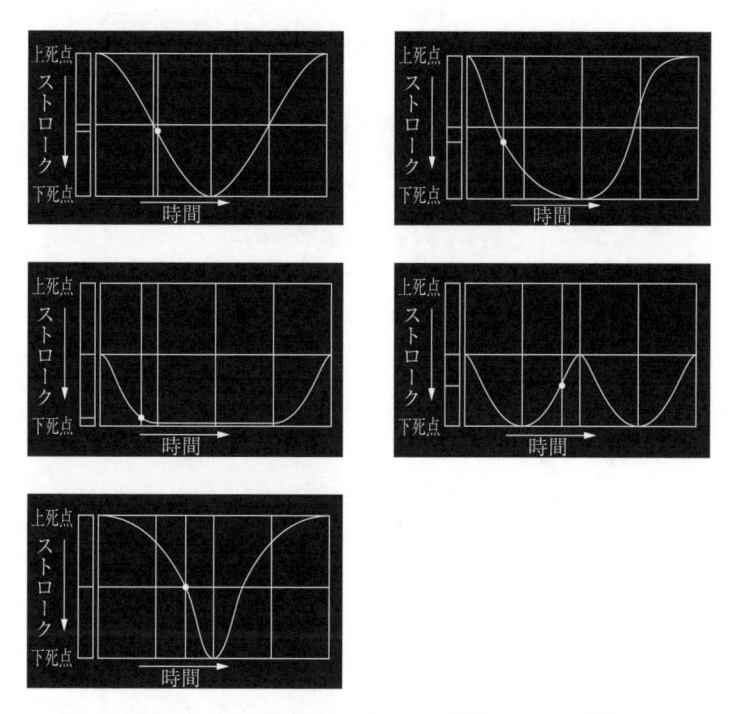

図 10.23　サーボプレスによるスライドモーション例

10.2.6　機械プレスの加工法による分類

プレスのニーズは，産業やその発展段階により異なる．電気・電子機器産業を例にとると，小・中型（2.5 MN 以下）のプレスが中心になり，生産量の少ない創成期は人手作業の単発加工からスタートし，発展期には複数台のプレスを使用するプレスラインや1台のプレスで多工程成形する順送りプレスやトラ

ンファープレスの需要が起こる。自動車産業では製品が大きく，板厚も厚くなるため，必要となるプレス能力は 10 MN を超える場合が増える。

〔1〕 **プレスライン**　図 10.24 に，プレスを 3 台並べた搬送ロボットによる自動化プレスラインを示す。

図 10.24　搬送ロボットによる自動化プレスライン

金型は単発金型とほぼ同じものが使用できるため，自動化が容易で中量生産にも対応できる。プレスは上死点で毎回停止する時限連続運転となり，生産数は毎分 10〜20 個である。

自動車のボディの成形には図 10.25 に示すような能力が 20 MN クラスを先頭とした 3〜5 台のタンデムプレスラインが使用される。

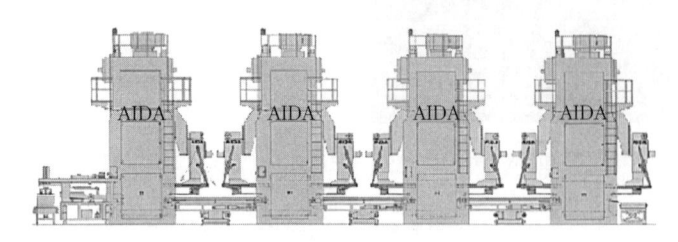

図 10.25　シャトルフィーダによるタンデムプレスライン

〔2〕 **順送り（プログレッシブ）プレス**　図 10.26 に，能力 2 MN の順送りプレスを示す。コイル材を搭載するアンコイラーと巻きぐせを取りながら，プレスと連動して材料を設定長さ送り込むレベラーフィーダのコイルフィーダラインを装備する。

10.2 プレス機械

送り装置は速度，材質によってロールフィードやグリッパフィードも選定される。トランスファープレスと比較すると材料歩留まりと成形性は劣るが，絞りや曲げのある成形における毎分の生産個数は，目安として厚板（2〜6 mm）を使用する中型プレス（1.6〜3 MN）では40〜150個，薄板（0.6〜1.6 mm）では200個が基準となる。

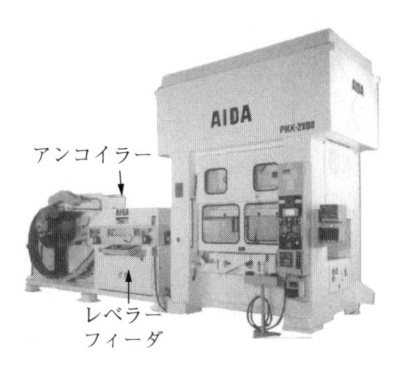

図 10.26 能力 2 MN の順送りプレス

〔3〕 **トランスファープレス** トランスファープレスは，ブランク材を図10.27 のクランプ・アンクランプ，アドバンスリターン，リフトダウンの3次元運動するフィードバーに取り付けたフィンガーで搬送しながら多工程の連続加工を行う。

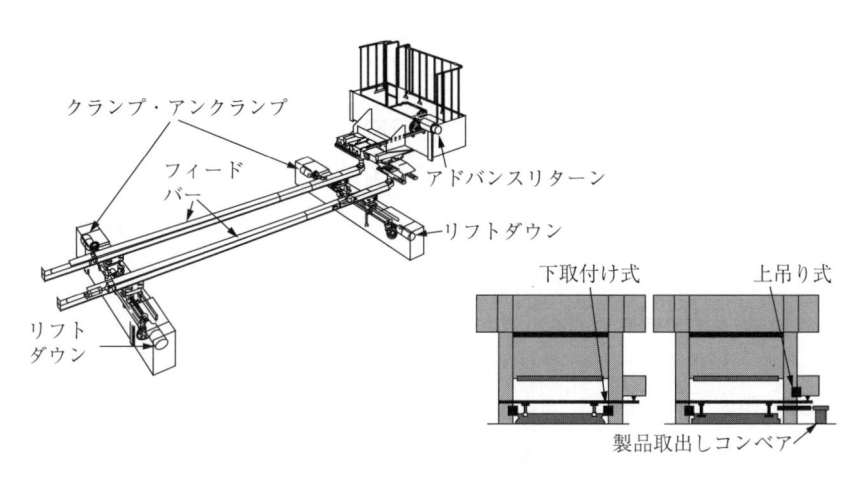

図 10.27 3次元サーボトランスファープレス

このプレスは小型から 60 MN クラスの大型まで製作されており，プレスラインと比較すると生産性が上がり，複雑な形状の成形が可能なため自動車産業が発達すると需要が増大する。

図 10.28 は，能力 25 MN の 4 ポイントトランスファープレスであり，スト

152   10. プレス機械と金型

ディスタックフィーダ

ムービングボルスター

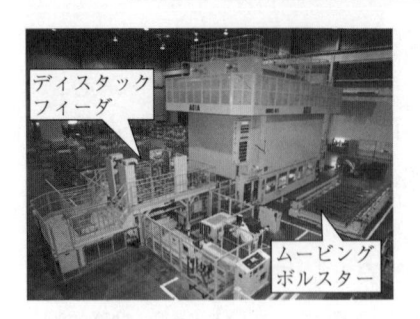

図 10.28 能力 25 MN の 4 ポイントトランスファープレス

ローク長さ 700 mm，ボルスター面積 5 250×2 300 mm² である．トランスファー装置はサーボモータ駆動で，生産個数は毎分 25 個，ディスタックフィーダ付きの前後走行方式のムービングボルスターを装備しており，自動車のドア部品を成形する．

10.3 ま と め

プレス加工はネットシェイプをキーワードに，工程短縮が可能な複動成形，板鍛造に代表される複合成形，バイオや MEMS（micro electro mechanical systems）を対象とした微細精密成形など，技術範囲をますます広げている．一方，地球環境にやさしい製造法としてエミッションフリーマニュファクチャリング（emission free manufacturing：EFM）が注目され，大手メーカの製造法の評価はコストカットだけでなく，CO_2 排出量の削減も重要なテーマになっている．プレス加工は，生産性は高いが振動・騒音が高く作業環境があまり良くないとのイメージもあるものの，ネットシェイプ成形により高精度・高付加価値化と省資源・省エネルギのエコプロダクションが可能になる．

これらに対応するため，プレス機械と金型はマイクロオーダーの高精度・高剛性化とサーボ技術やデータバンクなどによるディジタルエンジニアリング化による最適生産システムの達成がますます重要になる．

演 習 問 題

問 10.1　順送り加工とトランスファー加工の特徴を象徴的にまとめよ．
問 10.2　同じクランク軸トルクのクランクプレスにおいて大小のストローク長さがある場合，プレスのトルク能力はどちらが高いか．
問 10.3　機械プレスの代表的な駆動方式を 3 種類，記述せよ．

11. 塑性加工の潤滑

11.1 ものづくりのキーテクノロジーとしての潤滑

ものづくりの目的は，材料特性を引き出し，効率良く，良質の製品を作ることであり，塑性加工はそれに向いた加工法である．塑性加工における潤滑の役割は，主として①摩擦低下，②焼付き防止や摩耗抑制であり，表面の創成や型冷却，防錆の役割も大きい．良品を順調に生産するために，潤滑はキーテクノロジーといえる．

11.2 塑性加工の潤滑条件

機械要素と塑性加工の潤滑条件はかなり違う．さらに塑性加工法や変形の程度や温度によっても潤滑条件はずいぶん違う．おもな塑性加工形式と摩擦条件範囲[1]を図 11.1 に示す．例えば，図(b)のしごき加工では v_s が上がれば，発熱が増して焼き付きやすく，図(d)の鍛造では大きな p/Y や R_s，T が初期の潤滑剤捕捉を決めてしまう．いくつかの例で潤滑の様子を見てみよう．

11.2.1 摩擦を下げる効果

型との摩擦が下がれば，表面の摩擦仕事や材料内部の余剰仕事が減り，加工荷重が下がり，型摩耗を抑えられる．これらは結局，精度や型寿命を向上させることになる．

11. 塑性加工の潤滑

p/Y：面圧 p と材料変形抵抗 Y の比
v_S：すべり速度
R_S：表面積拡大比
T：摩擦面温度
Lub：摩擦面への潤滑供給形態

(a) 板材加工
$p/Y=0.1 \sim 1$　　$R_S=0.5 \sim 1.5$
$v_S=0 \sim 0.1\text{m/s}$　$T=$室温$\sim 150℃$

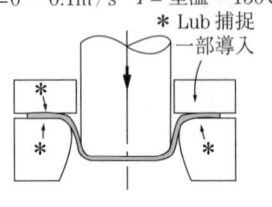

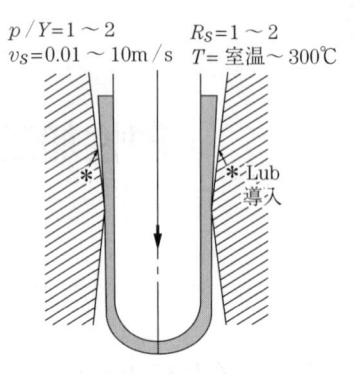

(b) しごき加工・引抜き加工
$p/Y=1 \sim 2$　　$R_S=1 \sim 2$
$v_S=0.01 \sim 10\text{m/s}$　$T=$室温$\sim 300℃$

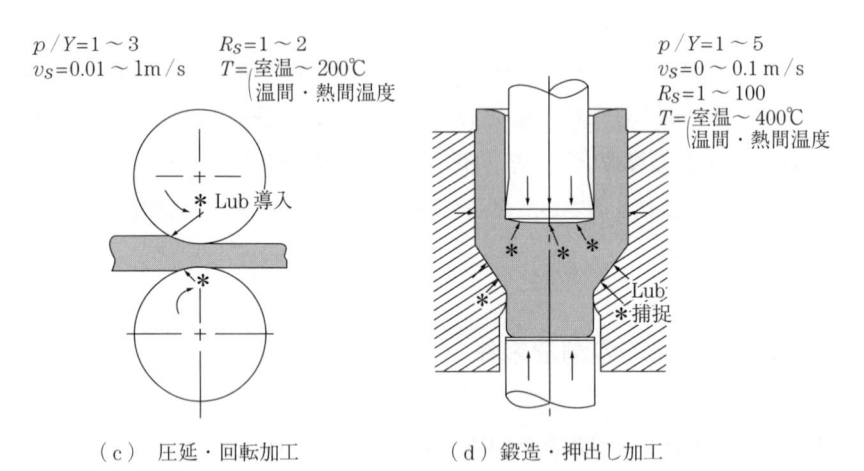

(c) 圧延・回転加工
$p/Y=1 \sim 3$　　$R_S=1 \sim 2$
$v_S=0.01 \sim 1\text{m/s}$　$T=$室温$\sim 200℃$
（温間・熱間温度）

(d) 鍛造・押出し加工
$p/Y=1 \sim 5$
$v_S=0 \sim 0.1\text{m/s}$
$R_S=1 \sim 100$
$T=$室温$\sim 400℃$
（温間・熱間温度）

図 11.1　おもな塑性加工形式と摩擦条件範囲

図 11.2 に，型との摩擦が大きくて材料流動の障害になる例を示す。図(a) の据込みでは，端面の摩擦が大きいと側面が膨らみ，型の隅に充満できない。図(b)の引抜き加工では，摩擦が過大だと出口で材料が破断して引き抜けない。図(c)の深絞りでは，フランジ部の摩擦が大きいと，絞り込みにくく，容器側壁の張力が過大になり破断してしまう。

逆に，摩擦が過小だとうまくいかない加工もある。圧延では摩擦が過小だと，材料が滑べってロールにかみ込めない。深絞りパンチの先端でも，摩擦が

11.2 塑性加工の潤滑条件

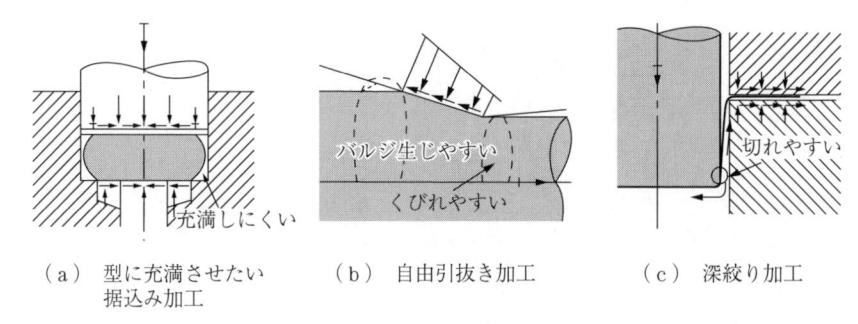

(a) 型に充満させたい　(b) 自由引抜き加工　(c) 深絞り加工
　　据込み加工

図11.2　型との摩擦が大きくて材料流動の障害になる例

少し大きいほうが，容器底付近の局部的な材料伸びを抑制し，破断を防ぐ効果がある．柔軟な発想で積極的に摩擦をコントロールすれば，だれも気が付かなかったような，巧妙なものづくりが開発できるに違いない．

11.2.2　焼付き防止と摩耗抑制

焼付きや極端な摩耗を防ぐために潤滑剤として，添加剤配合油，セッケン，水と油を混合したエマルションや固体潤滑剤を使う．そのうち，画期的な潤滑技術で可能になった冷間と熱間の例および工具表面処理を紹介する．

〔1〕**セッケン-リン酸塩処理被膜**　鋼の冷間鍛造用の化成被膜処理として，加工前の材料を脱脂，酸洗，さらにリン酸塩処理，セッケン処理を行うものである．図11.3(a)に，板状・針状のリン酸塩被膜を，図(b)にセッケン被膜の断面構成の概略を示す．写真の付着量は標準的な約 $10\,\mathrm{g/m^2}$ で，この上に反応型の金属セッケン（ステアリン酸亜鉛）$5\sim10\,\mathrm{g/m^2}$ と未反応セッケン（ステアリン酸ナトリウム）$5\sim10\,\mathrm{g/m^2}$ を付ける．

強固な化学反応被膜と針状結晶による機械的な潤滑保持効果のため，この潤滑性能は抜群で，鋼の冷間鍛造での面圧 $1\,\mathrm{GPa}$ 以上，摩擦面温度 $300\,°\mathrm{C}$ 以上[2]，表面積拡大 100 倍程度[3] の過酷な条件にも耐える．1940年代に，ドイツで薬きょうの製造用に発明されて以来，冷間鍛造分野の潤滑として実績が高い．しかし，この潤滑処理は全体で $5\sim20$ 分間を要し，大きな処理槽は場所をとり，廃液も問題である．最近では，これに代わる環境に優しく，簡便な固体

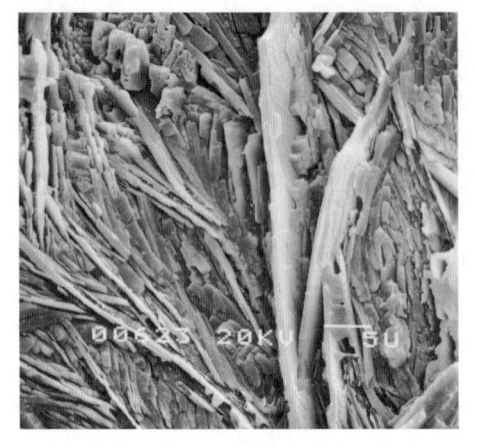

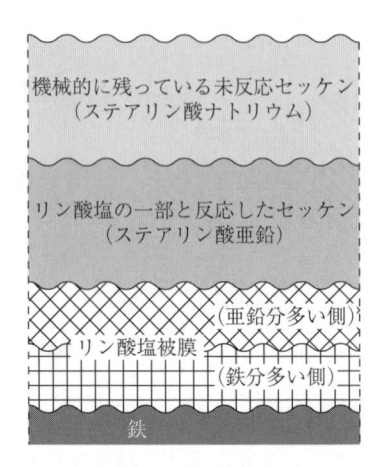

(a) リン酸塩被膜　　　　　　　　(b) セッケン被膜の断面構成

図11.3　リン酸塩被膜とセッケン被膜の断面構成

潤滑剤の実用化が進んでいる。

〔2〕**熱間ガラス潤滑**　　熱間加工では黒鉛系や白色の非黒鉛系潤滑が開発された。さらに過酷な条件に対しては，ガラス系潤滑剤も使われる。図11.4はユジン・セルジュネ法[4]という高合金鋼管の熱間押出し加工の例である。スポンジ状ガラスと板状ガラスをビレットのダイス入口側に置き，ビレット周囲にガラス粉をかけることもある。ガラスは高温で溶けて適当な粘度を示し，断熱性も高く，型への熱負荷を軽減できる。

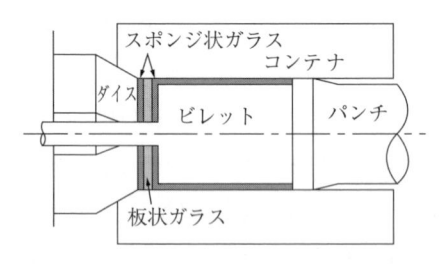

図11.4　ユジン・セルジュネ法による高合金鋼管の熱間押出し加工の例

〔3〕**工具表面処理**　　工具には硬質の表面被膜を処理して，耐焼付き性を向上させる。これは金属との親和性の低い炭化物や窒化物の硬い数 μm の被膜で，潤滑膜が部分的に破れても焼付きを防止する。これら硬質被膜の性能を十分に引き出すには，高い母材硬さと小さい表面粗さが望ましい。最近，低摩擦を示す炭素系被膜，ダイヤモンドライクカーボン（DLC）などの開発が進

められている。

11.2.3 機能的な表面創成

塑性加工の精度が向上し，加工表面がそのまま活用される機会が増えてきた。図 11.5 に示すコピー機の光学ドラムは特殊なしごき加工[5]で作られ，表面粗さは $1/100\,\mu m$ Rz 程度である。鏡面製品をつくるための潤滑上の困難さは，鏡面の型を転写するために極力薄い潤滑膜とするので，破れやすいことにある。

光沢面だけが塑性加工の目標ではない。レーザで凹凸模様を付けた圧延ロールを転写させ，$1 \sim 10\,\mu m$ Rz のダル仕上げ鋼板もできる。美しい記念コイン表面には，見る角度によって図柄が変わる特殊な模様を精度良く，大量生産できる技術[6]もある。さらに機能的なミクロ模様を生み出すことも夢ではない。

図 11.5 光学ドラムのしごき加工の例[5]

11.3 塑性加工における潤滑メカニズム

潤滑剤を良好に働かせるためには，どのようにして型と材料との間に潤滑剤を存在させるかが課題である。ここでは潤滑油（流体）を例にして，まず塑性変形直前における材料と型との間への潤滑油の導入・捕捉と，さらに塑性変形が進んでいく最中の材料表面と潤滑油の挙動を追ってみる[7]。

11.3.1 塑性変形開始直前の潤滑挙動

潤滑油には適当な粘度があるため材料に付着して，変形に追従したり，逆に

搾り出される。図 11.6(a)は引抜きや押出しの例である。材料がダイスに入るときに油も材料と一緒に引き込まれる。図(b)は圧延の例で、材料とロールの両方から油が引き込まれる。これら図(a)、(b)をくさび効果という。材料に付着している油が狭いすきまに引き込まれ、圧力が増加し、型の入口で材料の塑性変形に必要な圧力に達する。型と材料との間にくさびを打ち込むように油が入り込み、直接接触を防ぐ。

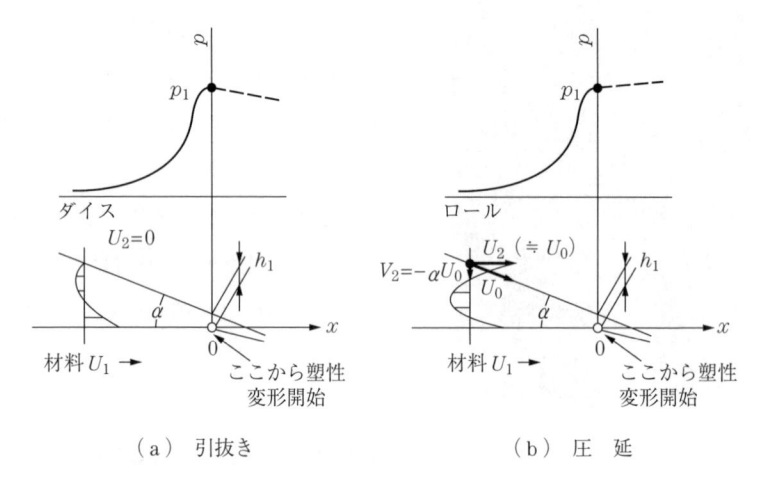

（a）引抜き　　　　　　　（b）圧延

図 11.6 引抜きや圧延開始直前の潤滑剤の挙動[4]

さて、そのときの油膜はどのくらいになるのか大略を計算してみよう。油膜厚さに比べて圧延ロールの幅などが十分大きければ、2 次元流れと考えてもよい。また、簡単のため粘度も一定と仮定して、レイノルズの方程式を解くと、板の引抜き加工や圧延の入口の油膜厚さ h_1 は式(11.1)で表される。

$$h_1 = \frac{3\eta(U_1 + U_2)}{\alpha p_1} \tag{11.1}$$

ここに、η：粘度〔Pa·s〕、U_1：入口での材料速度〔m/s〕、U_2：工具速度〔m/s〕、α：導入角〔rad〕（圧延では一般に小さい）、p_1：材料の降伏圧力

粘度や速度が大きく導入角度も小さいほうが油は導入されやすく、入口油膜は厚くなる。逆に、硬い材料は p_1 が大きくなるので油膜が薄くなる。硬い材料が加工しにくい理由は変形能だけではなく、潤滑膜を形成しにくいことにも

11.3 塑性加工における潤滑メカニズム

原因がある。

図 11.7 は据込みの例で，型が接近するにつれ，材料とのすきまはしだいに狭くなり，油を搾り出そうとする。しかし，油には粘度があるから簡単には搾り出されず，一部は留まって圧縮され，圧力が高まる。これをスクイーズ効果という。したがって，低粘度の油ほどすきまから排出されやすく，油膜は薄くなる。引抜きや圧延のくさび効果では定常的に潤滑剤の供給があるが，スクイーズ効果では，変形初期に型と材料との間に捕捉した潤滑剤だけで途中の補給はない。

前述同様に，レイノルズ方程式から圧縮開始時の円柱端面の圧力分布を求めると，式(11.2)となる。ただし簡単のため，油の粘度 η は一定とする。

$$p = \frac{3\eta V (R_0^2 - r^2)}{h^3} \tag{11.2}$$

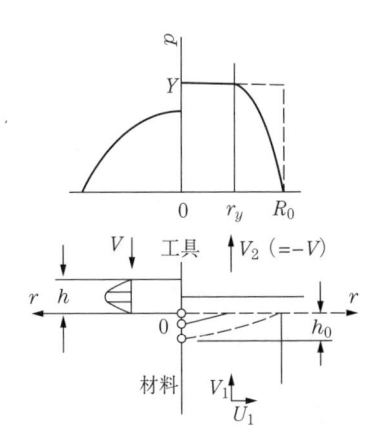

図 11.7 据込み開始直前の潤滑剤の挙動（全体が塑性降伏）[9]

ここに，R_0：円柱材料の初期半径，V：型の接近速度，h：油膜厚さ

上型が接近して，h が減少すると，p は上昇する。しかし，材料は塑性変形するから，p の上限は降伏応力程度である。簡単のために，$p = Y$ となった場所から塑性変形が生じると仮定してみる[9]。そのときはまだ変形直前で，$U_1 = 0$，工具速度 $U_2 = 0$ である。このとき，中心の油膜厚さは式(11.3)となる。

$$h_0 = \left(\frac{3\eta V R_0^2}{Y}\right)^{1/3} \tag{11.3}$$

式(11.2)の圧力分布を反映して，中央が凹んだ形で潤滑油を捕捉することを意味する。

さらに，円柱端全体に塑性域が広がると，油膜分布は式(11.4)となる。

$$h = \left\{\frac{3\eta V}{Y}\left(R_0^2 - r^2 + 2r^2 \ln\frac{r}{R_0}\right)\right\}^{1/3} \tag{11.4}$$

11.3.2 塑性加工に伴う材料表面の変化とミクロ潤滑メカニズム

ここでは，塑性変形の進行に伴い，材料表面はどのように変化するのかを考える。これは軸受けなどの潤滑にはない，塑性加工独特の条件として，表面積拡大比，粗化と平滑化，微視的・二次的な粗化が挙げられる。

〔1〕 **表面積拡大比** 加工前の表面積を S_0，加工後の表面積を S_1 とすると，表面積拡大比 R_s は

$$R_s = \frac{S_1}{S_0} \tag{11.5}$$

となる（後方押出し加工では100倍以上，マンネスマン押出しでは $R_s>1\,000$ 倍，ファインブランキングのせん断変形部で R_s は無限大に近いこともある）。初期潤滑膜厚さを h_0 とすると，塑性変形に伴い加工中の潤滑膜の厚さ h_1 は

$$h_1 = \frac{h_0}{R_s} \tag{11.6}$$

となる。加工が進むと潤滑膜は $1/R_s$ に薄くなり，潤滑膜は破れやすくなる。

〔2〕 **粗化と平滑化** 図 11.8 に引張試験片の表面粗さの測定例を示す。ひずみの増加に伴い，表面粗さはしだいに増す。潤滑膜が厚いときにも，材料は型とのすきまで自由に動けるので，やはり粗化が進む。

一般に，平均結晶粒径 d，相当ひずみ $\bar{\varepsilon}$，初期表面粗さ R_0，自由変形した後の表面粗さ R_z の間には，近似式(11.7)が成り立つ。

$$R_z = R_0 + Cd\varepsilon \tag{11.7}$$

およそ比例定数 $C=1$ である。

油膜が厚いときには式(11.7)の自由表

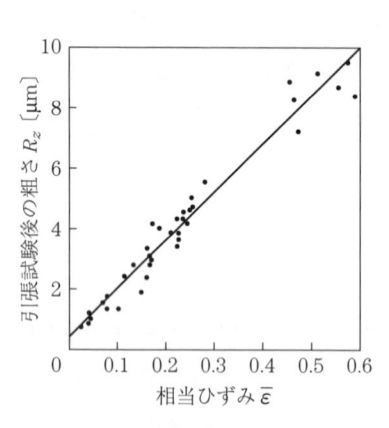

図 11.8 引張試験片（冷延鋼板 SPCC，0.5 mm）の表面粗さの測定例

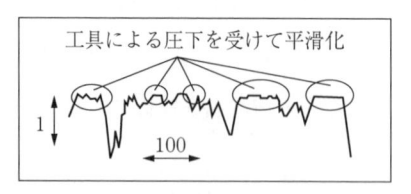

図 11.9 一次粗さの山頂の平滑化（材料全体が降伏）

面のように粗化が進む。しかし，油膜が薄くなると，**図11.9**の粗さの山が工具によってつぶされ，平滑部が増す。さらに潤滑膜が薄くなれば，至る所で粗化は抑えられ，平坦化が進む。どのような変形状態で平坦化できるのかなどは，潤滑状態の把握も含めて，まだ十分には解明されていない。

〔3〕 **微視的・二次的な粗化**　結晶粒オーダーで材料表面では細かい隆起や陥没が生じている。材料全体が塑性変形している最中は，材料表面に散在するオイルピット（小さな凹み状の油だまり）と周囲との圧力差は小さいので，オイルピットから油が容易に流出できる。その際に周囲の平滑部に二次的な小さな粗さを形成しながら，流出することも直接観察されている。これはマイクロ塑性流動潤滑（**図11.10**）と呼ばれる[10]。この潤滑メカニズムの作動条件がわかれば，さらに効率良く，必要十分な量で潤滑できる可能性もある。

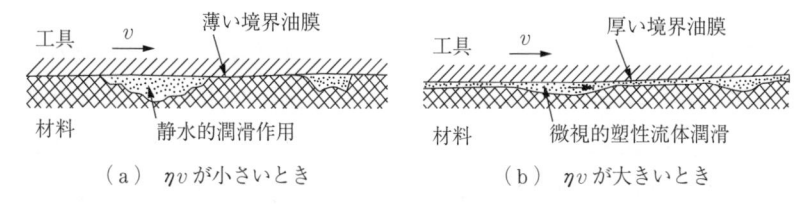

図11.10　マイクロ塑性流体潤滑（材料全体が降伏。高圧粘度 η とすべり速度 v）[10]

11.3.3 物理・化学的な潤滑メカニズム

型と材料との間に潤滑剤が存在していれば，吸着や化学反応も期待できる。**図11.11**に添加剤を含む潤滑油の作用モデルを示す[11]。図（a）は物理吸着の例である。極性のある電気的なものや単に分子間引力で引き合っている。吸着熱は小さく（40 kJ/mol 以下），金属との結合力は弱い。摩擦面の温度が上がると，簡単に脱離してしまうが，すばやく吸着し，分子の上にも吸着して層を形成する。脱脂が楽なので，接触条件の厳しくない場合には有効である。

図（b）は化学吸着の例である。吸着熱は 80〜400 kJ/mol で物理吸着より強く金属表面と結合するが，物理吸着ほど吸着速度は高くない。直接的な確認は難しいが，塑性加工でも化学吸着が有効に働いていると思われる。

(a) 物理吸着　金属 Me

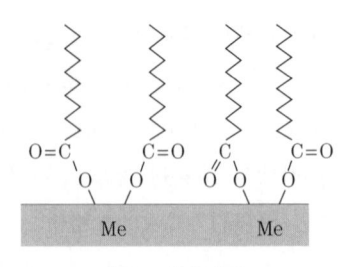

(b) 化学吸着

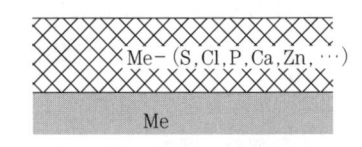

(c) 化学反応被膜　Me－(S, Cl, P, Ca, Zn, …)

図 11.11　添加剤を含む潤滑油の作用モデル

図(c)は化学反応被膜の例である。摩擦面の温度が高くなると極圧添加剤が金属表面と反応し，強固な厚い被膜を形成する。極圧添加剤としては硫化物，塩化物，リン酸化合物，有機金属化合物などが挙げられる。さらに，この膜の表面に吸着膜を形成して摩擦を下げることもある。強力で性能も高いが，塩素系添加剤などの環境への悪影響やリンが材料へ侵入して起こる疲労強度低下などが問題になっている。

演 習 問 題

問 11.1　単軸引張試験で降伏点が 500 MPa の板材料に 0.1 Pa·s で油を十分塗り圧延加工する。ロール周速は 10 m/s の高速で，入口での材料速度は 7 m/s である。軽圧下の圧延ならば接触角度（導入角）は小さくて 1°だとする。入口の油膜厚さは何 μm くらいと見積られるか。

問 11.2　問 11.1 と同じ材料に同じ油を塗って，引抜き加工で板を薄くする場合の入口油膜厚さを見積もって，圧延と比べて潤滑が簡単か難しいかを推定しよう。ただし，ダイス半角 $\alpha=10°$ で，引抜き速度は 7 m/s とする。入口の油膜厚さは何 μm くらいと見積られるか。

問 11.3　潤滑油を用いて中実円柱の据込み加工（単軸圧縮加工）を行うとき，潤滑メカニズムの観点から材料表面がどのように変化していくかを考えてみよう。

12.

塑性加工の有限要素解析

12.1 塑性加工のプロセス設計

前章までにさまざまな加工法を紹介してきた。材料を加工しようと考えたとき，加工設備にはどのぐらいの荷重がかかるか，目的の形状に成形できるか，金型に損傷は生じないかといったさまざまな検討が必要となる。実際の製品生産のためには，このような検討を行い，問題が生じない成形条件を設定しなければならない。これをプロセス設計と呼ぶ。言い換えれば，プロセス設計とは，設備面や材料面でのさまざまな制約条件のもとで，目的とする形状や材料特性を付与する成形条件を見いだす作業である。

12.1.1 解析の目的

塑性加工における解析は，このようなプロセス設計を効率良く達成するために利用される。塑性加工プロセス設計における思考の枠組みを図12.1に示す。この過程では，まず，仮定した成形条件で問題が発生しないか，実験や解析によって探る。この検討から問題の発生原因や発生機構の考察を経て，成形条件を再検討

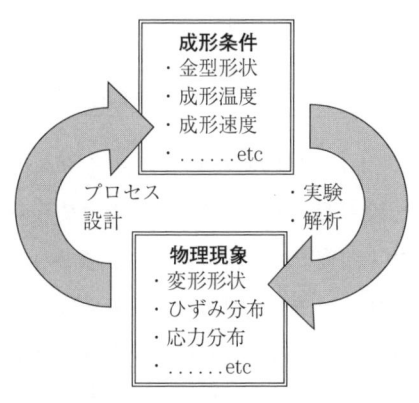

図12.1 塑性加工プロセス設計における思考の枠組み

し，再び実験や解析によって改善策の検証を行う．

このような過程は，われわれが普段の生活のなかでも問題の予想と回避という形で，無意識に行っているものと似ている．しかし，実際の塑性加工における成形荷重や変形形状の予測は頭の中で描けるほど単純ではない．このため，成形条件から物理現象を求めるための実験や解析といった「モデル」が必要となる．

12.1.2 モデル化の手法

塑性加工にはさまざまな加工法があり，それらの多くは金型やロールなどの専用工具を必要とする．また，大規模設備を必要とするプロセスでは，試作を繰り返すと多額な費用と時間がかかってしまう場合が多い．実際の試作をせずに効率よく成形条件を設計するためには，塑性加工における物理現象をモデル化する必要がある．モデル化にはいくつかの種類があり，**表 12.1**に各モデル化手法の特徴を示す．

表 12.1 モデル化手法の比較

項 目	モデル実験	理論解析	数値解析
複雑形状成形への適用性	◎	×	○
実験・解析に要するコスト	△	◎	○
全体像の把握と定性的理解	×	◎	○
定量的精度	○	△	○
プロセス設計への直接的適用	△	◎	○

◎：最も良好　○：良好　△：利用に制限あり　×：不適切

〔1〕 **モデル実験** このモデル化では実際の現象を簡便な方法で実験的に再現する．例としては，実際よりも小さな寸法の材料を成形する方法や，熱間加工温度での材料の変形を常温での粘土の変形に置き換えて，材料の流れを観察する方法などがある．模擬実験であるため，摩擦や温度変化は実際の現象と異なるが，複雑な形状の成形を模擬することができる．

〔2〕 **理論解析** 塑性加工の理論解析には，初等解法（スラブ法）やすべり線場法といった解析法[1)~3)]がある．これらの手法では，解析対象となる問

題の構造や解法上の仮定が明確であるため,直接的な理解を得やすい。さらに,閉じた数式として成形条件と物理現象の関係が記述できれば,設計でも直接的に理論式を利用することができる。一方,理論解析によって解ける問題は,単純な形状や成形条件に限定されているため,複雑な形状の問題や温度が関係するような問題に対しては,適用に限界がある。

〔3〕 **数値解析** 数値解析(数値シミュレーション)の基礎的な背景は理論解析と同様であるが,有限要素法などの数学的手法により複雑な形状や負荷条件の取扱いが可能となる。有限要素法では材料の変形を代表点の速度ベクトルに置き換え,この速度ベクトルをコンピュータによって解く。理論解析を基礎にしながらコンピュータの圧倒的な計算能力を使って,より現実的な条件での変形を解くことができるため,数値実験的な利用と理論的な利用の両方が可能である。

12.2 有限要素解析の概要

本節では塑性加工の数値解析に多く用いられている有限要素法(finite element method:FEM)について概要を説明する。有限要素法には運動の記述法や材料特性の近似法などによってさまざまな分類がある。ここでは,静的なつりあいに基づく剛塑性有限要素法について述べる。

12.2.1 有限要素法とは

有限要素法では,図12.2に示すように,解析の対象となる物体を要素

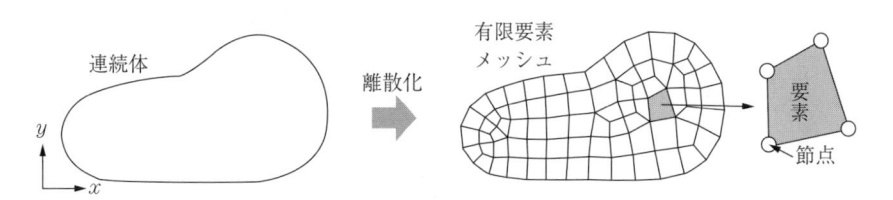

図12.2 有限要素法の考え方

(element) と呼ばれる有限の大きさを持った単純形状の集合体で表現する。要素を構成する角の点を節点（node）と呼ぶ。この有限の大きさへの分割を離散化（discretization）と呼び，離散化によって物体の変形は節点における変位や速度によって表現される。

有限要素法においても理論解析と同様に要素内部の力のつりあいやひずみの算出に微分が必要となる。要素内での微分操作を可能にするために形状関数（shape function）と呼ばれる補間関数を用いて，要素を構成する節点の速度ベクトルから要素内のさまざまな物理量を内挿して求める。このようにして記述した一つの要素のつりあい式をつなぎ合わせて全体のつりあいに拡張し，解析対象となる物体全体の変形を求める。

このように，有限要素法は物体を要素分割することで単純な形状の集合体に置き換え，各要素の力のつりあいを全体に拡張することで，複雑な形状の変形解析を可能にする計算方法である[3]〜[7]。

12.2.2　基礎理論の概要

基礎的な剛塑性有限要素法の定式化を考えるために，平面ひずみ問題（ここでは紙面垂直方向のひずみがゼロ）を図 12.3(a)のように単純化して示す。

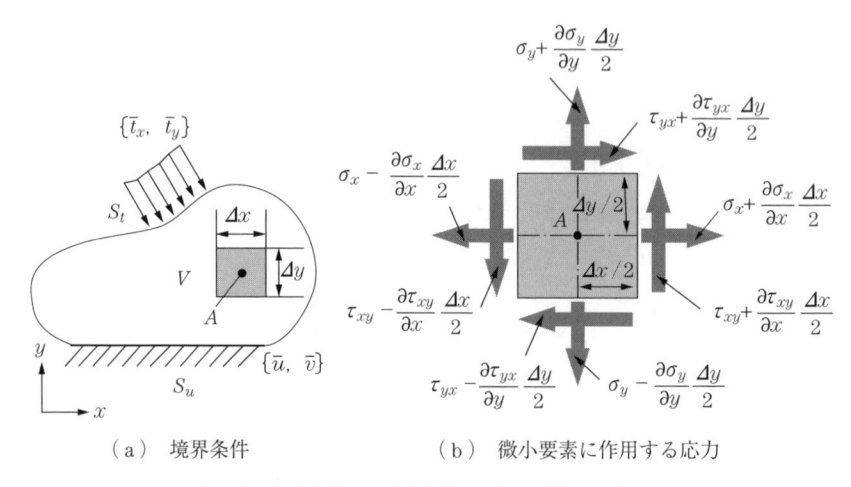

（a）境界条件　　　　　　　（b）微小要素に作用する応力

図 12.3　一般化された変形問題と微小要素のつりあい

12.2 有限要素解析の概要

これは1.3.4項で述べたつり合い方程式の導出と同様であるが,復習のためにもう一度導いてみよう。

図(b)に示す微小要素 $\Delta x \times \Delta y$ を考えて,点Aの周辺の応力分布をテイラー展開によって近似し,各辺の中心で応力を代表させると,x 方向の力のつりあいは式(12.1)で表される。

$$\left(\sigma_x - \frac{\partial \sigma_x}{\partial x}\frac{\Delta x}{2}\right)\Delta y + \left(\tau_{yx} - \frac{\partial \tau_{yx}}{\partial y}\frac{\Delta y}{2}\right)\Delta x$$
$$= \left(\sigma_x + \frac{\partial \sigma_x}{\partial x}\frac{\Delta x}{2}\right)\Delta y + \left(\tau_{yx} + \frac{\partial \tau_{yx}}{\partial y}\frac{\Delta y}{2}\right)\Delta x \tag{12.1}$$

この式を整理すると式(12.2)のような x 方向の応力の関係式を得る。

$$\frac{\partial \sigma_x}{\partial x} + \frac{\partial \tau_{yx}}{\partial y} = 0 \tag{12.2}$$

y 方向についても同様に考えると,式(12.3)を得る。

$$\frac{\partial \tau_{xy}}{\partial x} + \frac{\partial \sigma_y}{\partial y} = 0 \tag{12.3}$$

また,点A回りのモーメントのつりあいから

$$\tau_{xy} = \tau_{yx} \tag{12.4}$$

という応力の対称性も示すことができる。

一方,物体の表面では,図(a)に示すような条件を与える。これを式(12.5),(12.6)のように表す。

$$u = \bar{u}, \quad v = \bar{v} \quad \text{(表面 } S_u \text{ 上)} \tag{12.5}$$

$$\sigma_x n_x + \tau_{yx} n_y = \bar{t}_x, \quad \tau_{xy} n_x + \sigma_y n_y = \bar{t}_y \quad \text{(表面 } S_t \text{ 上)} \tag{12.6}$$

式(12.5)では表面 S_u 上で変位速度が $(\bar{u}, \bar{v})$ として規定され,式(12.6)では表面 S_t 上で表面応力が $(\bar{t}_x, \bar{t}_y)$ と規定されていることを表している。ここで,(n_x, n_y) は表面の単位法線ベクトルを示す(1章の応力の座標変換を参照)。このように物体の表面上に既定される物理的な条件を境界条件(boundary condition)という。

上述の物体内部の応力のつりあい方程式と表面の境界条件式が満たされているとすれば,任意のベクトル関数 $(\delta u, \delta v)$ に対して

$$\int_V \left(\frac{\partial \sigma_x}{\partial x} + \frac{\partial \tau_{yx}}{\partial y}\right) \delta u dV + \int_V \left(\frac{\partial \sigma_y}{\partial y} + \frac{\partial \tau_{xy}}{\partial x}\right) \delta v dV$$
$$+ \int_{S_t} \{\bar{t}_x - (\sigma_x n_x + \tau_{yx} n_y)\} \delta u dS + \int_{S_t} \{\bar{t}_y - (\tau_{xy} n_x + \sigma_y n_y)\} \delta v dS = 0$$
(12.7)

が成立しなければならない。ここで，$(\delta u, \delta v)$ は表面 S_u 上でゼロである任意の関数であり，仮想的に与えた変位速度を示す。いくつかの数学の公式（ガウスの発散定理および部分積分公式）を適用することで，式(12.8)に変換される。

$$\int_V \left\{\sigma_x \frac{\partial \delta u}{\partial x} + \sigma_y \frac{\partial \delta v}{\partial y} + \tau_{xy}\left(\frac{\partial \delta v}{\partial x} + \frac{\partial \delta u}{\partial y}\right)\right\} dV = \int_{S_t} (\bar{t}_x \delta u + \bar{t}_y \delta v) dS$$
(12.8)

この式は仮想仕事の原理式（principle of virtual work）と呼ばれ，材料の性質を問わずすべての物体で成立する。この式では，左辺が仮想的に与えた任意の変位速度 $(\delta u, \delta v)$ によるひずみ速度と内部の応力がなす内部仕事率を，右辺が仮想変位速度 $(\delta u, \delta v)$ と表面 S_t 上に規定された外力がなす外部仕事率をそれぞれ示し，両者が等しいことを示している。ここで，仕事率とは単位時間当りの仕事エネルギのことである。

式(12.8)には座標系 (x, y) での偏微分が含まれているが，要素内部の任意の点の変位速度分布 (u, v) と座標 (x, y) を節点のデータから形状関数によって内挿し，微分の連鎖則を用いて求める。また，体積および表面積分についてはガウスの数値積分法を用いて，要素内の積分点での代表値を用いた積分を行う。このようにして式(12.8)の仮想仕事の原理式を各要素ごとに離散化して，要素ごとの力のつりあい式を作る。これを物体全体に対して重ね合わせて，マトリックス表示で単純化すると式(12.9)となる。

$$[K(v)]\{v\} = \{f\} \quad (12.9)$$

ここで，$\{v\}$ は全節点の変位速度をベクトル状に配置したものであり，$\{f\}$ は表面力 $(\bar{t}_x, \bar{t}_y)$ を面積積分して節点に振り分けた等価節点力ベクトルを示す。式(12.9)を全体剛性方程式と呼び，$[K(v)]$ を全体剛性マトリックスと呼ぶ。

ところで，弾性体の微小変形解析（線形解析）では，全体剛性方程式は，変位ベクトルを$\{u\}$とすると

$$[K]\{u\}=\{f\} \tag{12.10}$$

で表される。この場合，$[K]$は弾性係数を含む定数マトリックスである。剛塑性体の場合は，式(12.9)に示したように全体剛性マトリックスがこれから求める$\{v\}$の関数となっている。これは1.6.2項で述べたレビィ・ミーゼス(Lévy-Mises)の構成式からわかるように，偏差応力とひずみ速度の関係式で$\{v\}$の関数である相当塑性ひずみ速度$\dot{\bar{\varepsilon}}$を分母に持っているためである。

また，ほとんどの塑性加工は工具と材料の接触により成形するため，工具表面での摩擦の影響が無視できない。図12.4に示すように，接触面における摩擦力は，工具面上における材料の相対滑り速度と逆方向に作用する力である。つまり求めるべき変形速度$\{v\}$によって節点力ベクトル$\{f\}$の方向が変わってしまうため，式(12.9)の右辺$\{f\}$も速度$\{v\}$の関数となる。このように摩擦も非線形の方程式となる。

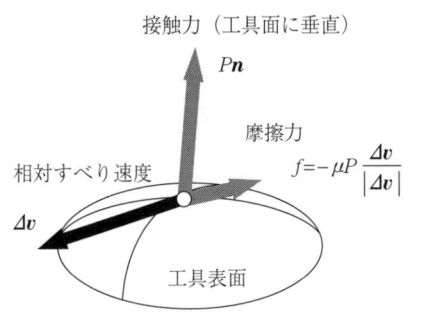

図12.4 接触面における摩擦力

したがって，有限要素解析において解くべき方程式は，非線形の連立方程式となり，弾性体の微小変形解析よりも複雑な計算が必要となる。

12.2.3 有限要素解析の手順

塑性加工の有限要素解析を行う手順を図12.5に示す。まず，プリプロセッサで解析データを準備する。つぎに，解析プログラムでそれらのデータを用いて有限要素法による計算を行う。そしてポストプロセッサで解析結果をわかりやすく表示する。ここでは，具体例として図12.6のような軸対称部品の鍛造加工を考え，上型と下型で素材を圧縮する。軸対称であるため，半径方向と軸方向を含む平面でモデル化する。

12. 塑性加工の有限要素解析

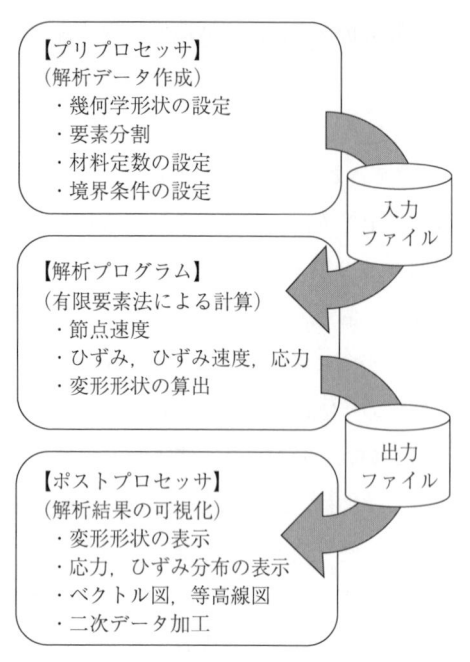

【プリプロセッサ】
(解析データ作成)
・幾何学形状の設定
・要素分割
・材料定数の設定
・境界条件の設定

↓ 入力ファイル

【解析プログラム】
(有限要素法による計算)
・節点速度
・ひずみ，ひずみ速度，応力
・変形形状の算出

↓ 出力ファイル

【ポストプロセッサ】
(解析結果の可視化)
・変形形状の表示
・応力，ひずみ分布の表示
・ベクトル図，等高線図
・二次データ加工

図 12.5 塑性加工の有限要素解析を行う手順

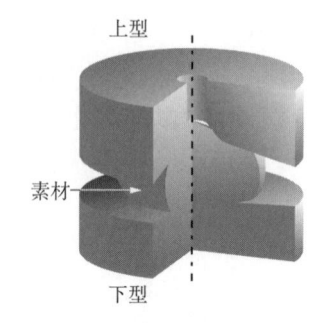

図 12.6 軸対称部品の鍛造

図 12.7 に解析の入力データを作成する手順を示す．有限要素解析を行うためには，まず，上型，下型および素材の三つの物体の形状を決めなければならない．これらの形状は直接入力，または CAD ファイルから読み込む．このよ

(a) 幾何学形状　　(b) 要素分割　　(c) 境界条件　　(d) 材料特性と相互関係

E_1, ν_1
μ_1
$\bar{\sigma} = f(\bar{\varepsilon}, \dot{\bar{\varepsilon}}, T)$
E_2, ν_2
μ_2

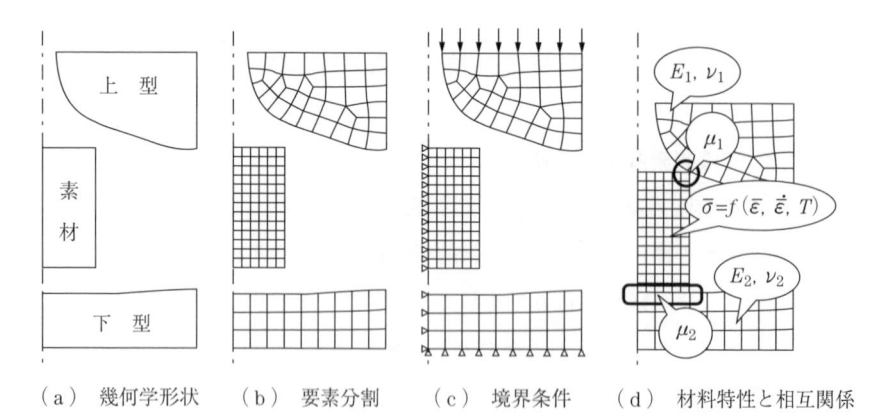

図 12.7 解析の入力データを作成する手順

うに定義された形状は幾何学的な外形線のみであり，変形解析のためには，これらを適当な要素に分割しなければならない．

要素分割した物体に対して境界条件を設定する．ここでは，中心軸上の節点に半径方向速度を拘束するという条件を与え，上型の上面に軸方向下向きの速度を一様に与える．

ついで，各物体の材料特性を入力する．塑性体の材料特性としては，降伏関数の種類選択や材料定数の入力が必要となる．一般に，冷間加工で加工硬化を考慮する場合には，変形抵抗 $\bar{\sigma}$ は，相当塑性ひずみ $\bar{\varepsilon}$ の関数となる．熱間加工では $\bar{\sigma}$ はさらに温度 T と相当塑性ひずみ速度 $\dot{\bar{\varepsilon}}$ の影響を受ける．また，金型の応力解析を行う場合には，弾性変形を解析するための弾性係数（ヤング率およびポアソン比）が必要となる．最後に接触面における摩擦係数などの物体間の相互関係を入力し，入力データファイルとして出力する．ここまでの入力データファイルを作成する作業を前処理（pre-processing）と呼び，解析対象の形状作成，要素分割，境界条件などを設定するプログラムをプリプロセッサと呼ぶ．

つぎに，有限要素解析を行う．解析プログラムのフローチャートを図 12.8 に示す．解析プログラムはプリプロセッサにより作成された入力データファイルを読み込み，解析を開始する．剛塑性有限要素解析では，一度に目的の最終変形形状を求めるのではなく，塑性加工プロセスを微小時間増分 Δt ごとに区切った多数のステップに分割する．上述のように全体剛性方程式は非線形方程式であるため，繰り返し計算を行い，速度場 $\{v\}$ を求める．求まった速度場 $\{v\}$ に対して時間増分 Δt を掛けて変位増分を計算し，Δt 後の変形形状を求める．接触状態などの境界条件を見直し，更新された形状と境界条件のもとで，再び速度場を求める計算を行う．これを増分ステップ回数だけ繰り返し，金型の最終位置やあらかじめ決められた時刻などの終了条件を満たして解析は終了する．

解析途中や終了段階で結果データのファイルを適宜出力する．有限要素解析の結果ファイルには節点における速度ベクトル，要素内における応力やひずみ

12. 塑性加工の有限要素解析

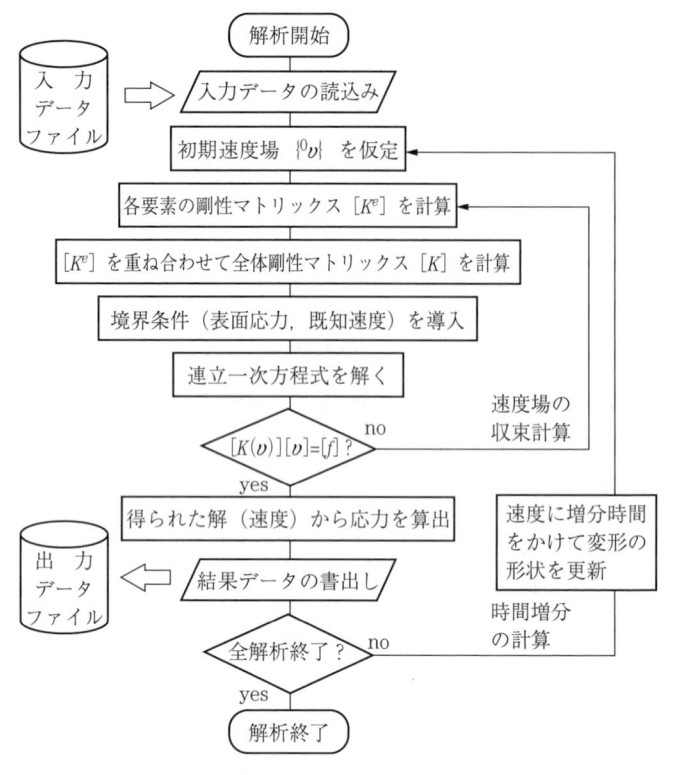

```
入力                  解析開始
データ      ⇒     ┌──────────┐
ファイル          │入力データの読込み│
                  └──────────┘
                         ↓
                ┌──────────────┐
                │初期速度場 |v| を仮定│←──────┐
                └──────────────┘        │
                         ↓                │
          ┌──────────────────┐      │
          │各要素の剛性マトリックス [K^e] を計算│←──┐ │
          └──────────────────┘    │ │
                         ↓              │ │
      ┌──────────────────────┐ │ │
      │[K^e] を重ね合わせて全体剛性マトリックス [K] を計算│ │ │
      └──────────────────────┘ │ │
                         ↓              │ │
      ┌──────────────────────┐ │ │
      │境界条件（表面応力,既知速度）を導入│       │ │
      └──────────────────────┘ │ │
                         ↓              │ │
            ┌──────────┐             │ │
            │連立一次方程式を解く│           │ │
            └──────────┘             │ │
                         ↓           速度場の │ │
            ◇[K(v)][v]=[f]?─no→ 収束計算─┘ │
                         │yes                  │
                         ↓                     │
      ┌──────────────────┐           │
      │得られた解（速度）から応力を算出│           │
      └──────────────────┘           │
                         ↓           速度に増分時間│
出力                ┌──────┐    をかけて変形の│
データ  ⇐       │結果データの書出し│  形状を更新  │
ファイル            └──────┘           │
                         ↓           時間増分  │
            ◇ 全解析終了？ ─no───→ の計算 ──┘
                         │yes
                         ↓
                  ┌────┐
                  │解析終了│
                  └────┘
```

図 12.8 解析プログラムのフローチャート

速度といったさまざまな情報が含まれる。

　解析結果データのファイルは膨大な量の数値のら列であり，このままではどのような変形が生じているのかを判断することはできない。コンピュータグラフィックスによって結果を可視化（visualize）することで，変形の全体像や応力やひずみの分布などを知ることができる。このような解析データの可視化を後処理（post-processing）と呼び，後処理を行うプログラムをポストプロセッサと呼ぶ。後処理においては，一次的な結果データを可視化するばかりではなく，応力成分やひずみ速度成分を座標変換し，より検討しやすい二次的なデータに変換する機能を持ったものも多い。図 12.9 に後処理の例を示す。この例では鍛造プロセスにおける相当塑性ひずみ分布を示している。

相当塑性ひずみ分布
0.0　　　　0.5　　　　1.0

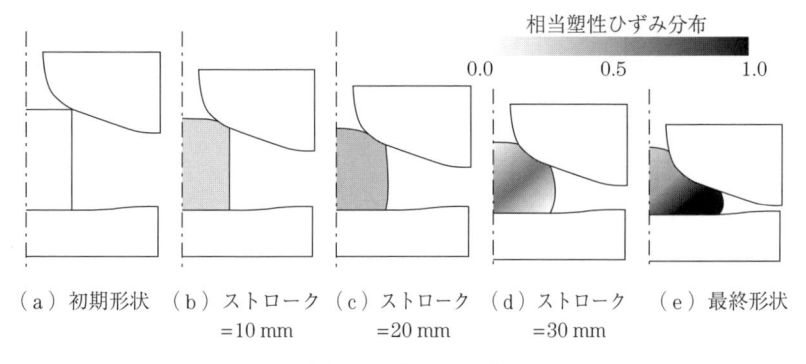

（a）初期形状　（b）ストローク　（c）ストローク　（d）ストローク　（e）最終形状
　　　　　　　　　=10 mm　　　　=20 mm　　　　=30 mm

図 12.9　後処理の例

12.3　有限要素解析の実例

本節では，有限要素法を用いた塑性加工解析の実例を挙げて，実際のプロセス設計においてどのように利用されているかを紹介する。

12.3.1　鍛造加工

鍛造加工では付与する塑性ひずみが大きく，材料が塊状であるため，弾性域を無視した剛塑性有限要素法が用いられることが多い。解析目的は，鍛造荷重や変形形状，金型応力などの推定により，鍛造前形状（プリフォーム形状）や多段鍛造プロセス全体を設計することにある。

鍛造加工では素材の変形が大きいため，解析開始時に分割した要素が解析の途中で極端につぶれてしまい，解析精度の確保や計算の継続が困難になる。このような場合は再要素分割（remeshing または rezoning）により新しい要素を作り直す必要がある。図 12.10 に鍛造解析における要素再分割の様子を示す[8]。再分割後は再分割前の要素から相当塑性ひずみや温度，境界条件などのデータを継承させて，解析を継続する。

複雑な形状の鍛造品については軸対称や平面ひずみで近似できない場合も多い。近年の計算機能力の向上により三次元の鍛造解析も可能になってきた。図

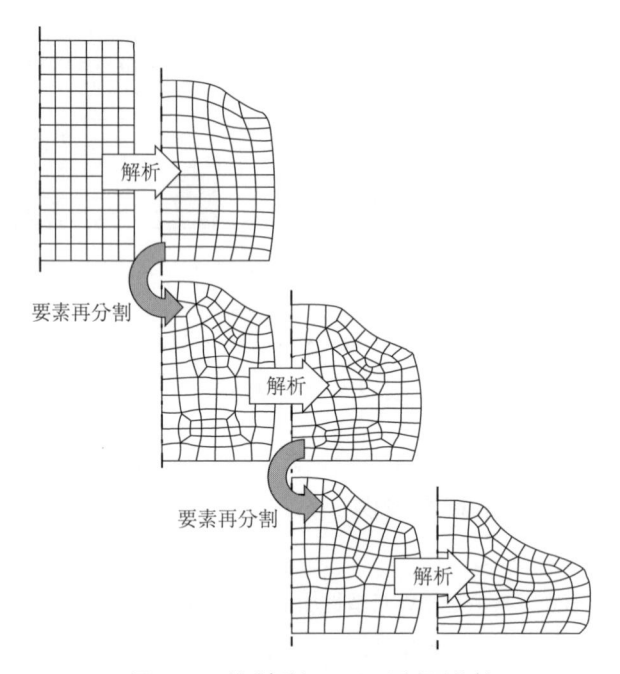

図 12.10 鍛造解析における要素再分割

12.11 は歯車の三次元鍛造解析例である。三次元解析では二次元解析に対して計算時間が長くなるが，形状の対称性や周期性を利用して適切な境界条件を与えることで，図(b)に示すような 1/16 の部分的なモデルで全体を解析した場合と等価な解析を行うことも可能である。

鍛造においては，金型との接触による温度の低下や摩擦および塑性変形による発熱の影響が無視できない場合がある。このような場合は変形解析と熱伝導解析の両方を 1 回の時間増分ステップで実行する。交互に解析を行うことで，変形解析から得られた塑性変形熱や摩擦熱のデータを熱伝導解析へ渡し，また熱伝導解析から得られた温度のデータを変形解析に渡して，温度変化による変形抵抗の変化を考慮する。このような解析を熱連成解析（thermo coupled analysis）と呼ぶ。

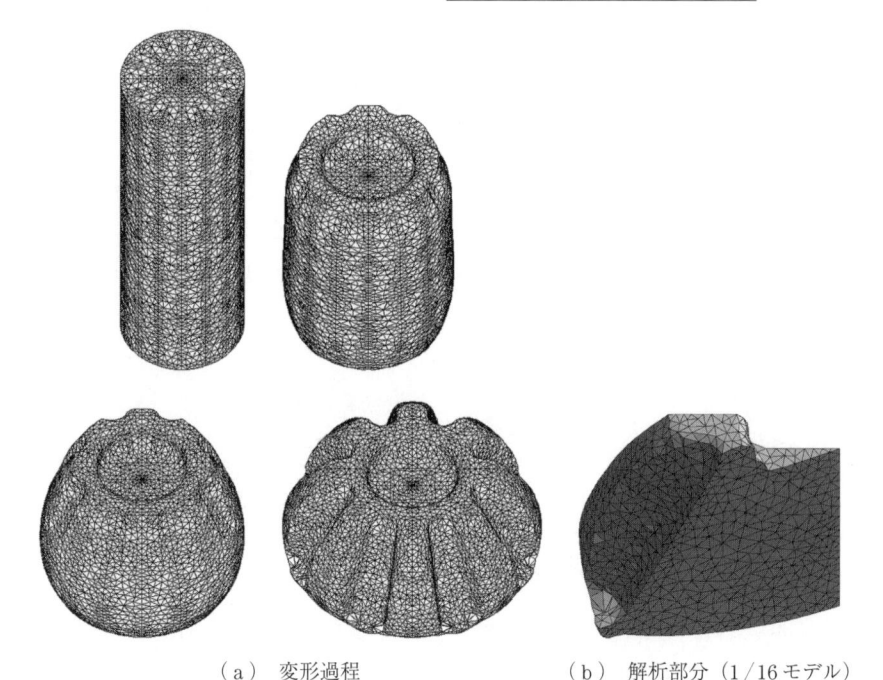

(a) 変形過程　　　　　　　（b) 解析部分（1/16 モデル）

図 12.11　歯車の三次元鍛造解析例

12.3.2　圧　延　加　工

　圧延は長尺の板や棒を製造する代表的な加工法であり，工業的な関心は圧延材の先端と後端の非定常変形部分よりも，製品の大部分を占める定常変形部分にある．このため，圧延解析では変形や温度の定常状態の解析を行う．

　剛塑性有限要素法は，現在の形状と工具の動きから，その瞬間の速度ベクトルを求める解析法であるため，そのままでは定常状態の解析に適用できない．圧延の定常解析では，図 12.8 に示した有限要素解析のフローチャートにおいて，時間増分ステップに相当する外側のループを定常状態への収束計算に用いる．

　この解析では，ロールに嚙み込まれた状態の初期形状を仮定し，この形状と接触状態から速度場を求める．得られた速度場をもとにして解析領域の入口断面から出口断面へ向かって形状を更新する．この際，圧延方向の要素の分割位

置は空間に固定する．新しい形状をもとに再度速度場を計算し，速度場の算出と求めた速度場による形状の更新を交互に実施し，最終的に定常状態を求める．

図 12.12 に，仮定した初期形状から定常変形形状への推移を示す[9]．図では四角形断面の棒から楕円断面への圧延の 1/4 領域のみをモデル化しており，初期形状では見られなかった幅方向への広がりが定常変形状態で生じていることがわかる．

（a）幾何学的に仮定した初期形状　　（b）定常変形形状（1/4 領域）

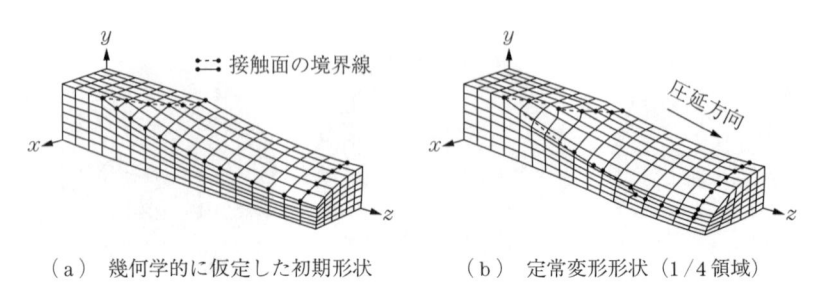

図 12.12　四角形断面の棒から楕円断面への圧延の定常変形形状への推移[9]

実際の圧延加工では多くの圧延スタンドで素材に順次加工を加えて目的の断面形状へ圧延する．図 12.13 に H 形鋼の多パス圧延の解析例を示す[10]．このように各スタンドでの形状を追跡することで，最終形状までの成形に必要なスタンド数が検討できる．また，各スタンドで生じるロール荷重から各スタンドで必要な設備剛性の設計が可能になる．

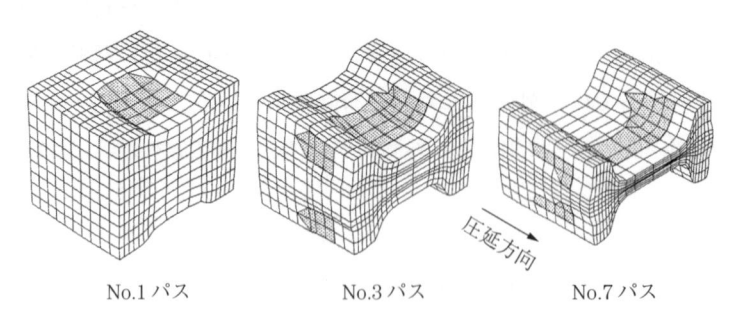

No.1 パス　　　　No.3 パス　　　　No.7 パス

図 12.13　H 形鋼の多パス圧延の解析例[10]

12.3 有限要素解析の実例

　有限要素解析では圧延で与える形状や荷重に加えて，塑性ひずみや温度の履歴なども計算できる。圧延加工の目的は，所望の形状へ成形することのみではなく，適切な材料特性を付与することも含まれる。このような目的のプロセス設計にも有限要素解析は利用されており，算出された温度と塑性ひずみの履歴から，圧延が終了した状態における製品の結晶粒径を予測することができる。例えば，**図 12.14** に有限要素解析によって予測した圧延材のオーステナイト粒径を示す[11]。

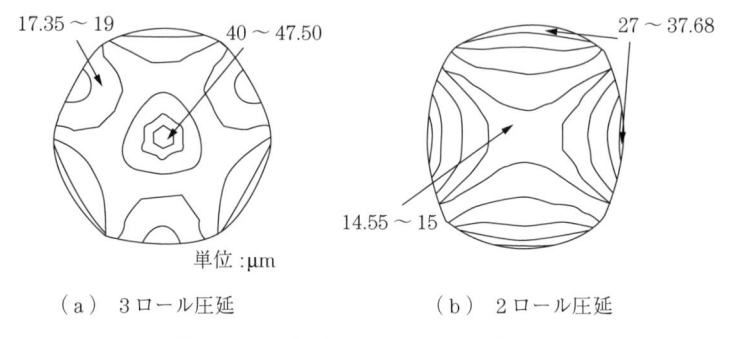

(a) 3ロール圧延　　　　(b) 2ロール圧延

図 12.14　圧延材のオーステナイト粒径[11]

12.3.3　板 材 成 形

　板材成形では，材料に発生する割れとしわが問題となる。これらの成形不良を金型作製前に予測し，回避するために解析が利用される。材料としては厚さ方向のみの寸法が極端に小さい板を対象とする。そのため，ひずみの板厚方向分布を線形と仮定し，厚さ方向の応力を無視する。このような簡略化されたシェル要素が用いられる。この要素では，少ない節点数で板材をモデル化できるため，解析効率が向上する。さらに板材固有の変形形態を仮定することで精度の高い解析も可能となる。

　板材成形では鍛造や圧延と比較して与えるひずみが小さく，弾性域の影響が無視できない。このため，弾塑性解析が必要となる。また，しわの発生は一種の不安定現象であり，これまで述べた剛塑性有限要素解析とは異なったさまざ

まな難しい問題を含んでいる。このため，安定して解析が行える動的陽解法 (dynamic explicit) に基づいた有限要素法を適用する例が多く見られる。動的陽解法は，自動車の衝突解析などの変形問題に用いられる解析方法である。

図 12.15 に板材成形解析モデルの例を示す[12]。板材成形では凸型のパンチと凹型のダイで，板材をはさんで成形する。材料が成形部に流入する際にしわが生じないように，ダイの平面部とブランクホルダー（しわ抑え板）で板材を抑える。

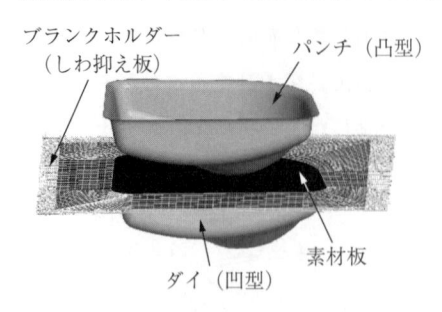

図 12.15 板材成形解析モデル

図 12.16 に板材成形解析によって得られた変形形状と板厚分布を示す。しわ抑え力（blank holder force：BHF）が弱いとしわが生じ，強すぎると板が必要以上に引っ張られて，板厚が薄くなってしまう。解析結果ではこの様子が表現されている。このように，有限要素解析により適切なしわ抑え力や素材の形状を実際の試作前に検討することができる。

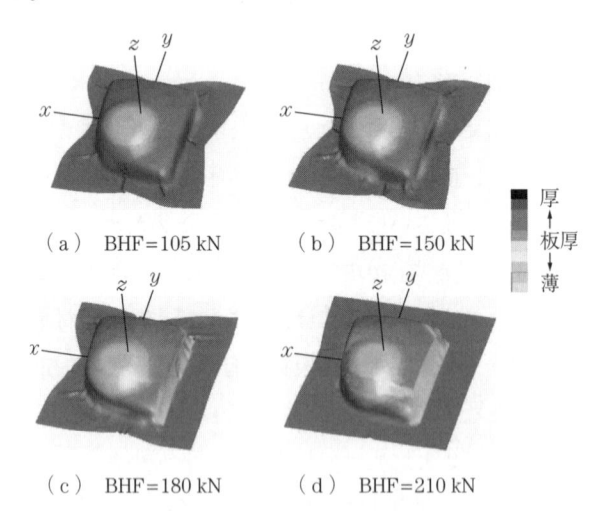

（a） BHF=105 kN　　（b） BHF=150 kN

（c） BHF=180 kN　　（d） BHF=210 kN

図 12.16 板材成形解析によって得られた変形形状と板厚分布（しわ抑え力の影響）

12.4 数値シミュレーション利用上の留意点

板材成形や鍛造加工のような多品種生産においては，図面のCAD化や計算機の高性能化，低コスト化を追い風にして，有限要素解析を利用しやすい環境が整ってきている．そのため数値シミュレーションは，日常的なプロセス設計のツールとして認識されている．しかしながら，すべての塑性加工プロセスがつねに十分な精度で解析できるわけではない．以下にプロセス設計に有限要素解析を効果的に利用するための利用形態や全般的な留意点についてまとめる．

12.4.1 効果的な利用形態

〔1〕 **仮想実験的利用**　有限要素解析は，理論解析で扱うことのできない複雑な形状や負荷条件を扱うことができるため，実験の代替として利用される．このような利用法は数値実験や仮想試作と呼ばれることもある．大規模な実験に比較すると有限要素解析の方が速く，かつ低コストでさまざまな実験的検討ができる．ただし，実験の代替として要求される精度で解析を実施するには材料データや変形のモデル化などに十分な準備が必要となる．数値解析では不適切な入力に対しては不適切な結果（garbage in, garbage out）となることに気をつけなければならない．

〔2〕 **思考実験的利用**　現実の実験は条件設定や測定のばらつきを伴うため，系統的でない実験結果は一時的な定量性しか意味しない．これに対して，数値解析は物理現象を単純化することで着目した現象を鋭利に切り取って表現することができる．実際には設備的な制約から実験不可能な条件でも数値解析ができ，一種の思考実験として定性的な傾向を把握することもできる．このような利用は上述の実験の代替というよりも理論解析の拡張としての利用法である．このように問題を単純化することで新しい塑性加工法が考案されることが多い．

〔3〕 **内部・中間情報の有効利用**　実験では素材内部のひずみや応力分布

などは測定することはできない。また，鍛造や板材プレスにおいて素材がしだいに変形していく様子も金型の影に隠れて実際に観察することはできない。このような空間的内部情報および時間的中間情報を得ることは，変形機構や成形不良発生のメカニズムを探るうえで重要な手がかりとなる。

12.4.2 全般的な留意点

〔1〕 **モデル化と力学的基礎**　数値解析によって現実を完全に模倣することはできない。まして塑性加工は，モデル化が難しい非線形現象を多く含んでいる。有限要素解析によって得られた結果は，数式化されたモデルとして得られた結果である。モデル化には多くの仮定が伴い，モデル化の際に無視された影響は解析結果の考察の対象にはならない。したがって，誤った考察に陥らないためにも，解析の背景となる塑性力学の基礎理論を知ることが望ましい。

〔2〕 **実験と解析**　実験における結果の定量性，理論解析における包括的な問題把握に並んで，これらと相互補完する手法として数値解析は位置づけられる。最初に図12.1で記したように解析は仮定した成形条件から，その条件で生じる現象を推測する矢印で表されている。最終的な目標は逆の矢印で示される設計であり，生じている物理現象から，制約条件の下で目的を達成する成形条件を見つけることである。このためには，仮想実験としての解析のみに傾倒することなく，現実の実験結果の観察と解析結果の考察を往復しながら，問題の本質を理解し，成形条件設計への着地点を探ることが重要である。

演 習 問 題

問 12.1　式(12.1)にならって y 方向の力のつりあいの式を立てて，式(12.3)に示した y 方向の応力のつりあい式を導け。

問 12.2　点A回りのモーメントのつりあいから，式(12.4)に示したせん断応力の対称性を証明せよ。

問 12.3　本章では述べなかった押出し加工，引抜き加工，せん断加工においてどのような有限要素解析が行われているかインターネットで検索して調べよ。

13. 最近の塑性加工技術

13.1 CAD/CAM の塑性加工への活用

13.1.1 板金加工と CAD/CAM

CAD/CAM の塑性加工への活用例として，図 13.1 に示す箱の板金加工 (sheet metal fabricating) 製品立体モデルを説明する．板金加工の塑性加工要素は穴あけ (blanking)，成形 (forming)，切断 (cutting)，曲げ (bending) に大別される．板金加工では，平板材 (sheet metal) を用いるため，穴あけ，成形，切断をパンチング加工機およびレーザ加工機で行うには，立体表示された製品形状を平らな状態にする「展開作業」(unfolding) が必要となる．

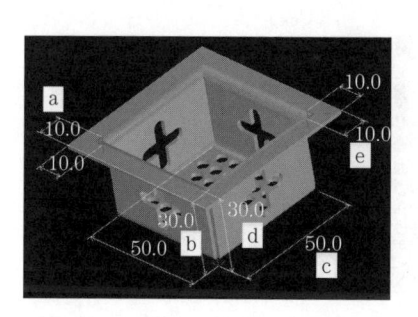

図 13.1 箱の板金加工製品立体モデル

展開作業を経て，塑性加工に必要な金型 (tooling) またはレーザ光軌跡を割付け (nesting)，平板状のパーツを作成し，曲げ部はプレスブレーキで加工する手順が一般的であり，CAD/CAM 活用率は非常に高い．

13.1.2 板金用 CAD における展開機能

展開作業は，曲げ部位の材料の伸びが関係し，伸び値は平板材の材質，板

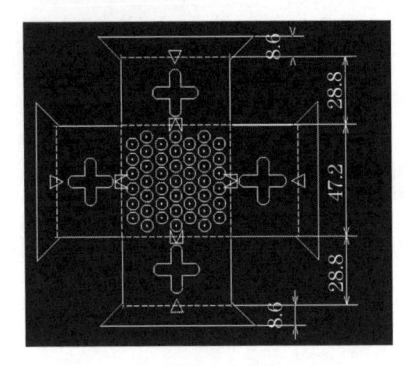

図13.2 完成品寸法を得るために自動展開された寸法

厚，曲げ部の R 値により決定されるため難しい．

図13.1のa-eの展開時の寸法は，単純にa-eの合計寸法とはならず図13.2に示す寸法となる．

また，曲げ部の R 値はパンチ先端 R 値とV溝ダイの幅により決定されるため，正しい寸法で曲げ加工を行うには，曲げ加工用の金型の選定も重要である．

板金加工用CADは材料特性および加工条件ごとにパラメータ化された伸び値データをもとに，展開長を自動算出し，さらに図13.3に示すように，曲げ方向と適正な金型を指示する．

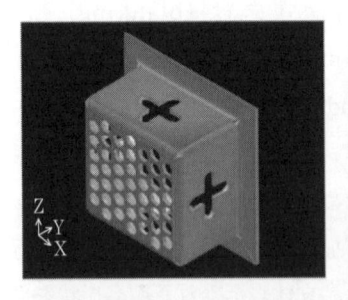

曲げ線	長さ	フランジ長		曲げ種類	内R	V幅	曲げ回数	伸び	角度	内外	山/谷
3	50.000	31.600	(50.000)	V	1.7220	10.000	1	2.7900	90.000	外/外	谷
4	50.000	31.600	(50.000)	V	1.7220	10.000	1	2.7900	90.000	外/外	谷
5	53.444	10.000	(31.600)	V	1.7220	10.000	1	2.7900	90.000	外/外	山
6	53.444	10.000	(31.600)	V	1.7220	10.000	1	2.7900	90.000	外/外	山
7	53.444	10.000	(31.600)	V	1.7220	10.000	1	2.7900	90.000	外/外	山
8	53.444	10.000	(31.600)	V	1.7220	10.000	1	2.7900	90.000	外/外	山

図13.3 自動展開結果の詳細と曲げ位置・方向・適用V幅の一覧

なお，CAM工程では，穴加工部，成型加工部，外周部などの加工に必要な属性情報を認識する必要があるが，これらの情報も展開作業の流れのなかで自動認識される．

13.1.3 板金用 CAM における主機能

板金用 CAM の代表機能をパンチング加工機の例で説明すると，パーツ加工機能，シート加工機能，シミュレーション機能に大別される。

パーツ加工機能とは，図 13.4 に示すように，展開図に金型を組合せ割付けし，パーツ単体加工の基本データを完成させる機能である。

図 13.4 加工に用いる金型が組合せ割付けされた展開図

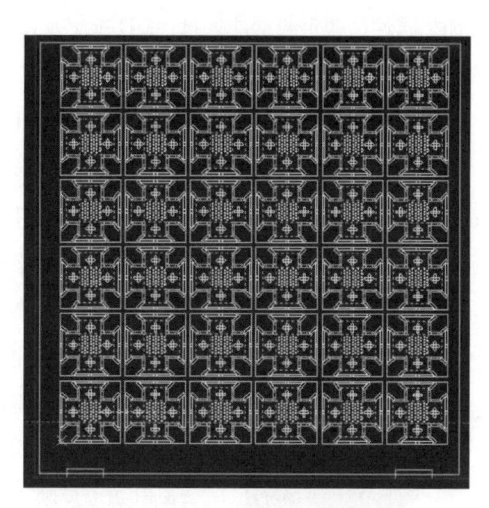

図 13.5 実加工に用いるシート材にパーツを配置した状態

シート加工機能とは，シート材料からの取り数や加工基準点，さん幅を設定し，図 13.5 に示すようにパーツを配置し，シート加工用の NC データを作成する機能である。

シミュレーション機能とは，金型割付けの再描画と同時に NC データを表示し，そのなかで割付け良否，加工順の確認，編集作業を行う機能である。

13.1.4 3D データを活用した最新板金 CAD 機能

近年，三次元 CAD による設計が普及した。それに伴い三次元 CAD データを扱えるシステムが普及し，成形加工の突起高さ，向きの自動認識による曲げ工程時の金型干渉確認などが可能になり，CAD/CAM 工程での正確性向上と

工数削減に大きな効果を発揮している。

3Dデータを活用した展開作業の流れは，2D・CADとは大きく異なる。2D・CADでは，一般的に作図作業が必要であるが，3D・CADの場合には，三次元立体モデルデータを直接取り込むため，作図をせずに，加工属性情報定義機能，板金形状認識機能により，簡単かつ正確に展開作業が行える。

加工属性情報定義機能とは，3Dモデルに対して，基準面を指示し，さらに材料名称と抜き方向を定義づける機能であり，板金形状認識機能とは，3Dモデルの形状を認識し，板金加工に適した設計か否かを判断する機能である。

具体的には材料の表裏面，板厚面，単純形状穴，異形状穴，成形部などの板金加工に必要な諸要素を短時間に自動認識し，図13.6に示すように，判別された結果を要素別に見やすく表示することが可能である。これらの機能により，CAD製図をすることなく，展開準備が整う。

自動展開を実行すると，曲げが必要な部位と曲げ方向を自動的に検出し，最終的には伸び値を自動計算で反映させた展開図が表示される。

板金加工分野においても，現在，CAD/CAMの活用が一般化した。そのおかげで加工に必要なデータを簡単かつ正確に準備することが可能であり，加工機の基本操作を習得すれば，だれでも板金加工が行えるようになった。

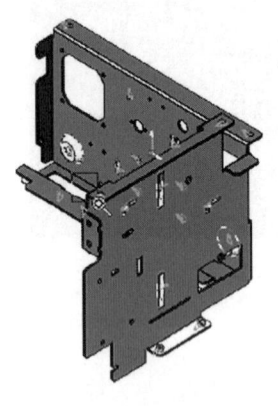

図13.6 材料の表裏・板厚・穴形状・成形部が定義された立体図

13.2 ファインブランキング

13.2.1 ファインブランキングの概要

ファインブランキング（fine blanking，精密打抜き）は，せん断変形部に大きな圧縮応力を作用させることで破断面の発生を抑制し材料分離を行い，切口面全域にわたり平滑な切口面を得ることができる精密せん断法である。この加

工法はおもに金属板の打抜きに用いられ，美しい切口面が得られる。

　この加工法の発明者はスイスのShiessといわれており，1923年に特許申請がなされている。この技術は門外不出の技術として時計部品の生産に長く利用されたが，1960年ごろになると世の中に知られるようになり，時計やタイプライターの部品のほか，さまざまな部品の製造に利用されるようになった。現在では，図13.7に示すような，従来切削加工で製造されていた自動車部品などがこのファインブランキングにより製造されており，部品の高付加価値化やコストダウンに大きな貢献をもたらしている[1]。

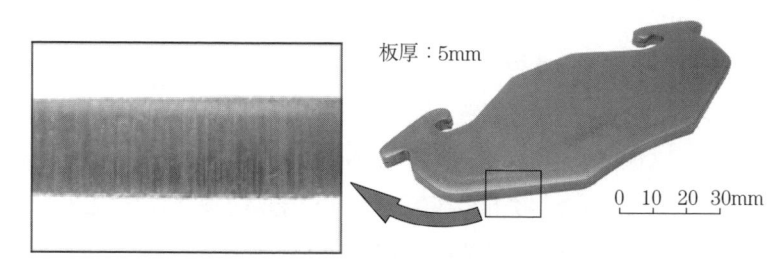

図13.7　ファインブランキング製品とその切口面（山本製作所提供）

13.2.2　加　工　原　理

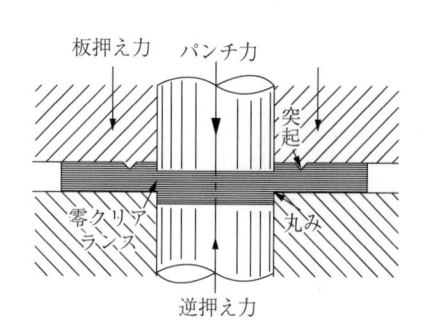

　図13.8にファインブランキングの加工原理を示す。ファインブランキングでは，せん断加工中の工具刃先付近からクラック（き裂）が発生するのを防止するため，以下に述べるような積極的な手段により，せん断変形部に大きな圧縮応力を作用させて打抜きが行われる。

① 　パンチとダイ間のクリアランスをできるかぎり小さくする。なお，このようにクリアランスが小さくなると打抜き品に発生するだれが小さくなる。

図13.8　ファインブランキングの加工原理

② 板押えと逆押えにより材料を加圧した状態で打抜きを行う。このように打抜き品を上下から加圧した状態で打ち抜くと，加工中の材料のわん曲発生が防止できるため，打抜き品の外径寸法精度が向上する。

③ 板押えにV字形の突起（ナイフエッジ）を設け，これを材料に押し込むことで圧縮力が周囲へ逃げるのを効果的に防止する。打抜き輪郭形状が複雑な場合や厚板の加工ではダイ側にも突起を設けることがある。

④ ダイ刃先に小さな丸みをつける。なお，この丸みの半径は0.1 mm程度であるため，これにより打抜き品のだれが大きくなることはない。

13.2.3 プレス機械と金型

ファインブランキングでは材料に大きな圧縮力を作用させるため，加工に用いられるプレス機械や金型は，一般のせん断加工に用いられるものに比べ高い剛性が要求される。また，突起の押込みなどの工程が必要であることから，トリプルアクションの専用プレス機械が一般に用いられる。

図13.9は，400トン油圧式ファインブランキングプレスと周辺機器からなる生産ラインである。このラインは巻きぐせのついたコイル材を矯正するためのレベラー，金型内へ材料を送り込むフィーダなどから構成されており，おもに板厚10 mm以下の軟鋼製小物部品の加工が行われている。

図13.9 ファインブランキングの生産ライン（山本製作所提供）

13.2.4 複合加工

ファインブランキングでは加工中の材料にクラックが発生しないため，プレスを停止させれば，段差やボスなどの成形が行える．また，**図13.10**に示すような順送り金型を用いた加工を行えばリブ付き部品の加工が可能になる．さら

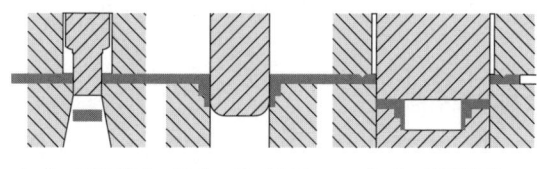

（a）下穴抜き　（b）リブ加工　　（c）外形抜き

図13.10 順送り金型によるリブ付き部品の加工工程
（ファインブランキング）

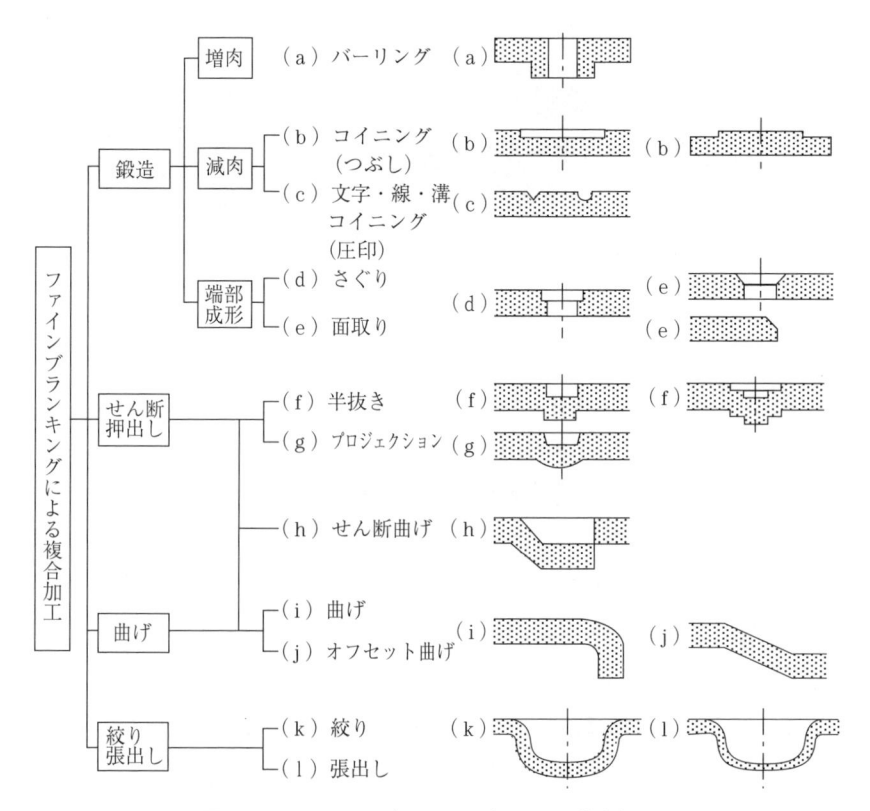

図13.11 ファインブランキングにおける複合加工[2]

にファインブランキングは，**図13.11**に示すようなさまざまな加工との複合加工が行える。

このような複合加工が行えるのは，前述したように，ファインブランキングに利用されるプレス機械や金型が一般の打抜きに用いられるものに比べ，高い剛性と精度を有していることが大きな理由の一つである。

13.2.5 複合加工製品例

図13.12にファインブランキングによる複合加工された製品の例を示す。これまで打抜き加工後に鍛造や切削などの後加工により複雑形状や立体形状に加工されていた部品が，ファインブランキングによる複合加工により製作できるようになったことで，大幅な生産効率の向上が図られている。

（a）　FB＋半抜き　　　（b）　FB＋バーリング　　　（c）　FB＋バーリング＋曲げ

図13.12　ファインブランキング複合加工製品の例（山本製作所提供）

13.3　チューブハイドロフォーミング

13.3.1　液圧を用いて多様な断面形状を有する中空部品を作る技術

管材を変形させて中空部品を作る成形加工技術はチューブフォーミング（tube forming）[3]と呼ばれている。中空部品は，流体の流路や熱交換器に用いられるほか，軽量構造部材などとして使われる。チューブハイドロフォーミング（tube hydroforming：THF）は，管材の内側から液圧をかけることによって，例えば，**図13.13**のような断面形状を有する中空部品を成形することができる技術である。管材から作られる中空部品の断面形状をさまざまな形状・寸法に仕上げることができれば，中空部品の機能を高めることができる。

この技術は半世紀ほど前に考案され，現在ではコンピュータ技術などを取り込んで進歩している[4),5)]。

THFを用いなくとも中空部品を作製することは可能である。例えば，部品を複数の部分に分割して，それぞれの部分を板材の成形加工や鋳造で作製して，それらを接合して組み立ててもよい。しかし，その場合，部品一つひとつを接合して全体を精度良く組み立てるための配慮（接合方法，接合方法に応じた部品の分割位置，部品形状の決定など）などが必要となる。THFは，管材を素材とすることで，少ない部品点数で高機能な中空部品を作製しようとする技術でもある。

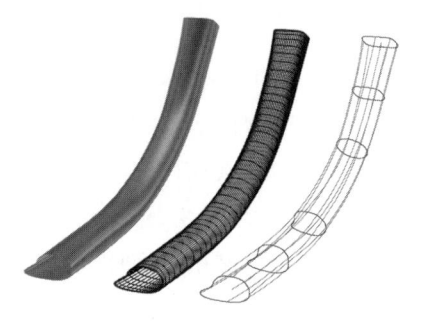

図13.13　長手方向に断面形状を変化させた中空部品の例

13.3.2　チューブハイドロフォーミングを用いて作られる軽量構造部材

構造部材は外部からの力を受けるため，部材の強さ（壊れにくさ）や剛性（変形しにくさ）に配慮して作らなければならない。剛性は，部材の材種のみならず，断面の形状や寸法に大きく依存する。THFは素材の断面の形や寸法を仕上げる技術であるから，これは同時に中空部品に所用の剛性を持たせることができる成形技術でもある。THFによる自動車部品への適用例を図13.14に示す。THF中空部材は，車体を軽量化して自動車の燃費を向上させ，地球環境問題に対応できるだけでなく，衝突安全性（衝突の際の衝撃吸収性や破壊位置など）をも高めた部品として使用されている。

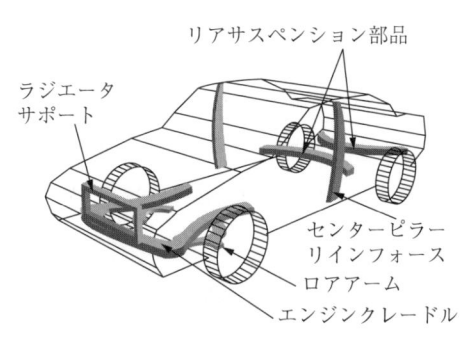

図13.14　自動車部品への適用例

13.3.3 加 工 原 理

複雑な形状のTHF中空部品を成形する場合，図13.15に示すような予成形（曲げ加工，つぶし加工，スエージ加工など）を施した管材を用いることが多いが，予成形の有無にかかわらず，THFでは管材に液圧（内圧）をかけて断面を所用の形状に変形させる（図13.16）。管材に大きな内圧をかけると，管材は膨らんで周方向に伸びる。THFでは，一般に，この周方向の伸びを利用して管材の断面形状を金型に沿った形に変形させる。

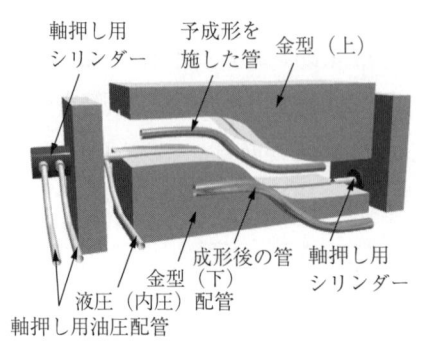

図13.15 成形主要部の概観

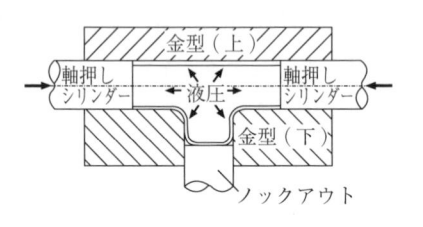

図13.16 加工原理

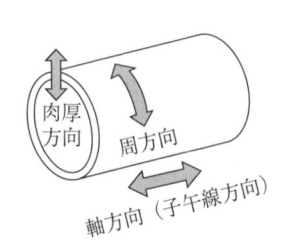

図13.17 応力やひずみを検討する際の方向

管材の変形には，通常，図13.17に示す周方向・軸方向（子午線方向）・肉厚方向のひずみや応力を用いる。**塑性変形する材料の体積は不変であるため，管の材料が周方向に伸びると，軸方向や肉厚方向にも必ず変形する。**成形中に肉厚の減少が大きく進むと，変形が不十分な状態で管材が破裂する。この薄肉化を抑える工夫の一つが軸押しで，管材を軸方向（子午線方向）に縮める方法である（図13.18）。しかし，軸押しを過剰に行うと管はつぶれる（座屈する）ので，内圧との兼ね合い（負荷経路，loading path）が重要である。

一方で，管材に大きな内圧をかけないTHFもある。この方法では，管材を周方向にほとんど伸ばさない（周長を変化させない）で成形を行うため，肉厚

（a）内圧のみ

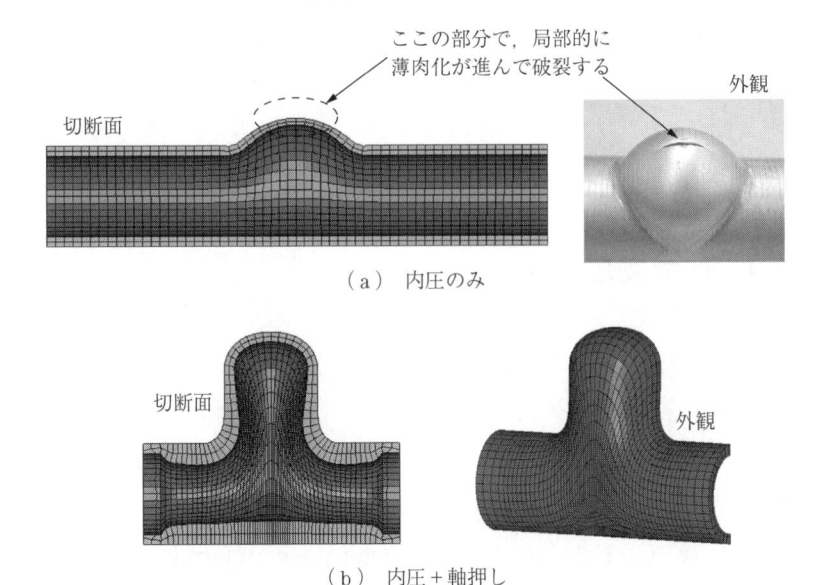

（b）内圧＋軸押し

図 13.18 変形量と肉厚分布に及ぼす軸押しの影響

減少を避けることができる。大きな内圧をかける THF で生じる諸問題を回避することができる方法であるが，成形中の金型動作や成形形状などへのよりいっそうの工夫が必要となる。

13.3.4 管材，成形機，コンピュータシミュレーション

THF が自動車部品の製造技術として採用され，多くの企業で実施されるようになった現在では，THF に適した管材や，専用の成形機，コンピュータシミュレーションソフトウェアが開発されるようになった。管材には，造管方法で分類して，溶接管と継目無し管とがあり，管材の変形挙動は材種のみならず造管工程の影響を受ける。近年では，高強度と高加工性を両立させた管材が製造されるようになっており，管材の成形性評価方法も検討されている。成形機については，ドイツが近代的で大型の機械を先行して開発した。一方，日本国内のメーカは，小型機械を開発したり，液圧（内圧）を振動させることで管材の成形限界を向上させたり，また，生産時間を短縮する工夫を施すなどして機

能の高い機械を開発している。数値シミュレーションは，新しい部品の試作にかかる時間の短縮，工程や負荷経路の最適化などの検討に用いられる。これには海外で開発されたソフトウェアのみならず，日本で開発されたものがTHFの解析に適するように改良されている。

13.4 対向液圧成形

金属薄板を深絞り加工により継ぎ目のない中空容器に成形する場合，容器内外の形状をしたパンチとダイ，それにフランジしわを抑制するしわ抑え板から構成された金型を用いる。そのため多品種少量生産には，金型コストの低減が重要な課題になる。

一方，対向液圧成形法[6] (hydraulic counter pressure forming) は，底付き金型の代わりにパンチに対向する液圧を用いて金型を簡略化し，さらに破断限界も向上させる方法である。結果として行程数を省き，金型コストの削減を図るとともに，高精度・高品質の成形品を得ることができる。

13.4.1 金型構造と成形原理

対向液圧深絞り法は，図13.19(a)の素板に直接液圧を負荷させる圧力潤滑方式と，図(b)のゴム膜を介して液圧を作用させるハイドロフォーム (hydroform) 方式の2種類に大別される。

(a) 圧力潤滑方式　　　(b) ハイドロフォーム方式

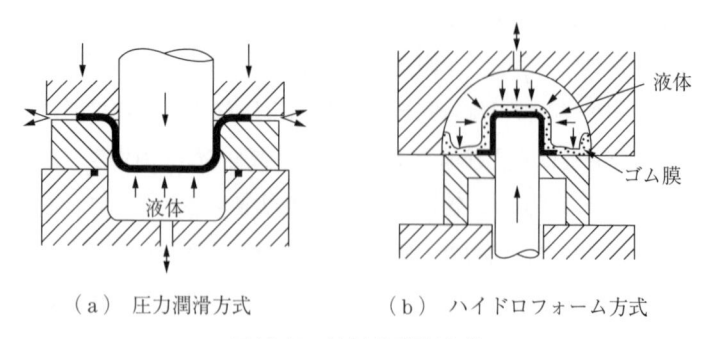

図13.19　対向液圧深絞り法

図 13.20 に，圧力潤滑方式による基本的な金型構造と成形行程を示す．まず，圧力媒体となる液体を液圧室に供給し，素板をしわ抑え下板面上に置き，しわ抑え力を作用させる．その後，パンチを押し込む．液圧室の液体は，フランジ面に作用するしわ抑え力と素板がしわ抑え下板肩部に押し付けられる力によって液体流出が阻止される．そのため液圧がしわ抑え力やしわ抑え下板肩部のシール力に打ち勝ち，素板としわ抑え下板間から液体が流出して，つり合い状態が保たれるまでパンチ押込みとともに上昇する．その値は，板厚 0.5～1.0 mm 程度の薄板を深絞り加工した場合，アルミニウム軟質板で 10～30 MPa，軟鋼板で 40～50 MPa，ステンレス鋼板で 70～100 MPa に達する．しわ抑え板とパンチ頭部間にある素板は，この対向液圧によって，パンチ進行方向と逆方向に張り出されながら，順次パンチ側壁部に押しつけられて，成形が進行する．この発生液圧は，しわ抑え力，しわ抑え下板肩部半径，パンチ頭部形状，パンチとしわ抑え板のすきま，液圧室容積，圧力媒体の状態（粘度，気泡の混入度など），被成形板の変形抵抗や板厚などに影響される．

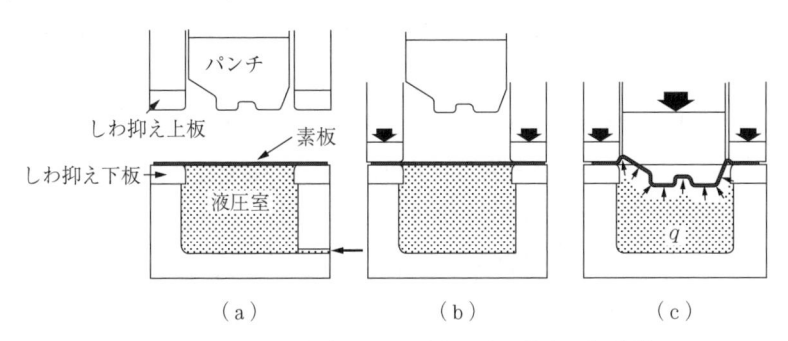

図 13.20 圧力潤滑方式による基本的な金型構造と成形行程

対向液圧成形法は，液体流出によるフランジ部の摩擦低減効果を期待し，しわ抑え下板面上に O リングなどのシール材を用いないで成形することが多い．しかし，作業環境から液体流出を嫌う場合，また，形状的にしわ抑え板面およびしわ抑え下板肩部での液体シールが期待できにくい形状，凹凸模様を転写するため高い液圧を必要とする場合などでは，しわ抑え下板面上に O リングなどのシール材を用いたり，ゴム膜を介して液圧を負荷するハイドロフォーム方

式が使われる。

13.4.2 対向液圧の効果

対向液圧の役割は
① 素板をパンチに押しつける
② しわ抑え板とパンチ頭部間の素板をパンチ進行方向と逆方向に張り出す
③ しわ抑え力やしわ抑え下板肩部のシール力に液圧が打ち勝つと素板としわ抑え下板間から液体を流出させる

ことであり，つぎのような効果が得られる。

〔1〕 **破断限界の向上** ①より，素板がパンチ接触面で移動しようとするとその移動を阻止する摩擦力が発生する。この摩擦力は，成形力の一部を受け持ち，成形側壁部やパンチ肩部付近の破断耐力を向上させる。この効果を摩擦保持効果と呼んでいる。また，③は，素板としわ抑え下板間に流体潤滑状態を作り出し，フランジ部およびしわ抑え下板肩部の摩擦抵抗を減少させる。これらの効果により対向液圧成形法は，従来の深絞り加工に比べて破断限界を向上させることができる。

〔2〕 **成形品質の向上** ①より，パンチになじんだ内面精度の高い成形品を得ることができる。また，摩擦保持効果によりパンチ肩部に発生する局部的板厚減少を抑制でき，板厚の均一化が増す。②は，パンチ肩部や成形丸み部（ダイ肩部に相当）における曲げ変形を引張曲げ変形にし，曲げ部のスプリングバックを抑制し，形状凍結性を向上させる。

〔3〕 **金型コストの低減** ①より，底部や側壁部の凹凸形状が，底付き金型を用いることなく成形でき，金型の簡易化が図られる。また，破断限界の向上による工程数の削減により金型組数を減少できる。③は，金型表面損傷の抑制につながり金型材のグレードダウンを可能にする。

これらの特徴を十分発揮させるには，被成形板と成形品形状に応じた液圧の制御が重要であり，複雑な形状の成形では補助ポンプや圧力制御弁による液圧制御，しわ抑え力の制御も成形中に行われる。**図 13.21** に対向液圧成形品の例

図 13.21 対向液圧成形品の例

を示す。

13.4.3 応用技術

対向液圧を用いた応用技術としては，図 13.22 に示す周液圧深絞り法[7]がある。この成形法は，液圧室に発生する液圧を素板外周部に導くことにより，従来の対向液圧深絞り法の破断抑制効果に，さらに，フランジ端部押し込み効果と素板としわ抑え上板間の摩擦低減効果が加わるため，大幅な破断限界の向上が得られる。A 1100-O 板を用いた円筒と正四角筒絞りにおいて，従来の金型法の 1.4 倍以上の限界絞り比を得ている。

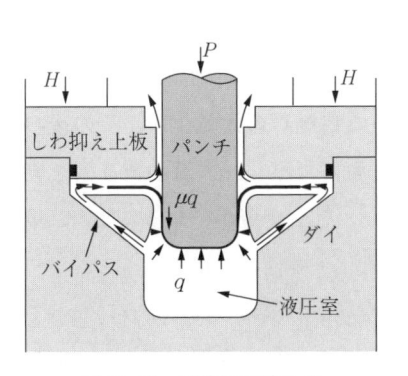

図 13.22 周液圧深絞り法

また，張出し限界を向上させた方法として図 13.23 に示す対向液圧張出し法[8]がある。パンチを素板上 y だけ離れた位置に置き，パンチ進行方向と逆方向に底付きの液圧バルジ成形を行う。その後，対向液圧を負荷した状態でパンチを押し込み最終形状に成形する。この成形法は，パンチ底部も予備バルジ成

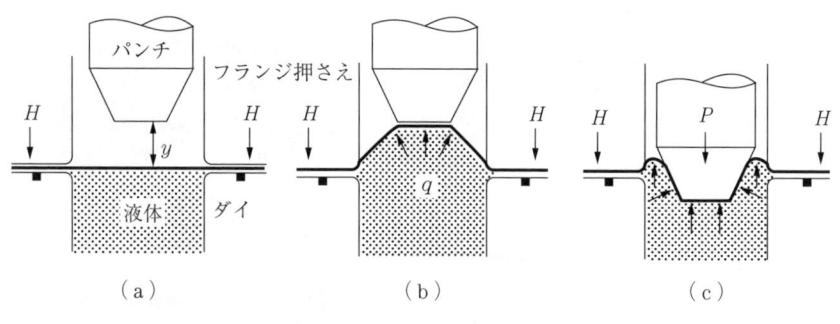

図 13.23 対向液圧張出し法

形によって伸ばされ，さらにパンチ頭部とフランジ押さえ間に発生する逆張出し変形が加わるため，張出し部全域に比較的均一な変形を与えることができる。

13.5 インクリメンタルフォーミング

13.5.1 インクリメンタルフォーミング誕生の時代背景

薄板のプレス成形では，製品形状と同じ形状の金型を用い，この金型形状を薄板に転写させて製品をつくる。金型を用いる方法は，大量生産に向いているため，20世紀初頭にアメリカ合衆国で始まった自動車の大量生産，その後の家電品，日用品などさまざまな製品の大量生産に貢献し，大量消費社会を支え，豊かな社会の構築に貢献してきた。しかし，社会が豊かになるに従い，量から質が求められる時代へと移りかわり，高度化・多様化・迅速化をキーワードとする多品種少量生産へ対応できる新しい成形法が求められるようになってきた。この多品種少量生産への対応を可能にするために，金型を用いない新しい塑性加工法としてインクリメンタルフォーミング（逐次成形）が1990年代に世界に先駆けてわが国で誕生した[9],[10]。

13.5.2 インクリメンタルフォーミングの方法

1990年代に誕生したインクリメンタルフォーミングは，プレス成形機（金

13.5 インクリメンタルフォーミング

型)の代わりに，CNC工作機械(工具包絡面)を用いる。

〔1〕 **インクリメンタル張出し成形**　図13.24に，CNC旋盤を用いて薄板を円すい台形状の容器にインクリメンタル張出し成形するプロセスを示す。まず，図(a)に示すように薄板をブランクホルダーに保持して，これをCNC旋盤のチャックでつかみ，回転させる。一方，先端が丸くなった棒状工具を刃物台に固定する。つぎに，図(b)に示すように棒状工具を薄板へ直線状経路で押し込む。すると，薄板は円すい台形状に張出し成形される。このとき，回転する薄板から見ると，図(c)に示すように，工具先端部は薄板に対して円すい台形状の工具包絡面を創生し，この工具包絡面形状に薄板が逐次張出し成形される。工具の運動を制御するだけでさまざまな形状の工具包絡面形状を容易に得ることができるため，多品種少量生産への対応が可能になる。

角すい台形状の容器を成形する場合には，CNCフライスの YX テーブル上に薄板を取り付け，Z 軸にはエンドミルの代わりに棒状工具を取り付けて，

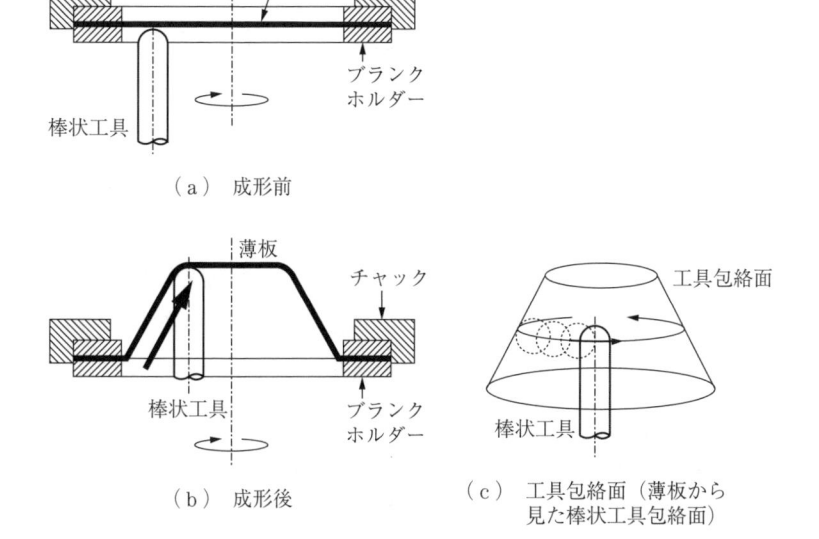

(a) 成形前

(b) 成形後

(c) 工具包絡面(薄板から見た棒状工具包絡面)

図 13.24　円すい台形状の容器にインクリメンタル張出し成形

薄板を XY 面内で動かしながら，Z 方向に棒状工具を移動させて薄板を逐次張出し成形を行う。垂直にそそり立つ円筒容器，オーバーハング部をもつ鼓形状や球面状の成形は1パスでは不可能であるが，円すい台形状に張出し成形したあとに，反転させて多パスで円筒状に逐次絞り成形することにより円筒容器の製造が可能になる[11]。

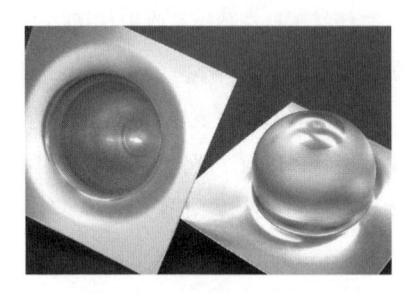

図13.25 インクリメンタル張出し
　　　　成形された球面状容器

また，いったん円すい台形状に成形したあと，棒状工具を傾斜させて多パスで張出し成形することにより，図13.25に示すオーバハングした球面状容器の成形が可能になる。この方法で成形された製品の板厚はもとの板厚よりも薄くなる。1パスで張出し成形した場合の板厚はサイン則から求めることができる[12]。

〔2〕 **インクリメンタル逆張出し成形**　インクリメンタル逆張出し成形法[13]では，図13.26に示すようにCNCフライスの XY テーブル上に薄板をブランクホルダーごと保持（上下可動）して，中央部に薄板の支持台をセットした状態から，棒状工具を支持台側からブランクホルダー側へと周回運動させて薄板を成形する。薄板は工具包絡面形状に成形されるため，金型の省略化が可能になる。成形品の例を図13.27に示す。

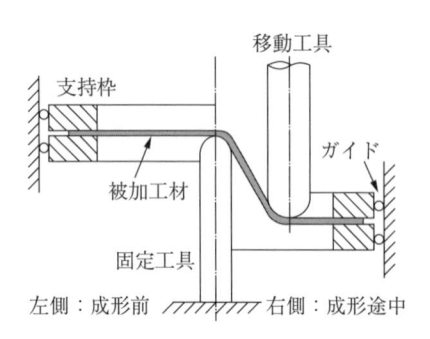

図13.26 インクリメンタル逆張出し
　　　　成形法（松原[13]）

インクリメンタル張出し成形では薄板の周辺側から中央側へと成形が進展するのに対して，インクリメンタル逆張出し成形では薄板の中央側から周辺側へと成形が進展する。この成形の向きは，しごきスピニングの成形の向きと一致

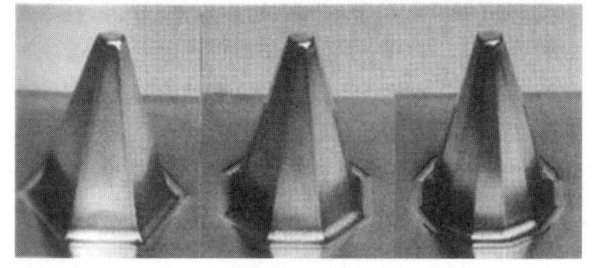

円すい台　　　　四角すい台　　　　五角すい台

六角すい台　　　　八角すい台　　　　十二角すい台

図 13.27　インクリメンタル逆張出し成形品の例[13]

する．このため，支持台の代わりに金型（スピニングのマンドレルに相当）を用いることにより，しごきスピニングを一般化した非軸対称のしごきスピニングが可能になり，複雑な形状のパネル成形を成形することができる．この方法で成形された製品の板厚はもとの板厚よりも薄くなり，1パスで成形した場合にはサイン則から板厚を求めることができる[14]．

〔3〕　**その他のインクリメンタルフォーミング**　上述のCNC工作機械を用いる方法のほかに，**図13.28**に示す薄板のさまざまなインクリメンタルフォーミングがある．

航空機の翼などの成形には，鋼球を薄板へ投射して逐次変形させるピーンフォーミングが用いられている[15]．また，棒状工具の代わりに水を用いて薄板を張出し成形するウォータージェットフォーミング[16]も開発されている．ハンマリング（槌起）は，槌（つち）で薄板をたたいて，壺などのさまざまな容器を製造する方法で，古代文明にまでさかのぼるインクリメンタルフォーミングのルーツともいうべき成形法である．現在でも自動車ボディーの試作や芸術

(a) ピーンフォーミング　(b) ウォータージェットフォーミング　(c) ハンマリング

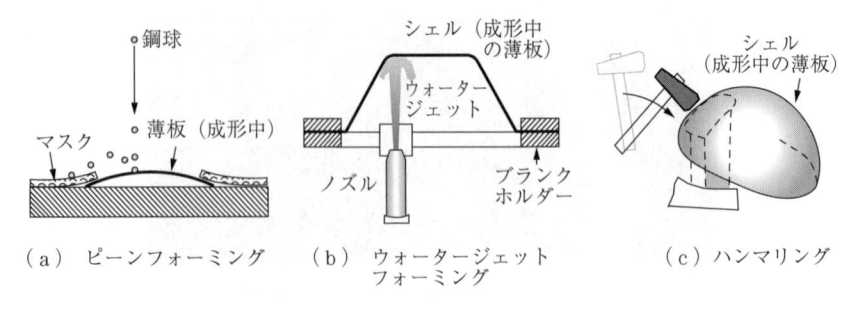

図13.28　薄板のさまざまなインクリメンタルフォーミング

品の製作の分野で残っている技術である。この方法が他のインクリメンタルフォーミングと異なる点は，板厚を厚くできる点にある[17]。ハンマリングにおいて，剛体工具代わりにゴムなどの弾性工具を用いると，滑らかな浅いシェルを成形することができる[18]。

13.5.3　インクリメンタルフォーミングの三つの特長

　最大の特長は，金型を用いない上述の成形方法により，多品種少量生産化への対応を可能にした点にある。この方法では，薄板に対して逐次ひずみが付与されるが，これに起因してつぎの二つの特長がある。まず，成形限界の向上である。この成形では，薄板に対してスポット状にひずみを加え，この領域が逐次隣の場所に移動して成形が行われる。このため，特定な場所へのひずみ集中を回避しやすく，プレス成形よりも張出し成形限界が大幅に向上する。条件にもよるが，加工硬化指数 n 値が 0.02 の硬質材を用いた場合，インクリメンタル張出し成形でつくられた容器の子午線方向ひずみは200％ 近くまで達する場合がある。つぎに，塑性変形領域がスポット状の小さな領域に限定されるため，成形荷重が著しく低減するという特長がある。プレス成形機と比べて剛性が低いCNC工作機械を用いて成形ができるのはこのためである。

13.6 ドライ・セミドライ加工

いまや環境問題は地球規模で深刻化している。1997年地球温暖化防止会議（京都）でCO_2削減が明示され，2005年万国博覧会（日本）でも主テーマにとりあげられた。生産では，潤滑剤削減や洗浄廃止，潤滑廃棄物削減が課題で，コスト削減にもなる。そのためには短絡的に潤滑剤の性能向上だけによる解決ではなく，材料/潤滑剤/工具すべてを高性能化する必要がある。工程や工具形状，加工法の見直しによる潤滑条件の緩和も必要で，対応を急ぐ現場ほどより総合的に課題に立ち向かうべきである（図 13.29）。

切削加工に続いて塑性加工でも，板成形など潤滑条件が比較的緩い場合やせん断など元来潤滑剤にあまり頼っていない加工法において，ドライ・セミドライ加工が試されている。以下，無洗浄油の活用，絞り・しごき加工，せん断加工の例を紹介する。

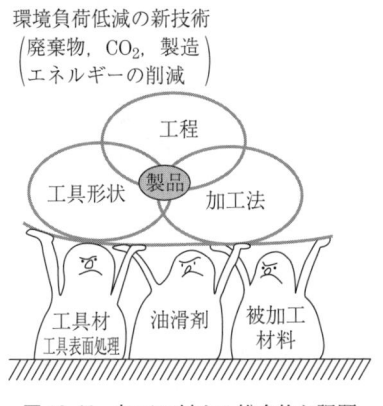

図 13.29 加工に対する総合的な課題

13.6.1 無 洗 浄 油

板成形では，成形後の後工程（溶接や塗装）の前でエタンなどで洗浄していたが，環境汚染の点から法的制限が始まった。そこで洗浄が不要な無洗浄油[19]（揮発しやすい低粘度潤滑油（$1 \sim 10 \, mm^2/s$）で吸着成分含有）が使われるようになった。加工中の潤滑膜は格段に薄いので，当初は張出し加工のように低面圧で滑りが少ない加工だけに適用された。現在では，浅い絞り加工が可能な無洗浄油も開発された。さらに，工程や工具形状，加工法，加工速度も見直せば，適用範囲も拡大するであろう。

13.6.2 プレコート材

従来の飲料缶の製造は，図 13.30 のような絞り・しごき加工で行われていた。生産速度は通常でも 200〜300 個/分で速い。ここでは冷却・潤滑兼用の潤滑油が必要で，その廃液や塗装工程での排燃処理も問題であった。そのような厳しい摩擦条件で潤滑油と洗浄工程をなくすために，プレコート材[20]による新しい加工法が実用化された。

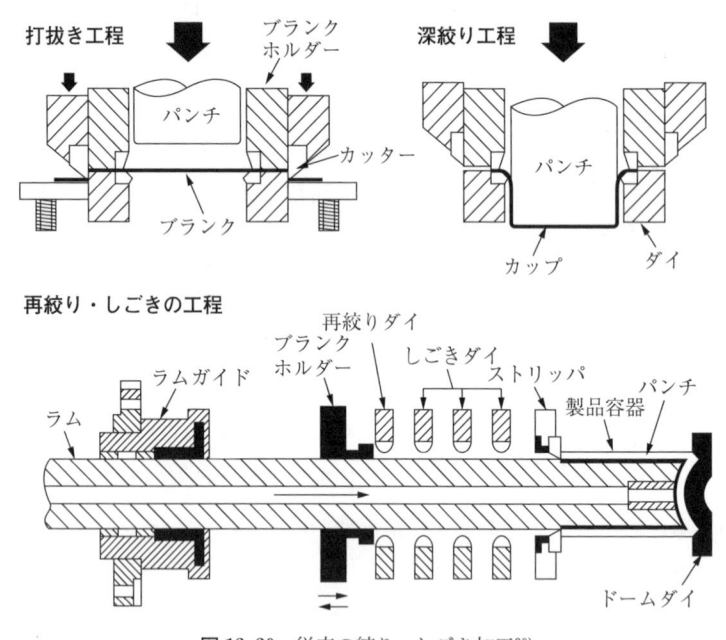

図 13.30 従来の絞り・しごき加工[20]

図 13.31 にプレコート材のフィルム厚さと役割を示す。元来，プレコート材は容器が製品として使用される際の耐食性や溶接性，印刷しやすさを補助するため，板材に高分子有機皮膜を張り付けたものである。標準的な厚さは数 10〜300 μm 程度で，外側のフィルム（10〜20 μm）には潤滑機能も付与する。

この潤滑フィルムだけで潤滑油なしで絞り・しごき加工するには面圧が大きすぎる。そこでストレッチドロー・アイアニング法（図 13.32）が考案された。ダイ入口の引張曲げによる後方張力を加える妙案が，しごき部分の面圧を

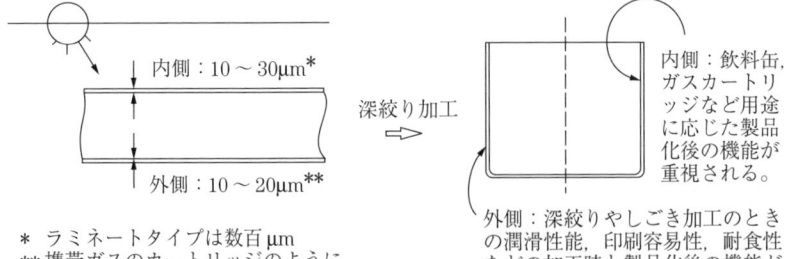

13.6 ドライ・セミドライ加工

内側：10〜30μm*
外側：10〜20μm**

深絞り加工 →

内側：飲料缶，ガスカートリッジなど用途に応じた製品化後の機能が重視される．

外側：深絞りやしごき加工のときの潤滑性能，印刷容易性，耐食性などの加工時と製品化後の機能が要求される．

* ラミネートタイプは数百 μm
** 携帯ガスのカートリッジのようにあらかじめ印刷してあるものもある．

図 13.31 プレコート材のフィルム厚さと役割

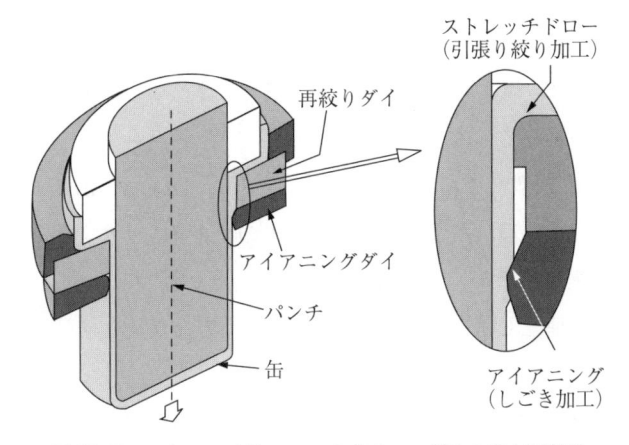

図 13.32 ストレッチドロー・アイアニング法の基本原理[20]

(ラベル：再絞りダイ，アイアニングダイ，パンチ，缶，ストレッチドロー（引張り絞り加工），アイアニング（しごき加工））

下げた．この例では，外側に酸化チタン含有のポリエステル系フィルムを熱溶着し，内側には共重合ポリエステル系フィルムを付けている．表面仕上りとプレコートフィルム破断予防を考え，材料の結晶粒粗大化にも注意が払われている．

この新しい工法が塗装工程も含めた製造プロセス全体に対して，搬送距離 1/3，CO_2 1/3，電力 1/2，ガス 1/3，水 1/20，固形廃棄物 1/300 というメリットをもたらした．

13.6.3 工具材・工具表面処理

工具材や工具表面処理は切削工具で進歩し，ドライ切削に貢献している[21]。さらに，塑性加工の金型へも適用が広がった。PVD法やCVD法によるTiN，TiC，TRD法でVCなどが実用化されている。最近では，さらにプラズマCVD法も実用化された[22]。これは窒化や浸炭の前処理と連続でき，複雑型形状への付きまわりもよいことが特徴で，TiN，TiCNやDLC（ダイヤモンドライクカーボン）の適用が進んでいる。

最近，DLC膜工具による打抜きやプレス加工への適用[23]やセラミックス工具[24]による深絞りも試され，材料や加工条件が検討され，実用性が向上している。また，工具にハロゲンイオンを注入し，ナノレベルで表面改質する試みもある[25]。例えば，塩素イオン注入した工具では摩擦中に潤滑性のある酸化膜を生成するといわれている。

ドライ打ち抜き型（せん断加工）については，DLCやEDC（放電表面処理）と超サブゼロ処理（残留オーステナイトのマルテンサイト化と寸法安定のために液体窒素に浸漬後，焼き戻す）との組合せに注目し，例えば，SKD11に超サブゼロ処理とEDCとの組合せにより，型寿命が約9倍延びたとの報告がある[26]。

今後，工具材料や工具表面処理の役割はきわめて重要になる。それらを生かせるように加工法や工具形状，工程などを設計することは機械技術者の腕の見せどころでもある。

13.7 マイクロ塑性加工

1980年代後半に，MEMS（micro electro mechanical system）と呼ばれる微小機械の研究が始まった。日本ではマイクロマシンと呼ばれたこの微小機械（図13.33）は，多くがシリコンを素材として半導体プロセスで製作された。その市場は急速に拡大すると過大に予想されたが，商業化という点では出遅れた。その原因は，適切なニーズに恵まれなかったことや，半導体製造プロセス

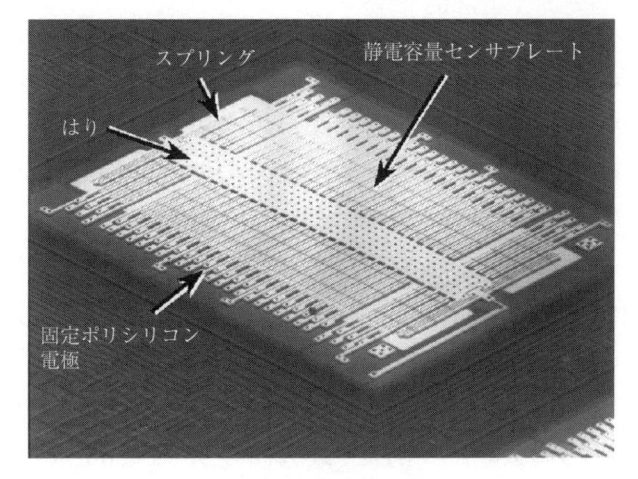

図 13.33 微小機械[27]

や放射光施設に代表される非常に高額な設備投資などであった．塑性加工は，従来のスケールの世界において低コスト化の主役であったが，マイクロ機械の領域でも他の加工法の欠点を補って重要な役割を果たすと期待されている．

塑性加工のマイクロ化は，従来の加工法のスケールダウンから始まっている．**図 13.34** は，マイクロせん断・鍛造複合プロセスにより製作された医療用

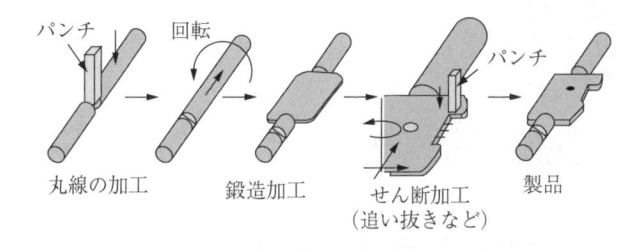

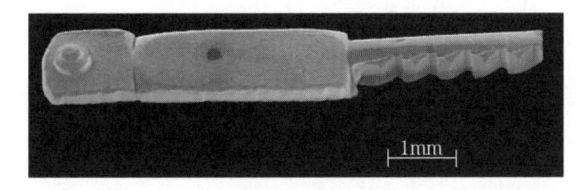

図 13.34 マイクロせん断・鍛造複合プロセスにより製作された医療用マイクログリッパー[28]

マイクログリッパーである。このプロセスは逐次せん断技術に部分的鍛造を組み入れたもので，材料平面内での移動と軸回りの回転およびタレット上の多様な工具を用いて丸線素材を複雑な形状に成形できる。また，タレットの一部に切削機構を組み込むことで，金型に依存しない特定形状を併せ加工できる。

マイクロ塑性加工に用いる微小な工具や金型の精密加工には，マイクロ機械加工やマイクロ放電加工のように従来技術を微細化したものや，集束イオンビーム（FIB：focused ion beam）加工および放射光を用いたLIGAプロセスなどの新しい加工法が利用されている。

図13.35は，マイクロ放電加工により製作されたマイクロせん断加工用パンチである。マイクロ放電加工の特長である，ギャップが数 μm 以下である優れた転写性を生かした繰返し転写マイクロ放電加工（μEDMn）が用いられている[31]。この加工法では，単純円筒電極からはじめて，それを用いて中間電極を形成し，さらに中間電極を工具電極として転写加工することにより複雑な形状を加工している。

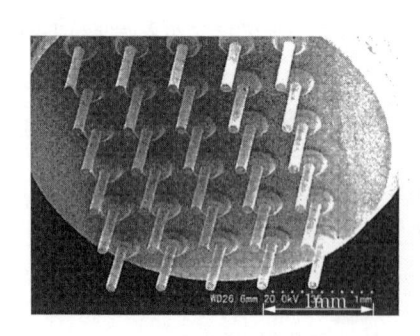

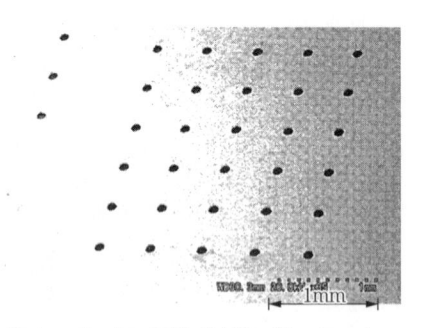

（a） パンチ（材質：WC）　　　　（b） パンチング例（材質：銅 $t=18\mu$m）

図13.35　マイクロせん断加工用パンチ[31]

塑性加工の長所は金型を用いた転写成形である。形状が微細化すると金属材料の転写性はその結晶粒サイズによるため，微細な結晶粒をもつ超塑性材料などが利用される。しかし，超塑性材料の転写性を微細なV溝で評価した図13.36の結果から明らかなように，数 μm オーダーの形状の正確な転写は容易でない。そこで，結晶構造をもたないアモルファス合金が有望な材料となる。

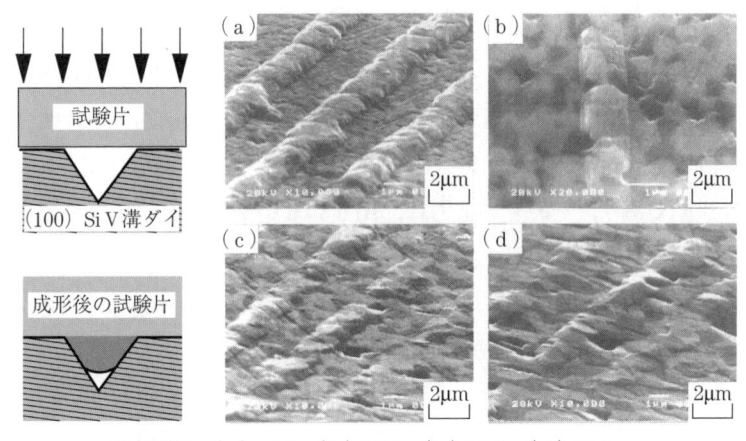

結晶粒径 （a）: 0.7，（b）: 0.7，（c）: 1.2，（d）: 2.5μm

図 13.36 微細 V 溝金型の形状転写試験片（Al-78 Zn 超塑性合金）[30]

金属ガラスは，1980 年代から 1990 年代にかけて開発された安定な非晶質金属材料で，アモルファス合金のバルク化を実現した。従来のアモルファス合金の製造においては溶融状態から超急冷する必要があったが，この新しいタイプの合金ではアモルファス相の生成のために必要な臨界冷却速度が小さいので，

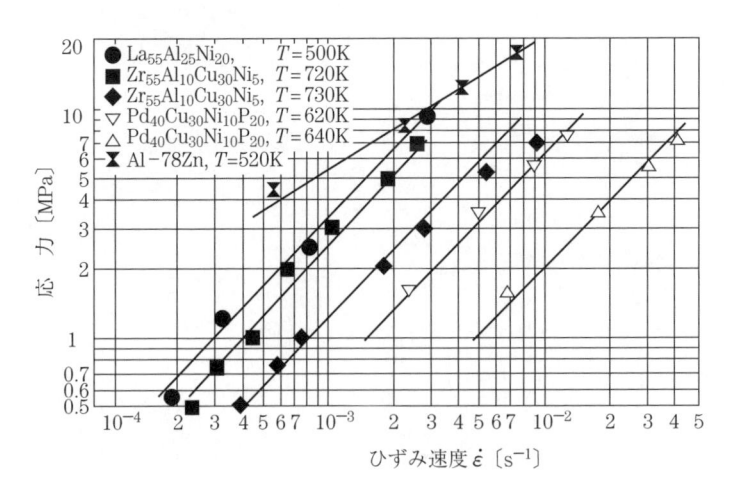

図 13.37 各種金属ガラスと Al-78 Zn 微細結晶粒超塑性合金の過冷却液体状態での流動特性[31]

大型のバルク金属ガラスが得られる。また，金属ガラスは，原子オーダーで等方かつ均質であるために，ナノ・マイクロメートルレベルでの優れた形状転写性をもつ。図 13.37 は，各種金属ガラスと Al-78 Zn 微細結晶粒超塑性合金の過冷却液体状態での流動特性を示している。金属ガラスの変形は完全ニュートン粘性流動であり，その変形応力は，Al-78 Zn 超塑性合金に比べて 1 けた小さく，ひずみ速度も大きくとれる。

図 13.38 は，金属ガラスを用いた転写成形の例である。使用している金属ガラス $Pt_{48.75}Pd_{0.75}Cu_{19.5}P_{22}$ のガラス遷移温度は低く，変形応力も低いのでポリイミドが型として使用されている。10×10 個の歯車型がエキシマレーザを用いたマイクロマシングにより加工され（図(a)，(b)），厚さ 100 μm の金属ガラスを用いて，ピッチ円直径 40 μm の 100 個のマイクロ歯車が成形されている（図(c)，(d)）。

図（a），（b）ポリイミド製金型，図（c），（d）成形されたマイクロ歯車
図 13.38 金属ガラスを用いた転写成形の例[31]

引用・参考文献

1 章
1) 幸田成康：金属物理学序論，コロナ社（1974）
2) 鈴木 弘 編：塑性加工（改訂版），裳華房（1980）
3) 後藤 學：塑性学，コロナ社（1982）
4) 北川 浩：弾・塑性力学，裳華房（1987）
5) 河合 望：新版塑性加工学，朝倉書店（1988）
6) 野田直剛，中村 保：基礎塑性力学，日新出版（1991）
7) 日本塑性加工学会 編：材料，コロナ社（1994）
8) 吉田総仁：弾塑性力学の基礎，共立出版（1997）
9) 長田修次，柳本 潤：基礎からわかる塑性加工，コロナ社（1997）
10) 町田輝史：わかりやすい材料強さ学，オーム社（1999）

2 章
1) 日本塑性加工学会 編：最新塑性加工要覧第2版，日本塑性加工学会（2000）
2) 五十川幸宏：ネットシェイプ加工を支える非調質鋼，塑性と加工，**41**，477，pp. 39～45（2000-10）
3) 林 央：自動車用高強度鋼板の開発動向，塑性と加工，**35**，404，p. 1090（1994）
4) 田中政夫，朝倉健二：機械材料，pp. 61～63，共立出版（1997）
5) 友成忠雄：チタン工業とその展望，社団法人日本チタン協会（2001）
6) 松田幸紀：冷間工具鋼の最近の動向，塑性と加工，**42**，480，pp. 3～7（2001）
7) 奥野利夫，田村 庸：熱間型材の最近の動向，塑性と加工，**4**，465，pp. 925～931（1999）

3 章
1) 日本塑性加工学会 編：塑性加工技術シリーズ7，板圧延，コロナ社（1993）
2) 日本塑性加工学会 編：塑性加工技術シリーズ8，棒線・形・管圧延，コロナ社（1991）
3) 日本塑性加工学会 編：最新塑性加工要覧 第2版，コロナ社（2000）
4) 鎌田正誠：鉄鋼技術の流れ 1-5 薄板連続圧延，地人書館（1997）
5) 中島浩衛：鉄鋼技術の流れ 1-6 形鋼圧延技術，地人書館（1999）
6) 林 千博：鉄鋼技術の流れ 2-5 鋼管の製造法，地人書館（1999）
7) 日本鉄鋼協会：第31回鉄鋼工学セミナーテキスト，鉄鋼材料応用・圧延編，日本鉄鋼協会（2005）

8) 村川正夫ほか：塑性加工の基礎，産業図書（1988）
9) 加藤健三：金属塑性加工学，丸善（1994）
10) 五弓勇雄：金属塑性加工の進歩，コロナ社（1999）
11) 鈴木 弘：塑性加工，裳華房（2001）
12) 鈴木 弘：圧延百話，養賢堂（2001）
13) 戸澤康壽：入門講座 2次元圧延理論，ふぇらむ，**7**，2，p. 17（2002）
14) 浅川基男：入門講座 棒線圧延解析のための3次元圧延理論と幅広がり式，ふぇらむ，**7**，10，p. 19（2002）
15) 中島浩衛：入門講座 形鋼圧延解析のための3次元圧延理論と幅広がり式，2次元圧延理論，ふぇらむ，**7**，9，p. 19（2002）
16) 林 千博：展望 21世紀の継ぎ目無し鋼管の製造法を展望する，ふぇらむ，**6**，9，p. 15（2001）
17) 瀬沼武秀：入門講座 材料組織変化を考慮した圧延理論，ふぇらむ，**8**，2，p. 14（2003）
18) 入部 久ほか：昭63春塑加議論，p. 269（1988）
19) 新日鐵(株)：鉄と鉄鋼がわかる本，日本実業出版社（2004）

4 章
1) 日本塑性加工学会 編：塑性加工技術シリーズ5，押出し加工，コロナ社（1992）
2) 日本塑性加工学会 編：最新塑性加工要覧 第2版，コロナ社（2000）

5 章
1) 吉田一也，浅川基男：塑性と加工，**30**，342，pp. 935〜940（1989）
2) 村川正夫，中村和彦，青木 勇，吉田一也：塑性加工の基礎，pp. 64〜72，産業図書（2005）
3) 日本塑性加工学会 編：塑性加工用語辞典，pp. 18〜21，コロナ社（1998）
4) 日本塑性加工学会 編：引抜き加工，コロナ社（1997）
5) 精密工学会 編：精密工作便覧，pp. 652〜658，コロナ社（1992）
6) 日本塑性加工学会 編：最新塑性加工要覧，日本塑性加工学会（2001）
7) 吉田一也：ニューダイヤモンド，**13**，4，pp. 10〜15（1997）
8) 加藤健三：金属塑性加工学，p. 262，丸善（1975）

6 章
1) 古閑伸裕，青木 勇：プレス打抜き加工，p. 2，日刊工業新聞社（2002）
2) 古閑伸裕，青木 勇：プレス打抜き加工，p. 5，日刊工業新聞社（2002）
3) 近藤一義，広田健治：対向ダイスせん断法，プレス技術，**38**，5，pp. 22〜27，日刊工業新聞社（2000）
4) 型技術協会 編：型技術便覧，p. 329，日刊工業新聞社（1989）
5) 日本塑性加工学会 編：せん断加工，p. 23，コロナ社（1992）
6) 古閑伸裕，青木 勇：プレス打抜き加工，p. 18，日刊工業新聞社（2002）

7) 型技術協会 編：型技術便覧，p. 335, 日刊工業新聞社（1989）
8) 福井伸二，前田禎三：薄板の剪断加工の研究（第1報），精密機械，**XVI**, 3, pp. 70〜77（1959）
9) 日本塑性加工学会 編：せん断加工，p. 25, コロナ社（1992）
10) 前田禎三：金属薄板のせん断加工に及ぼす速度の影響，精密機械，**XXV**, 8, pp. 364〜379（1959）
11) 前田忠正：技術型のクリアランスについて，精密機械，**XXV**, 11, pp. 607〜614（1959）
12) 太田 哲：プレス金型設計詳細解説, p. 119, 日刊工業サービスセンター（1992）
13) Mikkers, J. C.：High-Speed Blanking, Paper for the Meeting of the CIRP in Nottingham, pp. 1〜33（1968）
14) 村川正夫，古閑伸裕，大川陽康：高速冷間せん断におけるクリアランスおよび材料拘束の切口面に対する影響，塑性と加工，**31**, 356, pp. 1135〜1141（1990）
15) 中川威雄：せん断加工におけるモデル実験と相似則，塑性と加工，**13**, 141, pp. 783〜788（1972）
16) 前田禎三：上下抜き加工法，機械の研究，**10**, 1, pp. 140〜144（1958）
17) 牧野育雄：かえりなしせん断，プレス技術，**13**, 5, pp. 93〜98（1975）
18) 最新切断技術便覧編集委員会 編：最新切断技術便覧，p. 141, 産業技術サービスセンター（1985）
19) 近藤一義：精密せん断機構，塑性と加工，**10**, 99, pp. 236〜243（1969）

7 章

1) 日本塑性加工学会 編：最新塑性加工要覧 第2版, p. 280, コロナ社（2000）
2) 永井康友：塑性と加工，**24**, 267, pp. 380〜382（1983）
3) 小川秀夫：塑性と加工，**43**, 493, pp. 145〜149（2002）
4) 日本塑性加工学会 編：塑性加工技術シリーズ14, 曲げ加工，pp. 57〜69, コロナ社（1995）
5) 永井康友：塑性と加工，**29**, 324, pp. 69〜74（1988）

8 章

1) 中村和彦，桑原利彦：基礎から学ぶ実践プレス加工シリーズ，プレス絞り加工，p. 11, 日刊工業新聞社（2002）
2) 益田森治，室田忠雄：工業塑性力学，p. 153, 養賢堂（1980）
3) Siebel, E.：Stahl u. Eisen, **74**, 3, p. 155（1954）
4) 宮川松男，堀口忠宏：塑性と加工，**3**, 14, p. 213（1962）
5) 桑原利彦，渡辺和則：塑性と加工，**34**, 385, p. 171（1993）
6) Chung, S. Y. and Swift, H. W.：Proc. Inst. Mech. Eng., **165**, p. 199（1951）
7) American Society for Metals：Workability Testing Techniques, ed. Dieter, G.E., p. 162（1984）

8) 神馬 敬, 春日幸生, 岩木信宜, 宮沢 修, 森 栄司, 伊藤勝彦, 羽田野甫：塑性と加工, **23**, 256, p. 458 (1982)
9) 片岡征二：軽金属, **48**, 2, p. 73 (1998)
10) 河合 望, 平岩正至：機誌, **67**, 542, p. 431 (1964)
11) 福井伸二, 吉田清太, 阿部邦雄, 尾崎康二：塑性と加工, **3**, 14, p. 207 (1962)
12) 渡部豈臣：塑性と加工, **33**, 375, p. 396 (1992)
13) 戸澤康壽：軽金属, **51**, 10, p. 492 (2001)
14) El-Sebaie, M. G. and Mellor, P. B.：Int. J. Mech. Sci., **14**, 9, p. 535 (1972); **15**, 6, p. 485 (1973)
15) Hill, R.：The mathematical theory of plasticity, p. 282, Oxford University Press (1950)
16) 中村和彦, 中川威雄：塑性と加工, **25**, 284, p. 831 (1984)
17) Hosford, W. F. and Caddell, R. M.：Metal Forming (2 nd ed.), p. 299, Prentice-Hall (1993)
18) Wilson, D. V. and Butler R. D.：J. Inst. Met., **90**, pp. 473〜483 (1961)
19) Yoon, J. W., Barlat, F., Dic, R. E. and Karabin, M. E.：Int. J. Plasticity, **22**, pp. 174〜193 (2006)
20) 神馬 敬：塑性と加工, **11**, 116, p. 653 (1970)
21) 桑原利彦, 司 文華, 秀野雅之：塑性と加工, **37**, 422, p. 290 (1996)
22) 桑原利彦：塑性と加工, **35**, 399, p. 373 (1994)
23) 岡本豊彦, 林 豊：塑性と加工, **7**, 70, p. 584 (1966)
24) 林 豊：塑性と加工, **10**, 101, p. 422 (1969)
25) 吉田清太：科研報告, **34**, 4, p. 229 (1958)
26) 森 敏彦, 河合 望, 丸茂康男, 千賀雅明：機論 **C-53**, 487, p. 771 (1987)
27) 平岩正至, 近藤一義：機論 **C-49**, 440, p. 695 (1983)
28) 福井伸二, 吉田清太, 阿部邦雄, 堀田雄次郎：機誌, **59**, 455, p.898 (1956)
29) 福岡政雄, 室日出男：プレス技術, **15**, 9, p. 106 (1977), **15**, 10, p. 60 (1977)
30) 中村篤信, 恵比根美明, 松居正夫：塑性と加工, **33**, 375, p. 411 (1992)
31) 桑原利彦, 市川裕之, 田中芳郎：平2春塑加講論, p. 41 (1990)
32) 神馬 敬, 桑原利彦, 崔 淳哲：塑性と加工, **26**, 294, p. 744 (1985)
33) 日本塑性加工学会 編：塑性加工技術シリーズ 13, プレス絞り加工, p. 39, コロナ社 (1994)
34) 井関日出男, 室田忠雄, 加藤和典：塑性と加工, **52**, 480, p. 2257 (1986)
35) 桑原利彦, 神馬 敬, 宮崎耕一：塑性と加工, **31**, 357, p. 1222 (1990)
36) 磯邉邦夫：塑性と加工, **43**, 492, pp. 25〜29 (2002)
37) 桑原利彦, 山本昌人, 大湊 満, 高野広生, 山田隆久, 久保田誠：53回塑加連

講論, pp. 275〜276 (2002)

9 章
1) 日本塑性加工学会 編：塑性加工技術シリーズ 4, 鍛造——目指すはネットシェイプ——, コロナ社 (1995)
2) 日本塑性加工学会鍛造分科会 編：わかりやすい鍛造加工, 日刊工業新聞社 (2005)
3) 日本塑性加工学会 編：静的解法 FEM ——バルク加工, コロナ社 (2003)

10 章
1) 科学技術振興機構 Web ラーニングプラザ 機械分野：塑性加工コース 金型 http://weblearningplaza.jst.go.jp/ (2005 年 10 月 10 日現在)

11 章
1) 日本塑性加工学会 編：塑性加工におけるトライボロジ, p. 83, コロナ社 (1988)
2) Kato, T., Tozawa, Y., Nakanihi, K. and Kawabe, K. : Ann. CIRP., **35**, 1, p. 177 (1986)
3) 団野 敦, 阿部勝司, 野々山史男：冷間せん孔加工によるリン酸塩皮膜の潤滑性能評価, 塑性と加工, **24**, 265, pp. 213〜220 (1983-02)
4) 日本塑性加工学会 編：プロセストライボロジー, p. 207, コロナ社 (1993)
5) 堂田邦明, 斉藤正美, 王 志剛, 河合 望：板材成形における表面平滑化機構とその応用, 塑性と加工, **36**, 409, pp. 135〜142 (1995-02)
6) 森 英明, 川辺 章, 松下嘉憲, 天野和久, 藤井晶広, 福原康夫：コイニング用金型への微小突起模様の転写加工, 第 55 回塑性加工連合講演会, pp.471〜472
7) 日本塑性加工学会 編：塑性加工におけるトライボロジ, pp. 67〜82, コロナ社 (1988)
8) Reynolds, O. : On the Theory of Lubrication and its Application to Mr. BEAUCHAMP TOWER's Experiments, Including an Experimental determination of the Viscosity of Olive Oil., Philosophers Transactions of the Royal Society, **177**, pp. 157〜234 (1886)
9) 大矢根守哉, 小坂田宏造：高速圧縮加工時における潤滑剤の閉じ込め機構, 日本機会学会論文集 (第 3 部), **34**, 261, pp. 1001〜1008 (1968-05)
10) Mizuno, T. and Okamoto, M. : Effects of Lubricant Viscosity at Pressure and Sliding Velocity on Lubricating Conditions in the Compression-Friction Test on Sheet Metals, Trans. ASME Journal of Lubrication Technology, **F-104**, 1, pp. 53〜59 (1982)
11) 例えば, Czichos, H. : Tribology, (1978), Elsevier. (桜井訳, 講談社)

12 章
1) 室田忠雄, 益田森治：改訂 工業塑性力学, 養賢堂 (1980)
2) 青木 勇, 小森和武, 小島之夫, 吉田一也：塑性力学の基礎, 産業図書 (1996)

3) 小坂田宏造：応用塑性力学，培風館（2004）
4) 冨田佳宏：数値弾塑性力学，養賢堂（1990）
5) 日本塑性加工学会 編：非線形有限要素法，コロナ社（1994）
6) Kobayashi, S., Oh, S.-I. and Altan, T.：Metal Forming and the Finite Element Method, Oxford University Press (1989)
7) Wagonar, R. H. and Chenot, J.-L.：Metal Forming Analysis, Cambridge University Press (2001)
8) Scientific Forming Technologies Corporation：DEFORM(TM)-2D Users Manual version 6.0, SFTC (1998)
9) 森謙一郎，小坂田宏造：孔形圧延における三次元変形の有限要素シミュレーション，日本機械学会論文集（A編），**57**，538，pp. 1288〜1293（1991）
10) 柳本 潤：圧延加工 FEM シミュレーションシステム，塑性と加工，**37**，421，pp. 171〜176（1996）
11) 柳本 潤：熱間加工材質変化を対象とした増分形解析手法，塑性と加工，**40**，467，pp. 1182〜1185（1999）
12) ESI：PAM-STAMP(TM) version 2000 USER'S GUIDE, ESI Group (2000)

13 章
1) 中川威雄：ファインブランキング，p. 39，日刊工業新聞社（1998）
2) 古閑伸裕，青木 勇：プレス打抜き加工，p. 132，日刊工業新聞社（2002）
3) 日本塑性加工学会 編：チューブフォーミング——管材の二次加工と製品設計——，コロナ社（1992）
4) 真鍋健一：管材の液圧成形技術——過去・現在・未来——，塑性と加工，**39**，453，pp. 999〜1004（1998）
5) 淵澤定克：チューブハイドロフォーミング技術の新展開，鉄と鋼，**90**，7，pp. 451〜461（2004）
   （補足） チューブハイドロフォーミングの解説として，連載講義「わかりやすいチューブハイドロフォーミング」①〜⑩，塑性と加工（日本塑性加工学会誌），**45**，516（2004-01）〜**47**，549（2006-10）がある。この技術に興味を持つ読者には一読を勧めたい。
6) 中村和彦：プレス技術，**39**，9，pp. 18〜23（2001）
7) 中村和彦：プレス技術，**27**，11，pp. 30〜36（1989）
8) 中川威雄，中村和彦：プレス技術，**27**，11，pp. 42〜46（1989）
9) 編集委員会：知能化インクリメンタルフォーミングは塑性加工に何をもたらすのか，塑性と加工，**35**，406，pp. 1252〜1257（1994）
10) 井関日出男・北澤君義・近藤一義・島　進・田中繁一・長谷部忠信・松田文憲・松原茂夫：21世紀のインクリメンタルフォーミング，塑性と加工，**42**，489，pp. 984〜990（2001）
11) 北澤君義・中島 明：薄板の CNC インクリメンタル円筒状張出し成形，日本機

械学会論文集（C編），**62**，597，pp. 2018〜2024（1996）
12) 北澤君義・尾角拓勉：1パス法による薄板の CNC インクリメンタル張出し成形の可能性，日本機械学会論文集（C編），**62**，597，pp. 2012〜2017（1996）
13) 松原茂夫：数値制御逐次成形法，塑性と加工，**35**，406，pp. 1258〜1263（1994）
14) 松原茂夫：半頭球工具による薄板の逐次逆張出し成形（数値制御成形システムの研究 II），塑性と加工，**35**，406，pp. 1311〜1316（1994）
15) 近藤一義：ピーンフォーミング，塑性と加工，**42**，489，pp. 1008〜1013（2001）
16) 井関日出男：ウォータジェットによる薄板のインクリメンタルフォーミング，塑性と加工，**42**，489，pp. 996〜1000（2001）
17) 島 進・長谷部忠司：インクリメンタルフォーミングとシミュレーション，塑性と加工，**35**，406，pp. 1297〜1303（1994）
18) 松原正基・田中繁一・中村 保：逐次プレス板材成形法による球面成形に関する考察，塑性と加工，**35**，406，pp. 1330〜1335（1994）
19) 木村茂樹：無洗浄油の活用，塑性と加工，**46**，528，pp. 15〜18（2005）
20) 今津勝宏：プレコート材を活用したドライ加工，同上，pp. 19〜23
21) 関口 徹：ドライ切削加工はどこまですすんだか，第 234 回塑性加工シンポジウム「ドライ加工の可能性と今後の展開」，pp. 9〜16（2004-11-25）
22) 河田一喜：プラズマ CDV 法による硬質皮膜作製と金型への応用，塑性と加工，**45**，518，pp. 153〜157（2004-03）
23) 村川正夫：DLC コーティング工具によるドライプレス加工，塑性と加工，**46**，528，pp. 48〜51（2005）
24) 片岡征二，基 昭夫，玉置賢次：セラミックス工具によるドライプレス加工，塑性と加工，**46**，528，pp. 52〜57（2005）
25) 相澤龍彦，三尾 淳：イオン注入した工具によるドライ加工，塑性と加工，**46**，528，pp. 58〜63（2005）
26) 高石和年，岩城忠則，近藤俊朗，南 幸一，佐々木和幸，阿部保記：表面改質による打抜き型の寿命向上，塑性と加工，**45**，518，pp. 183〜187（2004）
27) http://nepp.nasa.gov/eeelinks/February2002/Thermal and Mechanical Reliability.htm
28) 青木 勇ほか 3 名：三次元マイクロ素子成形プレスマシンの開発，塑性と加工，**37**，430，p. 1199（1996）
29) 正木 健：マイクロ放電加工のマイクロ機械加工への応用，第 232 回塑性加工シンポジウムテキスト，pp. 17〜24（2004）
30) 早乙女康典ほか 3 名：フォトリソグラフィ法によるシリコン V 溝ダイの創成と超塑性材料の微細成形性試験，43 回塑性連合講演会講演論文集，p. 619（1992）
31) 早乙女康典：形状転写加工法とマイクロ・ナノ金型の役割，第 220 回塑性加工シンポジウムテキスト，pp. 1〜10（2003）

演習問題解答

1 章

問 1.1 公称ひずみおよび真ひずみの定義式より
$$\varepsilon = \ln(1+e)$$
真応力および公称応力の定義式，ならびに塑性変形における体積一定則を用いると次式となる。
$$\sigma = s(1+e)$$

問 1.2 公称ひずみの場合
$$e_1 = \frac{l_2 - l_1}{l_1}, \quad e_2 = \frac{l_3 - l_1}{l_2}, \quad e_3 = \frac{l_3 - l_1}{l_1}$$
より，明らかに次式となる。
$$e_3 \neq e_1 + e_2$$
真ひずみの場合
$$\varepsilon_1 = \ln\left(\frac{l_2}{l_1}\right), \quad \varepsilon_2 = \ln\left(\frac{l_3}{l_2}\right), \quad \varepsilon_3 = \ln\left(\frac{l_3}{l_1}\right)$$
より，次式となる。
$$\varepsilon_1 + \varepsilon_2 = \ln\left(\frac{l_2}{l_1}\right) + \ln\left(\frac{l_3}{l_2}\right) = \ln\left(\frac{l_2}{l_1}\frac{l_3}{l_2}\right) = \ln\left(\frac{l_3}{l_1}\right) = \varepsilon_3$$

問 1.3 長さを 2 倍にする場合

公称ひずみ：$e_t = \dfrac{2l_0 - l_0}{l_0} = 2$

真ひずみ：$\varepsilon_t = \ln\left(\dfrac{2l_0}{l_0}\right) = \ln 2$

長さを半分にする場合

公称ひずみ：$e_c = \dfrac{0.5 l_0 - l_0}{l_0} = -\dfrac{1}{2}$

真ひずみ：$\varepsilon_c = \ln\left(\dfrac{0.5 l_0}{l_0}\right) = \ln\dfrac{1}{2} = -\ln 2$

問 1.4 n 乗則の式の両辺の対数をとると
$$\log \sigma = \log F + n \log \varepsilon^p$$
となる。したがって，単軸引張試験結果を両対数グラフにプロットすれば，

その結果はほぼ直線となり，その傾きが n である．また，F は，$\varepsilon^p = 1$ における σ の値となる．

(問 1.5) 作用する応力は，軸方向応力 σ_x およびねじりによるせん断応力 τ_{xy} である．主応力を計算すると次式となる．

$$\sigma_1 = \frac{1}{2}\sigma_x + \sqrt{\frac{1}{4}\sigma_x^2 + \tau_{xy}^2}, \quad \sigma_2 = 0, \quad \sigma_3 = \frac{1}{2}\sigma_x - \sqrt{\frac{1}{4}\sigma_x^2 + \tau_{xy}^2}$$

これらの主応力をトレスカおよびミーゼスの降伏条件式に代入すると

$$\sigma_x^2 + 4\tau_{xy}^2 = \sigma_Y^2, \quad \sigma_x^2 + 3\tau_{xy}^2 = \sigma_Y^2$$

を得る．

2 章

(問 2.1) 図 2.2 に示す鉄-炭素系の二元平衡状態図において，炭素量が 0.02 重量％以下のものを鉄，炭素量が 0.02〜2.14 重量％のものを鋼，炭素量が 2.14 重量％以上のものを鋳鉄と呼ぶ．

(問 2.2) 鋼の熱処理は，焼なまし処理，焼ならし処理，そして焼入れ焼戻し処理の三つに分類できる．焼なまし処理は，切削加工後の加工硬化した表面の残留応力を除去したり，塑性加工後の内部ひずみの除去のために行う．あるいは，炭素量約 0.6 重量％以上の工具鋼などの切削性を改善するために行われる．焼ならしは，熱間加工時の加熱温度が高いための結晶粒粗大化や，加工物中の温度の不均一やひずみの不均一に起因する結晶粒径の不均一を是正するために行われる．焼入れ焼戻しは，材料の強さを高め，疲労強度を向上させ，耐摩耗性を高めるために行われる．

(問 2.3) 中炭素鋼に，バナジウム（V）を適量（通常 0.1〜0.3 重量％）添加して鋼材を作る．その鋼材をいったん V が固溶する温度（通常 1 000 ℃ 以上）まで加熱して，その後の冷却途中でオーステナイト（γ）に変形を加えてひずみを付与するとともに，部品の形状を整える．加工により変形した γ が再結晶することにより，γ 粒が微細化する．その後の冷却中の相変態によりフェライト中に微細なバナジウム炭・窒化物（VCN）が析出してフェライトを硬化させる．結果的に，結晶粒の微細化とフェライトの硬化により，中炭素鋼の焼入れ焼戻し材と同等の強度を得る．

(問 2.4) チタンの比重は 4.51，アルミニウムのそれは 2.74，マグネシウムのそれは 1.74 である．チタン合金は，実用金属のなかで最大クラスの比強度を有し，表面に形成される酸化チタンの被膜により耐食性に優れている．純チタンは化学用プラント材，チタン合金は航空機用部材として用いられる．アルミニウム合金は，マグネシウム合金やチタン合金に比べて室温での加工性にすぐ

れ，また析出強化により強度も高めることができるので自動車用部材として使用されつつある。マグネシウム合金は，実用金属中で最も軽量な金属である。室温付近ではきわめて加工性が悪いため，ダイカストによる部材製造が大半を占める。しかし，組織を微細化して加工性を高めたり，プレスフォージングなどの適用により筐体などが塑性加工で製造されている。

問 2.5　工具鋼の代表的なものは，炭素工具鋼，合金工具鋼，そして高速度工具鋼である。炭素工具鋼は，おもに耐摩耗性を重視した切断用刃物やゲージなどに用いられる。合金工具鋼のなかでも SDK 11 は，その高い圧縮強度とじん性および耐摩耗性を利用して冷間鍛造加工用工具として用いられる。SKD 61 は，高温での強度とじん性の高いことを利用して，熱間加工用工具に用いられる。高速度工具鋼（ハイス）は，切削加工用バイトとして開発されたが，いまでは強度と耐摩耗性を重視した冷間用パンチ，ダイスおよび温間鍛造用パンチに用いられる。

3 章

問 3.1　自動車の外板，飲料缶，タンカー，橋梁，鉄道車輛のボディ，スチール机，など

問 3.2　かみ込みとともにロールの摩擦力により表層部が先に引き込まれ，「く」の字型に変形するが，中立点付近で摩擦の方向が反転するため表層部が入側にやや引き戻される。いずれにしても，断面の平面保持はされず中央部よりも表層部の変形が先行する。

問 3.3　① ロールと材料の摩擦を少なくすること，入り側・出側に張力を加えること，などにより，フリクションヒルを小さくする，② ロール径を小さくし，ロールと材料間の接触面積を減らす，など

4 章

問 4.1　押出し加工中の塑性変形により被加工材が発熱し，ビレット温度よりも製品温度が高くなる。また，この発熱がコンテナ中のビレットやダイスを加熱するので，押出しが進むにつれてさらに製品温度が高くなる。

問 4.2　ビレットがステムにより圧縮されてダイス穴より押し出されると押出し力が**解図1**のように少し下がり，押出しが進むにつれてコンテナ内のビレットが短くなり，コンテナとの摩擦が少

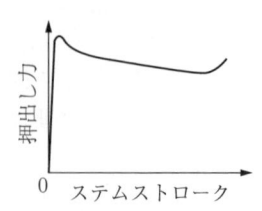

解図1　押出し力-ステムストローク線図

なくなるので，徐々に押出し力が減少する．押出し終了間際の短いビレットは，コンテナ隅部のデッドメタルが押しつぶされるなど非定常な変形を起こすので，押出し力が少し上がって終わる．

(問4.3) 式(4.3)で求めた塑性変形仕事に対して，押出し加工中の被加工材の変形は一軸引張りのような均一な変形ではないので，その不均一な分だけ変形に必要なエネルギが増える．また，工具との摩擦仕事があり，係数 a は 1 よりも大きな値となる．

5 章

(問5.1) 引抜きとは，棒や管をダイスと呼ばれる工具に通し，それらの先端を引っ張り，直径を縮小させることにより，ダイス穴形と同じ断面形状の長尺材を得る加工法である．引抜きによる代表的な製品例として，電線，自動車タイヤ用鋼線，銅管などが挙げられる．

(問5.2)

$$R_e = \frac{A_0 - A_1}{A_0} = \frac{\frac{\pi}{4} \times 5^2 - \frac{\pi}{4} \times 4.5^2}{\frac{\pi}{4} \times 5^2} = 0.19 \qquad R_e = 19\%$$

$$F = YA_1\left[\left(1+\frac{1}{B}\right)\left\{1-\left(\frac{A_1}{A_0}\right)^\beta\right\} + \frac{4\alpha}{3\sqrt{3}}\right]$$

$A_1 = 15.9 \text{ mm}^2, \quad A_0 = 19.6 \text{ mm}^2, \quad \beta = \mu \cot\alpha = 0.05 \times 9.515 = 0.476$

$\quad = 300 \times 15.9\left[(1+2.10)\{1-0.810^{0.476}\} + \frac{4 \times 0.1047}{3\sqrt{3}}\right]$

$\quad = 300 \times 15.9(3.10 \times 0.0954 + 0.081)$

$\quad = 300 \times 15.9(0.296 + 0.081)$

$\quad = 1\,798 \text{ N} = 1.80 \text{ kN}$

(問5.3) 断面を減少させる変形仕事，摩擦仕事およびせん断変形の際に受ける余剰仕事の三つである．

(問5.4) 引抜き中ダイスの入口部と出口部で大きな圧力を受ける．そのためダイス入口部でダイスリング摩耗欠陥が生じやすくなる．

6 章

(問6.1) 板厚：$t=6$ mm，せん断長さ：$l=60 \times 3.14$，S 20 C のせん断抵抗：$\tau_s = 320$ MPa であるから，せん断荷重 P_m は式(6.1)よりつぎの値を得る．

$\quad P_m = 6 \times 60 \times 3.14 \times 320 = 362 \text{ [kN]} = 36.2 \text{ [t]}$

問 6.2 適正クリアランスよりやや大きなクリアランスでせん断すると，だれやかえりが大きくなり，せん断面の切口面に占める割合が小さくなる。また，切口面の板面に対する直角度も適正クリアランスでせん断されたものに比べて劣る。適正クリアランスよりやや小さなクリアランスでせん断すると，だれやかえりが小さくなり，せん断面の割合が増加し，直角度が向上する。ただし，小さすぎると，2次せん断面や停留クラックが発生する場合がある。

問 6.3 一般に突起状の刃物が材料に食い込むと，切欠き効果により突起先端に位置する材料部分がクラックの発生起点となる。しかし，慣用のせん断加工ではパンチやダイの工具端面に接する材料の内部には大きな圧縮応力が作用しているため，クラックが発生しにくい状態にある。これに対し，工具側面側の材料内部は工具による引込みにより大きな引張応力が作用しているため，クラックが発生しやすい状態にある。このため，クラックの発生位置が，工具刃先からクラックの発生しやすい工具側面側に移動する。したがって，せん断加工ではかえりの発生を避けることができない。

7 章

問 7.1 主原因は，曲げの外側では周方向に引張変形が生じる結果，曲げ線方向に縮み，曲げの内側では周方向に圧縮変形が生じる結果，曲げ線方向に伸びるためである。

問 7.2 金属板材のV曲げ加工において，パンチ先端とダイの左右肩（あるいはダイの左右溝斜面）の3点に板が接した状態で行われる曲げのことである。曲げ荷重が小さいこと，パンチの押込み量を変えることにより曲げ角を変更できるなどの特長があるが，曲げ半径が大きくなること，板厚や材質のばらつきによって曲げ角が変動しやすいなどの問題もある。

問 7.3 パンチ肩部での曲げ戻しによって生じるスプリングゴー要因が，曲げ部のスプリングバック要因よりも優勢となるため。

問 7.4 ① 背圧を付加する曲げ方式とする。
② ダイ底部を平たんではなく凸形状とする（内閉じ要因が強まる）。
③ パンチ肩半径を調整する（小さいほど内閉じになりやすい）。
④ パンチ側面に勾配（逃げ）をつける（除荷前に曲がりすぎの状態にする）。
⑤ パンチ底部に逃げをつけ，パンチ肩部とダイ溝底部隅で曲げ部を強圧する。

8 章

問 8.1

$$\varepsilon_\theta = \ln\frac{50}{100} = -0.693$$

半径方向塑性ひずみを ε_r, 板厚方向塑性ひずみを ε_t とすれば, $\varepsilon_t = 0$, $\varepsilon_r + \varepsilon_\theta = 0$ であるからつぎの値を得る.

$$\bar{\varepsilon} \equiv \sqrt{\frac{2}{3}}\sqrt{(\varepsilon_r)^2 + (\varepsilon_\theta)^2 + (\varepsilon_t)^2} = \frac{2}{\sqrt{3}}|\varepsilon_\theta| = 0.80$$

問 8.2 式(8.4)に, $\sigma_F = 0$, $\sigma_r = \sigma_Y$ を代入すると, $\ln(r_0/r_1) = 1$ を得る. すなわち r_0 が r_1 の 2.72 倍のとき ($r_1/r_0 = 0.368$) である. 素板がトレスカの降伏条件に従う場合には, σ_r は σ_Y より大きな値を取り得ないから, これは限界絞り比が 2.72 であることを意味する. 実際の成形では摩擦抵抗やダイ肩部での曲げ変形抵抗が影響するので, 限界絞り比は 2.72 より小さくなる.

問 8.3 式(8.12)よりつぎの値を得る.

$$F_H = \frac{3.14}{4} \times \{250^2 - (150+10)^2\} \times \frac{160+300}{200} = 67 \text{ kN}$$

9 章

問 9.1 キーワード: 転造, ヘッディング加工, ホブ, ファインブランキングなど.

問 9.2 キーワード: 温熱間鍛造-黒鉛潤滑剤, 非黒鉛系潤滑剤, 冷間鍛造-りん酸塩皮膜処理, 金属石けん, 油性潤滑剤, 極圧添加剤, など.

問 9.3 厚さ h, 幅 w とすると, 幅 dx のスラブ要素に作用する力のつり合い方程式は

$$(\sigma_x + d\sigma_x)\cdot h - \sigma_x\cdot h \mp 2\tau\cdot dx = 0$$

となる. 降伏条件が $\sigma_x - p = 2k$ (k はせん断降伏応力), 摩擦応力は $\tau = \mu p$ (μ は摩擦係数), また板端で $\sigma_x = 0$ であることを考慮して微分方程式を解くと, 圧力分布 p は

$$p = 2k\exp\left\{\frac{2\mu}{h}\left(\frac{w}{2} \mp x\right)\right\}$$

平均据込み圧力 $\bar{p}$ は次式となる.

$$\bar{p} = \frac{2\int_0^{w/2} p\,dx}{w} = \frac{2kh}{\mu w}\left\{\exp\left(\frac{\mu w}{h}\right) - 1\right\} \fallingdotseq 2k + \frac{\mu w}{h}k$$

問 9.4 半径位置 r_0 より外側では, 式(9.7)と同じである. $r \leq r_0$ において固着状態であるため $\tau_f = k$ (一定) となり, その条件下で式(9.6)を解くと, 圧力分布は次式となる.

$$p = \frac{\sigma_Y}{h}(r_0 - r) + \exp\left\{\frac{2\mu(R_0 - r_0)}{h}\right\}$$

問9.5 キーワード：素材の体積や形状のばらつき，金型の弾性変形，自己発熱および摩擦発熱による材料・金型の温度上昇と熱収縮，材料の弾性回復など．

10 章

問10.1

加工法	対象形状	製品サイズ	生産性〔spm〕	歩留り	金型の難易度
順送り	比較的平面	小・中	～3 000	劣	難
トランスファー	3次元複雑形状	中・大	～150	良	容易

問10.2 ストローク長さが短いプレス

問10.3 クランクプレス，リンクプレス，ナックルプレス

11 章

問11.1 式(11.1)を用いる．圧延では導入角 α は小さいので $U_2 = U_0 \cos \alpha \approx U_0$ としてもかまわない．p_1 は降伏開始圧力で板厚方向応力 σ_t とする．圧延は平面ひずみ状態であるから $\sigma_w = (1/2)\sigma_t$ で，無張力として $\sigma_l = 0$ になる．圧延の摩擦は小さいから主応力を仮定する．単軸引張による降伏応力を Y とすれば，ミーゼスの降伏条件から $p_1 = \sigma_t = (2/\sqrt{3})Y$ となる．角度 α の単位は〔rad〕．

$$h_1 = 3 \times 0.1 \times 17 \times \frac{1}{0.0175} \times \frac{1}{577} = 0.5 \, \mu\text{m}$$

問11.2 引抜き加工では $U_2 = 0$，板の引抜きもフープ材になるとほぼ平面ひずみ変形と考え，$p_1 = 577$ MPa，$\alpha = 0.175$ rad，$h_1 = 3 \times 0.1 \times 7 \times (1/0.175) \times (1/577) = 0.02 \, \mu\text{m}$．問11.1 の結果と比べると，潤滑膜は相当に薄い．引抜き加工では，ダイス半角はあまり緩くすると摩擦距離が増えて摩擦発熱が増えるので，もっと粘度の高い油を使うか，引抜き速度を小さくするしかない．

問11.3 据込み加工ではスクイーズ効果によって，加工開始初期に潤滑剤が捕捉される．圧下が進むと厚い油膜の間で材料表面は自由に隆起と陥没を起こして粗化が進む．やがて，端面の面積拡大，加工硬化による面圧上昇，発熱による温度上昇などで，油膜が薄くなると，隆起した山の頂上が型に強く押されて平たん化が始まる．また外周部分についてはシールの役目をするように強く接触する．ここの油膜は非常に薄いため，焼付きを生じやすい．

12 章

問 12.1 図 12.3(b) で単位奥行きを考え，各面に生じる応力に面積を掛けて y 方向の力のつりあいの式を立てると次式のようになる．

$$\left(\sigma_y - \frac{\partial \sigma_y}{\partial y}\frac{\Delta y}{2}\right)\Delta x + \left(\tau_{xy} - \frac{\partial \tau_{xy}}{\partial x}\frac{\Delta x}{2}\right)\Delta y$$
$$= \left(\sigma_y + \frac{\partial \sigma_y}{\partial y}\frac{\Delta y}{2}\right)\Delta x + \left(\tau_{xy} + \frac{\partial \tau_{xy}}{\partial x}\frac{\Delta x}{2}\right)\Delta y$$

この式では左辺が下向きの力を，右辺が上向きの力を示している．これを整理して，両辺を $\Delta x \Delta y/2$ で割ると

$$\frac{\partial \tau_{xy}}{\partial x} + \frac{\partial \sigma_y}{\partial y} = 0$$

となり，式(12.3)を得る．

問 12.2 点 A 回りのモーメントのつりあいを考える．y 軸に垂直な上面と下面はトルクアームが $\Delta y/2$，x 軸に垂直な左右の面はトルクアームが $\Delta x/2$ となる．反時計回りのモーメントを左辺に，時計回りを右辺にすると，せん断応力の分布からつぎのようなモーメントのつりあい式を得る．

$$\left(\tau_{xy} + \frac{\partial \tau_{xy}}{\partial x}\frac{\Delta x}{2}\right)\Delta y \cdot \frac{\Delta x}{2} + \left(\tau_{xy} - \frac{\partial \tau_{xy}}{\partial x}\frac{\Delta x}{2}\right)\Delta y \cdot \frac{\Delta x}{2}$$
$$= \left(\tau_{yx} + \frac{\partial \tau_{yx}}{\partial y}\frac{\Delta y}{2}\right)\Delta x \cdot \frac{\Delta y}{2} + \left(\tau_{yx} - \frac{\partial \tau_{yx}}{\partial y}\frac{\Delta y}{2}\right)\Delta x \cdot \frac{\Delta y}{2}$$

これを整理して，両辺を $\Delta x \Delta y$ で割ると

$$\tau_{xy} = \tau_{yx}$$

となり，式(12.4)が得られる．x と y を入れ代えてもせん断応力成分は同じであることから，応力は対称な行列であることがわかる．

問 12.3 検索キーワードのヒント：

押出し加工関連 (tube extrusion, hydrostatic extrusion, direct extrusion, indirect extrusion, backward extrusion, hollow extrusion, continuous extrusion, conform extrusion, extrolling)

引抜き加工関連 (wire drawing, bar drawing, tube drawing, tube sinking, hollow sinking, roller die drawing)

せん断加工関連 (shearing, blanking, punching, slitting, fine blanking, shaving)

有限要素解析関連 (CAE, FEA, FEM, finite element analysis, finite element method, numerical simulation, computer simulation)

索　　　引

【あ】

圧印曲げ	92
圧　延	38
圧下量	41
圧力潤滑方式	192
圧力能力	143
後処理	172
穴あけ加工	68
穴抜き加工	68
穴広げ鍛造	118
アルミニウム合金	29

【い】

板厚自動制御	45
板押え	70
板押え力	78
一様伸び	4
インクリメンタル逆張出し成形	198
インクリメンタル張出し成形	197
インクリメンタルフォーミング	196

【う】

ウエッジローリング	120
ウエブ	92
ウォータージェットフォーミング	199
浮きプラグ引き	58
打抜き加工	68

【え】

エアーベンド	91
液圧プレス	141

円すいダイス	58
延性破壊	126
円筒絞り	96

【お】

オイルピット	161
横剛性	146
応力テンソル	6
応力の不変量	10
送り曲げ加工様式	86
送り曲げ様式	85
押え巻き様式	85
押出し加圧力	51
押出し加工	49
押出し比	50
オーステナイト	21
落とし率	65
折込み	125
折曲げ	85
温間成形法	105
温間鍛造	121

【か】

加圧能力	143
回転鍛造	120
外部仕事率	168
かえり	71
化学吸着	161
化学反応皮膜	162
角筒絞り	109
加工硬化	4
加工硬化指数	5
加工属性情報定義機能	184
かす取り力	71
仮想仕事の原理式	168
仮想試作	179

仮想実験	179
型鍛造	116
ガラス潤滑押出し	54
空引き	57
乾式潤滑剤	65
間接押出し	49
完全塑性体	5

【き】

機械プレス	141
幾何学的下死点	91
逆押え力	78
逆再絞り	113
キャンバ	43
吸　着	161
境界値問題	17
強じん鋼	27
局部伸び	4
切欠き	68
金属ガラス	207

【く】

くさび効果	158
口付け	64
クラウン	43
クランクプレス	147
クリアランス	76
クロッピング	68
クーロン・アモントンの法則	131

【け】

形状関数	166
形状変化係数	41
欠　肉	123
限界絞り比	101

索引

【こ】

限界絞り率	101
小穴抜き	68
コイニングベンド	92
工学的垂直ひずみ	12
工学的せん断ひずみ	12
工学的ひずみ	12
合金鋼	22
工具表面処理	156
公称応力	3
公称ひずみ	3
構成式	15
剛性値	145
高速度工具鋼	35
高炭素鋼	20
高張力鋼板	22
降伏応力	4
降伏曲線	14
降伏曲面	14
降伏条件	13
後方押出し	49, 120
コーシーの関係	8
コニカルダイス	58, 61
コンテナ	49
コンパウンド型	75

【さ】

再絞り	113
最小曲げ半径	88
最大せん断応力説	14
最適ダイス半角	63
最密六方格子	1
再要素分割	173
先付け	64
サーボプレス	148
さん幅	79

【し】

仕上げ抜き法	83
シェービング	83
シェブロンクラック	127
軸受鋼	28
軸押し	190
軸押出し	120
思考実験	179
仕事能力	144
自然ひずみ	4
湿式潤滑剤	65
シート加工機能	183
絞り加工	95
絞り比	101
絞り率	101
シミュレーション機能	183
シャーリング	68
周液圧深絞り法	195
縦剛性	145
自由鍛造	116
自由曲げ	91
主応力	9
主応力面	9
主軸	9
主面	9
順送り型	75
順送りプレス	150
潤滑	153
純チタン	32
上下抜き法	81
しわ抑え力	102
しわ限界	103
真応力	4
心金	57
心金引き	58
伸線	56
伸線限界	63
真ひずみ	4

【す】

数値実験	179
据込み	118
スクイーズ効果	159
ステム	49
ストリッパー	70
ストリッピング	71
ストリップレイアウト	138
ストレッチドロー・アイア二ング法	202
スプリングバック	89
すべり線場法	17
スラブ	19
スラブ法	17, 63
スリッティング	68
スリップ型連続伸線機	67

【せ】

精密打抜き法	84
節点	166
線形硬化塑性体	5
せん孔圧延	48
先進率	42
全体剛性方程式	168
全体剛性マトリックス	168
せん断加工	68
せん断荷重	71, 73
せん断切口面	71
せん断仕事	73
せん断抵抗	73
せん断ひずみエネルギー説	14
せん断面	71
全伸び	4
線引き	56
前方押出し	49, 120

【そ】

総抜き型	75
側方枝押出し	120
側方押出し	120
素形材	136
底突き曲げ	92
塑性	2
塑性曲線	4
塑性係数	5
塑性変形	2
そり	88
ソリッドダイス	53

【た】

ダイ	69

対向液圧成形法	192	【て】		肌焼き鋼	26
対向液圧張出し法	195			破断面	71
対向ダイせん断法	84	低炭素鋼	20	パーツ加工機能	183
体心立方格子	1	適正クリアランス	76	ばね鋼	27
ダイス	50,56	鉄鋼	19	幅広げ	118
対数ひずみ	4	デッドメタル	54,129	パーライト	21
ダイス面圧	63	転写加工	136	バリ	71
体積一定則	2			ばり出し鍛造	119
多結晶体	3	【と】		バルジ変形	126,129
ダブルバルジ	129	等価節点力ベクトル	168	板金形状認識機能	184
ダミーブロック	52	動的陽解法	178	パンチ	69
だれ	71	トランスファー加工	139	ハンマリング	199
単型	75	トランスファープレス	151	半密閉鍛造	119
鍛伸	118	トルク能力	144		
弾性	1	トレスカの降伏条件	13	【ひ】	
弾性変形	1	ドローベンチ	66	引抜き	56
鍛造	115			引抜き限界	63
鍛造前形状	173	【な】		引抜きダイス	61
タンデムプレスライン	150	内部仕事率	168	引抜き直径列	65
単抜き型	74	ナックルプレス	147	引抜き力	62
断面減少率	59			ひけ	123
鍛流線	116	【に】		ひずみ硬化	4
鍛錬効果	116	ニアネットシェイプ成形	122	ひずみ増分理論	16
				引張強さ	4
【ち】		【ね】		平押し法	82
チタン合金	32	熱間圧延鋼板	22	ビレット	19,49
中空押出し	120	熱間ガラス潤滑	156	ピーンフォーミング	199
抽伸	56	熱間工具鋼	34		
中炭素鋼	20	熱間鍛造	121	【ふ】	
チューブハイドロフォーミング	188	ネットシェイプ成形	122	ファインブランキング	84,184
チューブフォーミング	188	熱連成解析	174		
中立面	87	【の】		フェライト	21
超硬合金	61	ノンスリップ型連続伸線機	67	複合加工	187
超サブゼロ処理	204			複合成形	139
超塑性	31			縁取り	69
稠密六方格子	1	【は】		物理吸着	161
直接押出し	49	ハイス	34	プラグ	57
直接再絞り	113	ハイテン	22	フランジ	92
		ハイドロフォーム方式	192	プラントル・ロイスの構成式	16
【つ】		刃状転位	2	フリクションヒル	42,131
突曲げ様式	85	パス	56	ブリッジダイス	53
つり合い方程式	8	パススケジュール	65	プリフォーム形状	173

プリプロセッサ	171	マイクロマシン	204	油性潤滑剤	65
ブルーム	19	前処理	171	ユニバーサル圧延	47
プレコート材	202	マグネシウム合金	31	【よ】	
プレス機械	141	曲げ加工	85		
プレス能力	143	摩擦保持効果	194	要　素	165
──の3要素	143	マスターダイセット方式	140	揺動鍛造	121
プレスフォージング	31	マンドレル	53	【ら】	
プレスライン	150	マンドレル引き	58		
プログレッシブ型	75	マンネスマン効果	48,128	ラジアルフォージング	118
プログレッシブプレス	150	【み】		ランクフォード値	107
プロセス設計	163			【り】	
分　断	68	ミーゼスの降伏条件	13		
分流鍛造法	132	密着曲げ	89	離散化	166
【へ】		密閉鍛造	119	流動応力	5
		【む】		リンクプレス	147
ペアクロスミル	44			リングローリング	121
平衡方程式	8	無洗浄油	201	【れ】	
閉塞鍛造	119	【め】			
変　位	11			冷間圧延鋼板	22
変形抵抗	5	面心立方格子	1	冷間工具鋼	34
偏差応力	7	【や】		冷間鍛造	121,140
【ほ】				レビィ・ミーゼスの構成式	
		焼入れ	21		17
補間関数	166	焼付き	155	【ろ】	
ポストプロセッサ	172	焼なまし	21		
ポートホールダイス	53	焼ならし	21	ロール	38
ボトミングベンド	92	焼戻し	21	ロールクラウン	43
ホローダイス	53	【ゆ】		ロール鍛造	120
【ま】				ロールベンダー方式	44
		有限要素解析	165	ロール曲げ	86
マイクロ塑性流動潤滑	161	有限要素法	17,165		

Al 合金	29	n 乗硬化則	5	VC ロール	45
CAD	181	n 乗硬化塑性体	5	V 曲げ加工	86
CAM	181	n　値	5		
CVC ロール	45	R ダイス	61	α-β 合金	32
F　値	5	r　値	107	α 合金	32
HC ミル	44	THF	188	β 合金	32
MEMS	204	Ti 合金	32		
Mg 合金	31	U 曲げ	92		

塑性加工入門
Fundamentals in Plastic Working　　　　　© 一般社団法人 日本塑性加工学会　2007

2007年9月10日　初版第1刷発行
2022年9月15日　初版第11刷発行

検印省略	編　者	一般社団法人 **日本塑性加工学会** 東京都港区芝大門1-3-11 Y・S・Kビル4F
	発行者	株式会社　コ ロ ナ 社 代 表 者　牛来真也
	印刷所	壮光舎印刷株式会社
	製本所	株式会社　グリーン

112-0011　東京都文京区千石4-46-10
発行所　株式会社　コ ロ ナ 社
CORONA PUBLISHING CO., LTD.
Tokyo Japan
振替00140-8-14844・電話(03)3941-3131(代)
ホームページhttps://www.coronasha.co.jp

ISBN 978-4-339-04584-0　C3053　Printed in Japan　　　　（大井）

本書のコピー、スキャン、デジタル化等の無断複製・転載は著作権法上での例外を除き禁じられています。
購入者以外の第三者による本書の電子データ化及び電子書籍化は、いかなる場合も認めていません。
落丁・乱丁はお取替えいたします。